先刚 主编

一种自然哲学的理念

Ideen zu einer Philosophie der Natur

〔德〕谢林 著 庄振华 译

图书在版编目（CIP）数据

一种自然哲学的理念 /（德）谢林著；庄振华译. —北京：北京大学出版社，2022.8

（谢林著作集）

ISBN 978-7-301-33167-5

Ⅰ. ①一…　Ⅱ. ①谢…②庄…　Ⅲ. ①自然哲学–研究　Ⅳ. ①N02

中国版本图书馆 CIP 数据核字（2022）第 120806 号

书　　名	一种自然哲学的理念 YIZHONG ZIRAN ZHEXUE DE LINIAN
著作责任者	〔德〕谢　林（F.W.J.Schelling）著　庄振华　译
责任编辑	王晨玉
标准书号	ISBN 978-7-301-33167-5
出版发行	北京大学出版社
地　　址	北京市海淀区成府路 205 号　100871
网　　址	http://www.pup.cn　　新浪微博：@ 北京大学出版社
电子信箱	pkuwsz@126.com
电　　话	邮购部 010-62752015　发行部 010-62750672　编辑部 010-62752025
印 刷 者	北京中科印刷有限公司
经 销 者	新华书店
	890 毫米 ×1240 毫米　16 开本　27.25 印张　318 千字
	2022 年 8 月第 1 版　2022 年 8 月第 1 次印刷
定　　价	109.00 元

目　录

中文版“谢林著作集”说明

如果从谢林于1794年发表第一部哲学著作《一般哲学的形式的可能性》算起，直至其1854年在写作《纯粹唯理论哲学述要》时去世，他的紧张曲折的哲学思考和创作毫无间断地延续了整整60年，这在整个哲学史里面都是一个罕见的情形。[①] 按照人们通常的理解，在德国古典哲学的整个“神圣家族”(康德—费希特—谢林—黑格尔)里面，谢林起着承前启后的关键作用。诚然，这个评价在某种程度上正确地评估了谢林在德国古典哲学的发展过程中的功绩和定位，但另一方面，它也暗含着贬低性的判断，即认为谢林哲学尚未达到它应有的完满性，因此仅仅是黑格尔哲学的一种铺垫和准备。这个判断忽略了一个基本事实，即在黑格尔逐渐登上哲学顶峰的过程中，谢林的哲学思考始终都处于与他齐头并进的状态，而且在黑格尔于1831年去世之后继续发展了二十多年。一直以来，虽然爱德华·冯·哈特曼(Eduard von Hartmann)和海德格尔(Martin Heidegger)等哲学家都曾经对“从康德到黑格尔”这个近乎

① 详参先刚:《永恒与时间——谢林哲学研究》,第1章“谢林的哲学生涯”,北京:商务印书馆,2008年,第4—43页。

僵化的思维模式提出过质疑，但真正在这个领域里面给人们带来颠覆性认识的，乃是瓦尔特·舒尔茨(Walter Schulz)于1955年发表的里程碑式的巨著《德国唯心主义在谢林后期哲学中的终结》。[①]从此以后，学界对于谢林的关注度和研究深度整整提高了一个档次，越来越多的学者都趋向于这样一个认识，即在某种意义上来说，谢林才是德国古典哲学或德国唯心主义的完成者和终结者。[②]

我们在这里无意对谢林和黑格尔这两位伟大的哲学家的历史地位妄加评判。因为我们深信，公正的评价必须而且只能立足于人们对于谢林哲学和黑格尔哲学乃至整个德国古典哲学全面而深入的认识。为此我们首先必须全面而深入地研究德国古典哲学的全部经典著作。进而，对于研究德国古典哲学的学者来说，无论他的重心是放在四大家的哪一位身上，如果他对于另外几位没有足够的了解，那么很难说他的研究能够多么准确而透彻。在这种情况下，对于中国学界来说，谢林著作的译介尤其是一项亟待补强的工作，因为无论对于康德、黑格尔还是对于费希特而言，我们都已经拥有其相对完备的中译著作，而相比之下，谢林著作的中译仍然处于非常匮乏的局面。有鉴于此，我们提出了中文版"谢林著作集"的翻译出版规划，希望以此推进我国学界对于谢林哲学乃至整

---

① Walter Schulz, *Die Vollendung des deutschen Idealismus in der Spätphilosophie Schellings*. Stuttgart, 1955; zweite Auflage, Pfullingen, 1975.

② 作为例子，我们在这里仅仅列出如下几部著作：Axel Hutter, *Geschichtliche Vernunft: Die Weiterführung der Kantischen Vernunftkritik in der Spätphilosophie Schellings*. Frankfurt am Main 1996; Christian Iber, *Subjektivität, Vernunft und ihre Kritik. Prager Vorlesungen über den Deutschen Idealismus*. Frankfurt am Main 1999; Walter Jaeschke und Andreas Arndt, *Die Klassische Deutsche Philosophie nach Kant: Systeme der reinen Vernunft und ihre Kritik (1785—1845)*. München, 2012。

个德国古典哲学的研究工作。

中文版"谢林著作集"所依据的德文底本是谢林去世之后不久，由他的儿子(K. F. A. Schelling)编辑整理，并由科塔出版社出版的十四卷本《谢林全集》(以下简称为"经典版")。[①]"经典版"分为两个部分，第二部分(第11—14卷)首先出版，其内容是晚年谢林关于"神话哲学"和"天启哲学"的授课手稿，第一部分(第1—10卷)的内容则是谢林生前发表的全部著作及后期的一些手稿。自从这套全集出版以来，它一直都是谢林研究最为倚重的一个经典版本，目前学界在引用谢林原文的时候所遵循的规则也是以这套全集为准，比如"VI, 60"就是指所引文字出自"经典版"第六卷第60页。20世纪上半叶，曼弗雷德·施罗特(Manfred Schröter)为纪念谢林去世100周年，重新整理出版了"百周年纪念版"《谢林全集》。[②]但从内容上来看，"百周年纪念版"完全是"经典版"的原版影印，只不过在篇章的编排顺序方面进行了重新调整，而且"百周年纪念版"的每一页都标注了"经典版"的对应页码。就此而言，无论人们是使用"百周年纪念版"还是继续使用"经典版"，本质上都没有任何差别。唯一需要指出的是，"百周年纪念版"相比"经典版"还是增加了新的一卷，即所谓的《遗著卷》(*Nachlaßband*)[③]，其中收录了谢林的《世界时代》1811年排印稿和1813年排印稿，以

---

① F. W. J. Schelling, *Sämtliche Werke*. Hrsg. von K. F. A. Schelling. Stuttgart und Augsburg: Cotta'sche Buchhandlung, 1856—1861.

② *Schellings Werke. Münchner Jubiläumsdruck, nach der Originalausgabe (1856—1861) in neuer Anordnung*. Hrsg. von Manfred Schröter. München 1927—1954.

③ F. W. J. Schelling, *Die Weltalter. Fragmente. In den Urfassungen von 1811 und 1813*. Hrsg. von Manfred Schröter. München: Biederstein Verlag und Leibniz Verlag 1946.

及另外一些相关的手稿片断。1985年，曼弗雷德·弗兰克(Manfred Frank)又编辑出版了一套六卷本《谢林选集》[①]，其选取的内容仍然是“经典版”的原版影印。这套《谢林选集》因为价格实惠，而且基本上把谢林的最重要的著作都收录其中，所以广受欢迎。虽然自1976年起，德国巴伐利亚科学院启动了四十卷本“历史—考据版”《谢林全集》[②]的编辑工作，但由于这项工作的进展非常缓慢(目前仅仅出版了谢林1801年之前的著作)，而且其重心是放在版本考据等方面，所以对于严格意义上的哲学研究来说暂时没有很大的影响。总的说来，“经典版”直到今天都仍然是谢林著作的最权威和最重要的版本，在谢林研究中占据着不可取代的地位，因此我们把它当作中文版“谢林著作集”的底本，这是一个稳妥可靠的做法。

目前我国学界已经有许多“全集”翻译项目，相比这些项目，中文版“谢林著作集”的主要宗旨不在于追求大而全，而是希望在基本覆盖谢林各个时期的著述的前提下，挑选其中最重要和最具有代表性的著作，陆续翻译出版，力争做成一套较完备的精品集。从我们的现有规划来看，中文版“谢林著作集”也已经有二十二卷的规模，而如果这项工作进展顺利的话，我们还会在这个基础上陆续推出更多的卷册(尤其是最近几十年来整理出版的晚年谢林的各

---

① F. W. J. Schelling, *Ausgewählte Schriften in 6 Bänden*. Hrsg. von Manfred Frank. Frankfurt am Main: Suhrkamp 1985.

② F. W. J. Schelling, *Historisch-kritische Ausgabe*. Im Auftrag der Schelling-Kommission der Bayerischen Akademie der Wissenschaften herausgegeben von Jörg Jantzen, Thomas Buchheim, Jochem Hennigfeld, Wilhelm G. Jacobs und Siegbert Peetz. Stuttgart-Band Cannstatt: Frommann-Holzboog, 1976 ff.

种手稿)。也就是说,中文版“谢林著作集”将是一项长期的开放性的工作,在这个过程中,我们也希望得到学界同仁的更多支持。

本丛书得到了国家社科基金项目“德国唯心论在费希特、谢林和黑格尔哲学体系中的不同终结方案研究”(项目批准号20BZX088),在此表示感谢。

先　刚

北京大学外国哲学研究所

北京大学美学与美育研究中心

谢林自然哲学的开端
（代译序）

《一种自然哲学的理念》并不是谢林最早的著作。在写作这本书之前，谢林在思想上已相当成熟，对同时代的各种思潮及其优缺点也都了然于胸。但这部著作是奠定谢林在德国哲学界的特色与地位的关键作品。该书出版时谢林年仅22岁，与年长他5岁却于10年后方才出版代表作《精神现象学》的同窗好友黑格尔相比，堪称少年天才。

20世纪下半叶以来，西方学界对于谢林自然哲学的思想史情境、学说内容与历史影响已有相当精详的“论证性重构”，研究文献可谓汗牛充栋；谢林关于作为本原的两种基本力量以及由它们构形而成的自然界三个潜能阶次的说法也已为读者耳熟能详，了解这些问题对于国内读者而言并非最急迫之事。如果我们对谢林思想缺乏正确定位，将他的自然哲学仅仅当成费希特知识学的一个补充[1]，或者将它仅仅视为黑格尔自然哲学的一种预备，那便与它

① 毋庸讳言，谢林在当时的通信乃至正式著作中的确表达过对知识学的推崇之意，甚至有些地方显得要以自己的学说推进知识学，但这只是事情的一个方面。谢林并不隐晦他与费希特思想的差别，只不过作为初登哲学舞台的年轻人，或许是由于并未完全意识到自己学说的全部潜力，又或许是出于在学界站稳脚跟的策略性考虑，他往往表达得比较隐晦。

擦肩而过了。对于当今读者而言,更急需的毋宁是准备好阅读本书的正确视角,或者说准确把握谢林自然哲学的思想起点,尤其是它那不同于康德先验唯心论及其全部直接后裔的,以同一性思想为主要呈现方式的绝对唯心论立场。因而我们在扼要陈述该书概况后,将重点放在谢林自然哲学的开端问题上。

实际上谢林本人在此从事的也是通过自然哲学研究寻求一般哲学的正确视角的工作。这部书并不是谢林自己的自然哲学的全面展开,而是一部入门导引性著作——全面的展开还要经过《论世界灵魂》《布鲁诺》等书的多次尝试后,在《全部哲学尤其是自然哲学的体系》中方才得见。正如谢林自己所言:"这部著作并不包含任何科学的体系,而只包含一种自然哲学的**理念**。"[①] 关于这部作品的基本架构,谢林在"第一版序言"中已有清晰交待。全书分为经验的部分(第一卷)和哲学的部分(第二卷)。经验的部分是从同时代自然科学家们的研究成果出发,向着哲学的层面做一接引工作,也就是对这些研究成果加以淬炼后,将其哲学意义抉发出来。这部分讨论了燃烧、光、气体、电、磁等主题,并在本书第二版中为各章补充了"附释",以更多的研究成果印证作者的观点。而哲学的部分则正面阐述了作者反原子论的动力学物质观,即作者以吸引力与排斥力为物质真正本原与构形要素的立场,并选择对于同时代人可能最为直观也最有说服力的种种化学现象,作为这两种基本力量及其效应的证明。

---

① F. W. J. v. Schelling, *Ideen zu einer Philosophie der Natur*, in Der., *Sämmtliche Werke*, Erste Abtheilung, Zweiter Band, J. G. Gotta'scher Verlag, Stuttgart und Augsburg 1857, S. 4.

可见本书主要是一部“否定性”著作，它的主要工作并不是亮出自己的哲学立场，与以费希特为代表的康德后学短兵相接，而是从一个并不起眼的角落入手，即在向来不太为哲学家重视的自然科学领域，尽可能地说服人们从哲学上反思、批判当时最新的自然科学成果，尤其是那些在自然科学界看似已得到公认的、不可移易的成果，比如原子论、元素学说等，从而促使人们意识到：我们生活中最司空见惯的物质现象其实并非源自人们出于流俗唯心论态度设定的任何“隐秘的质”[①]，而是先于意识的主观设定活动的某种原初同一性的自我呈现。这一点用谢林自己的说法来讲就是：“这部著作并不是**从上方**（以各本原的提出）开始，而是**从下方**（以各种经验以及对此前的各种体系的检验）开始的。只有当我达到了我在我前方设定下来的目标，人们才会允许我往回复述已走过的路途。”[②]这就是谢林对本书包含的两卷所从事工作的概括。

随着这一否定性工作的展开而逐渐显现出来的是谢林自身的哲学立场：“自然哲学所从出的那个整体是**绝对的**唯心论。自然哲学并不先于唯心论；只要后者是绝对的唯心论，自然哲学也不在任何意义上与唯心论对立；然而只要后者是相对的唯心论，自然哲学本身就只包含了绝对认识行动的一个方面，这个方面若是没有另一个方面便不可想象。”[③]可见谢林此时已经有了将自然哲学与先

---

① 先于《精神现象学》（尤其是它的“知性”与“理性”两章）10年，谢林就挑明了近代自然科学中看似极为客观的种种质、元素其实是因应人的感觉与表象能力而进行的一种猜测，而非基于事情本身自我展示的历程进行的描述。

② F. W. J. v. Schelling, *Ideen zu einer Philosophie der Natur*, S. 56.

③ Ibid., S. 68.

验唯心论哲学囊括于一个更大体系之中的宏大构想。实际上自然哲学只是谢林的整个绝对唯心论规划的第一部分，即讨论“实在世界”的部分。在这部分之后，还有讨论“观念世界”的第二部分，以及讨论这两个世界相互转化的第三部分。[①]

对于本书细节中包含的种种深刻洞见，以及谢林自身立场一步步透显的上述历程，读者不妨在阅读中自行体会。我们现在的关键问题是，这个绝对唯心论立场由何而来？

一

德语思想界早在中世纪后期，从埃克哈特(Meister Eckhart)开始，就奠定了十分不同于拉丁语思想的一种内在性构想，这种构想不满足于仅仅在从感性事物到上帝逐步上升的那种层级宇宙观中看待事物，而是坚持认为感性的个体事物本身中就体现出绝对者的力量。它将新柏拉图主义教导的绝对者与各层级事物之间“坚守—产生—返回”(mone - proodos - epistrophe)的模式凝结为个体事物内部的存在结构。到了近代，如果说这种思想在康德之前(斯宾诺莎、莱布尼茨)还保持了浓重的独断色彩，那么自从康德系统演绎自我意识的枢纽性作用[②]之后，它便开始在人可以亲历亲证，可以由理性合乎逻辑地一环环连续构造的平台上，以更为坚实的步伐

---

① F. W. J. v. Schelling, *Ideen zu einer Philosophie der Natur*, S. 66.《全部哲学尤其是自然哲学的体系》比较完整地呈现了前两个世界。

② 从笛卡尔开始到康德之前，许多思想家发现了这种作用，但那主要是在意识内部对这种作用的一种体验，很难说达到了康德的先验演绎中这种系统的证明。

重新“开张”了。费希特的知识学、谢林的自然哲学和黑格尔的精神学说在这场运动中都扮演了十分精彩的角色。

在亨利希(Dieter Henrich)及其弟子们(“海德堡学派”)的影响之下,德国古典哲学研究界在最近半个世纪以来形成了一个比较普遍的共识,那就是认为德国古典哲学诸家之间并没有什么“从康德到黑格尔”的简单线性进展,而是形成了一种既具备家族相似性,又呈现离散状态的“星座”(Konstellation)。而我们关注的是,在这场运动中,如果像亨利希所说的那样,费希特的“原初洞见”是自我意识的一种前反思的自我意识,那么谢林使这场运动别开生面的利器——自然哲学——究竟肇端于何处?这一开端使得谢林自然哲学获得了何种特质?最后,如果这个开端具有重要价值,它在当今时代是否还应当和能够起作用?

站在康德的立场回顾近代的一些思想,我们会发现,自从笛卡尔坚定地以自我意识为立足点之后,意识内部的深奥结构再一次向西方人敞开了自身。在西方思想史上,如果说这个结构上一次开始展示自身是在前期基督教哲学中,其标志是以奥古斯丁为典型的教父们发现了下面这一点,即人类意志只有在人内心深处,而不是在任何外物那里,才与上帝意志发生最密切的交流,因而这个结构在当时是因应信徒与上帝交流和回返到上帝怀抱中这一需求而形成的;那么笛卡尔以降的近代思想家再次挖掘自我意识的深层结构,则是为了探明,站在自我意识内部来看,被理解的世界是如何建立起来的。既然是从自我意识内部看问题,那么看到的自然只能是理性所构造出来的世界图景了——这里不是已经埋下了“哥白尼式革命”的种子吗?如果单从这个方面来看,贝克莱的主观唯心论和休谟的怀疑论其实并无任何荒谬之处，它们只是笛卡尔奠定的那个思路的深入推展罢了。后来的德国思想发现，这一思路的要害是：与人打交道的其实不是事物本身，而是人所理解的事物，因而人实质上是在与自己的理解方式打交道。上述三人所不同之处在于，笛卡尔对通过自我意识构造起来的这种事物图景的客观实在性基本持信任态度[①]，而贝克莱与休谟则持否定或怀疑的态度。

众所周知，在休谟怀疑论和卢梭教育观的震撼下，康德在承接上述思路的同时，也要力保自我意识构造的那个世界图景的客观实在性。而要做到这一点，就必须讲明自我意识通达客观实在性的那个关键原点何在。康德给出的答案是能进行原始综合统一的统觉。统觉固然是主体的一种能力，但它不同于一般的心理活动，它是一种具有先验性质的能力，这种能力才是康德呼吁的"哥白尼式革命"的关键，因为它才能使我们通达主观表象与客观事物所共有的形式规定性，而后者才是康德所呼吁的"假定对象必须依照我们的知识"[②]的真正根据。换句话说，客体之所以符合于主体，绝不是由于主体可以对客体予取予求，而是由于主体在有意识地采取任何行动"改造"客体之前，就已经具有了和客体相同的形式规定性，这种形式规定性如宿命一般，是人类不得不置身其中的一种架构，它甚至是人类思考灵魂不朽、意志自由、上帝存在这些更高远问题的基本前提。一方面，主体只能接触到具有这种规定性的客

① 至于他先前的怀疑，只是为了最终重建这种信任而进行的预备步骤。

② 康德：《纯粹理性批判》，邓晓芒译，北京：商务印书馆，2004年，第15页。

体,因而贝克莱和休谟对于人类表象能力的局限的洞察是很深刻的;然而另一方面,客体也只能依照这种规定性而在这个世界上显现,这意味着主体所见的世界图景并非什么主观幻象,而是具有某种客观实在性的——尽管这种客观实在性并不足以使人直接通达事物本身(自在之物)。

费希特进一步探究了表象与客体之间的这种原初同一性的发生机理,极富洞见地提出,前反思的自我意识本身就是一种集生产与产物、行动与事态于一身的结构,它能有效防止反思的无穷倒退。[①] 这里无需详细复述他的这一思想。引起笔者注意的是,费希特一生提出的多个版本的知识学,从一方面来看固然表现出他越来越寻求突破自我意识,将他所洞察到的原初同一性推展至存在本身那里的宏愿,但另一方面,这也未尝不可视作自我意识立场的强大张力的表现。这种张力甚至大到了规定与束缚那种立场的批判者(后期费希特)的批判方式的地步。我们看到,当费希特在后期意图突破自我意识而进入存在本身之中时,他大体上是将早期知识学中"本原行动"的架构挪用到了绝对知识、绝对存在、纯粹之光等终极要素上罢了,比如他在1801年的《知识学的阐述》中就说,绝对知识既不是知识或主体性,也不是存在或客体性,而是使得一切行为与事件都能被设定的那种知识本身。[②] 费希特毕竟不是谢林,这里不大可能发展出谢林式的自然哲学。

那么以自我意识为基点的这一系思想的限度何在?自我意识

① Cf. D. Henrich, *Fichtes ursprüngliche Einsicht*, Vittorio Klostermann, Frankfurt am Main 1967.

② J. G. Fichte, *Darstellung der Wissenschaftslehre*, in: Ders., *Sämmtliche Werke*, Zweiter Band, Verlag von Veit und Comp, Berlin 1845, S. 13, 14, 54.

这个基点形成它看问题的视角，而如果局限于这个视角看问题，西方传统的形式观中的一些要素就会被“过滤”掉。古代的“形式－质料”学说主张形式自身对质料有一种塑造成形与指引方向的作用，这种作用同时也被视作形式在质料中实现自身或质料从潜在状态趋赴其本质状态的运动过程。中世纪思想开始以人格主体的视角看问题，只不过这个主体不是理性之人，而是以上帝为终极目标的信仰之人——当然，上帝在某种意义上是终极主体，但人不可能具备上帝的眼光。此时上帝及其带起的信仰引领着人的生活方向，人如同古代时一样，只是整个生活秩序中的一分子，而不具有赋形的或引领的地位。近代意识哲学则不同，它的主体是理性之人。这样的人虽然貌似在探求一个不完全以其自身为转移的同一性之点（康德和费希特），貌似服从于一种高于其自身的崇高秩序（如康德的理念架构，费希特的绝对知识、绝对存在与纯粹之光），但却忽视了一点，即无论同一性之点还是崇高秩序，都依然是他站在自我意识的视角看到的，它们都以自我意识为预设前提（认知根据），而非相反。更准确地说，在存在的意义上，自我意识固然以更高的秩序为“悬设”，但在认识的意义上，自我意识始终是优先于更高秩序的。而这后一方面却是上述思路更强调的。[①]

而谢林则更强调前一方面。他在学生年代便已在柏拉图研究

① 在康德和费希特这里，该思路虽然意识到了前一方面，而且努力以实践哲学的形式（这是他们认为唯一合法的阐述形式）阐明它，但依然没有脱离自我意识这个基点。实践哲学在他们这里很可能只是以创造性行动之名反过来巩固了意识哲学的框架。从谢林《先验唯心论体系》一书的结构和黑格尔《精神现象学》“精神”章中对道德世界观的批判来看，他们二人明确意识到了这个限度。

方面颇有造诣,就在相当程度上恢复了存在本身的问题,或者说至少是在近代语境下努力恢复存在本身的问题。康德留下的遗产固然可贵,但谢林援引斯宾诺莎与莱布尼茨的思想,证明人不一定只能局限在自我意识内部看问题。他看到,近代早期只有斯宾诺莎与莱布尼茨的体系才是从主体的本性①中推导出客体的客观性的②,而这个本性并非单纯的主观思维,而是观念东西与实在东西的同一性。③可惜斯宾诺莎并未进入这本性的深处,而是立即迷失到我们之外的一种无限者理念中去了;④相比之下,莱布尼茨则突出了自我的本性这个要点,从而改进了斯宾诺莎的体系。⑤表面看来,好像谢林这里说的同一性就是康德和费希特从自我意识角度看到的那种同一性,然而无论从谢林对观念东西、实在东西极有古风的规定,还是从斯宾诺莎、莱布尼茨学说的唯理论性质,以及从历史上二人学说被德国古典哲学吸收的实际情形来看,都会发现谢林从二人那里继承的东西与自我意识哲学大异其趣。其实这种做法绝非谢林一时兴起而为之,而是他一以贯之的选择。亨利希与弗兰克便注意到,谢林最初是受到他在图宾根的老师启发,从康德那里直接发展出自己思想的,他在接触费希特知识学之前就踏

---

① 谢林此时试图从他那个意义上的原初同一性出发规定主体概念,但严格来说他此时对自我意识的态度还比较模糊,不如几年后那么清晰。他在《先验唯心论体系》中明确说道,自我意识不是一切存在的绝对原理,而只是一切知识的绝对原理,一切知识都以其为出发点。参见谢林:《先验唯心论体系》,梁志学等译,北京:商务印书馆,1976,第23页。

② Schelling, *Ideen zu einer Philosophie der Natur*, S. 35.

③ Ibid., S. 35 f.

④ Ibid., S. 36.

⑤ Ibid., S. 37.

上了另一条不同于自我意识的进路。[①]

二

这一点表现在对体系原点的规定上便是，谢林将关注的焦点从康德、费希特那里主体（或表象、知识）与客体（或对象、存在）之间的原初同一性，转向了观念东西（或形式、肯定性东西、能动性东西）与实在东西（或质料、否定性东西、受动性东西）之间的原初同一性。他所说的观念东西(das Ideale / Ideelle)并非人在自我意识角度得到的主观表象，而更类似于古代意义上的形式概念；与此相应，实在东西(das Reale)也并非被表象的对象，而是由形式赋形的质料性东西。与康德和费希特那里类似，人必须通过自己的理性才能真正把握到这种同一性，"通过理性，自然才破天荒第一次完全回复到自身，从而表明自然同我们之内认作是理智的东西本来就是同一的"[②]，因此关于外部世界的一切表象必然出自我自身[③]，但这当然不是在自我意识哲学的意义上说的。

这种同一性的性质毕竟不同了。谢林对费希特相当不满，因为他认为费希特哲学仅仅是从主观意识方面在讲同一性[④]，他甚

---

① Siehe D. Henrich, *Grundlegung aus dem Ich. Untersuchungen zur Vorgeschichte des Idealismus. Tübingen – Jena (1790—1794)*, Zweiter Band, Suhrkamp Verlag, Frankfurt am Main 2004, S. 1551-1699; M. Frank, *"Reduplikative Identität". Der Schlüssel zu Schellings reifer Philosophie*, frommann – holzboog Verlag, Stuttgart 2018, S. 67.

② 谢林:《先验唯心论体系》,第 8 页。

③ Schelling, *Ideen zu einer Philosophie der Natur*, S. 33-34.

④ Ibid., S. 72.

至判定,整个现代思想都是观念性的,因为它的支配性的精神是往主体内部走的精神。[1]在他自己看来,绝对观念东西不是个别人的什么想法,而是绝对思维(absolutes Denken)。[2]他又称之为绝对知识(absolutes Wissen),并说在这绝对知识中"主观东西(das Subjektive)和客观东西(Objektive)不是作为对立的东西结合起来,而是整个主观东西就是整个客观东西,反之亦然"。[3]这是相当深刻的一个思想。这里的主观东西和客观东西不能仅仅从上述自我意识哲学所说的表象与对象的意义上理解,因为谢林惯常的做法是将处于同一性关系中的"主体与客体"拿来和"形式与质料"对举[4],他已经不仅仅从"我如何思维"和"事物如何对我显现"的角度考虑问题,而是一开始就通过自我意识这个枢纽进至"事物本身的形式与质料如何相互规定"的问题了。换句话说,谢林承认并接受从笛卡尔到费希特为止的一众思想家对于自我意识的关键地位的揭示,他同样认为自我意识是世间极其高贵的东西,如果没有自我意识,人之异于禽兽者几希,根本不会像康德这样探究出原初同一性,然而这并不意味着原初同一性只是自我意识所见的那样,也不意味着自我意识可以独占原初同一性。谢林的立场借用康德的术语来说就是,自我意识虽然是原初同一性的认知根据(Erkenntnisgrund / ratio cognoscendi),原初同一性却是自我意识的存在根据(Seinsgrund / ratio essendi)。后一方面是决定性的,如

---

① Schelling, *Ideen zu einer Philosophie der Natur*, S. 72.

② Ibid., S. 61.

③ Ibid.

④ Cf. ibid., S. 62.

果不预设原初同一性，那么自我意识作为认知根据的地位也不保了。不仅如此，谢林此话更丰富的含义在于，在原初同一性中主观东西与客观东西不是偶然、外在地被人发现了一些相同点或类似之处，而是整个地规定了对方的存在或认识，没有一方就根本不可能有另一方。比如谢林就莱布尼茨的个体性概念说过，"**雅可比**证明了，他（指莱布尼茨——笔者按）的整个体系都是从**个体性**概念来的，也回到那里。只有在个体性概念里，所有别的哲学分离开的东西，即我们天性中肯定的东西和否定的东西、能动的东西和受动的东西，才是原先就结合在一起的。"①德国思想关于个体性的这笔可贵的遗产，不绝如缕地流传下来了，谢林显然明确意识到了这一点，并主动接受和发扬了它。在他看来，每一个具体的事物都有肯定的、能动的和否定的、受动的这两个方面，没有前一个方面，后一个方面是无规定而散漫无归的，更不可能被认识；没有后一个方面，前一个方面是无法显现，也无所依归的。在这个意义上可以说，万物都是两个对立本原的争执的产物。②这便涉及原初同一性的动态发生性特征，谢林正是用这种特征说明万物的生成的。③在他看来，绝对者是一种永恒的认识行动（Erkenntnißakt），是一种生产（Produciren）。④他将上述意义上的主体和本质当作这生产的生

① Schelling, *Ideen zu einer Philosophie der Natur*, S. 37.

② B.-O. Küppers, *Natur als Organismus. Schellings frühe Naturphilosophie und ihre Bedeutung für die moderne Biologie*, Vittorio Klostermann, Frankfurt am Main 1992, S. 56.

③ 费希特知识学也描述了他眼中的原初同一性的动态构造过程，目前还不能断定谢林的这方面思想得自费希特，因为他很可能在深入接触知识学之前就有了这一思想。

④ Schelling, *Ideen zu einer Philosophie der Natur*, S. 62.

产者,将实在东西、客体,尤其是它们的形式,当作这生产的产物。[①]而本质与形式之间并非往而不返的关系,不仅本质可以化为形式,形式也可以被收回本质之中。——我们看到,谢林后来所说的根据与实存者、肯定哲学与否定哲学之间的关系模式在此已隐约可见。

我们可以将这种原初同一性视作谢林自然哲学的开端。何以如此?这不仅仅是因为谢林极其强调这种同一性的肇始作用,比如谢林说过,"走向哲学的第一步和那样一个条件,如果没有那个条件,人们永远不可能来到哲学中,就是如下洞见:绝对观念性东西也是绝对实在性东西,而且若是没有绝对观念性东西,一般来说只有感性的和有条件的实在性,但绝没有绝对的和无条件的实在性"[②]。他甚至还说:"绝对观念性东西就是绝对实在性东西这个洞见,乃是一切高等科学性的条件——这不仅指哲学中的科学性,也包括几何学和整个数学中的科学性。"[③]这更是因为它才真正使谢林获得了一个不同于康德、费希特的基点,从这个基点来看,不仅自然哲学,他的整个哲学的布局都呈现出全新的样貌。简单来说,在谢林看来,自然哲学不是在先验唯心论(如康德)的架构内部的一个领域[④],比如康德那里与实践哲学相对而言的理论哲学[⑤],而是与先验唯心论并驾齐驱的另一个领域。谢林说,先验哲学与自然哲学"这两门科学必然是两种永远对立的科学,二者决然不能变成

---

① Schelling, *Ideen zu einer Philosophie der Natur*, S. 62.

② Ibid., S. 58.

③ Ibid., S. 60.

④ 其实谢林也从不承认自然哲学是后来黑格尔的绝对唯心论的一个部分。

⑤ 甚至不是黑格尔那里与精神哲学相对而言的自然哲学。

一个东西”[①]，谢林终生坚持先验唯心论之外的某个独立领域的存在，尽管“自然哲学”作为一个名号在他的中后期思想中似乎隐没了，但催生了自然哲学的那个开端却一直在起作用。

为了解谢林早期哲学体系的整个架构，我们再具体看看自然哲学与先验哲学（即先验唯心论）的关系。为此首先要弄明白谢林关于相对的唯心论与绝对的唯心论的区分。所谓绝对的唯心论，是指我们从理念的角度、绝对的认识行动的角度来看，由自然哲学与先验哲学构成的整个哲学都带有唯心论的特征，这意味着这两种哲学都不过是绝对的认识行动（绝对者）的行动方式，只不过两种哲学的行动方向不同罢了；而那时人们通常说的先验哲学，即康德和费希特的哲学，只是与自然哲学相对而言的“相对的唯心论”[②]，比如谢林就说过知识学只是相对的唯心论。[③]

而要进一步深入了解这两种哲学的关系，我们还得回到本质与形式的关系问题上。首先，谢林认为绝对者既可以体现为“本质化为形式”的运动，也可以体现为“形式回到本质”的运动。在绝对者中，当本质现身为形式时，便有了具备具体形式的客观事物，此时绝对者的主体性便化为具体事物的客体性；当形式收回到本质之中时，事物的形式来源于绝对者的主体性的情形便被把握到了，此时具体事物的客体性便被理解为绝对者的主体性。[④]这两种情形又分别可被视作无限化为有限和有限化为无限的运动，二者都

---

① 谢林：《先验唯心论体系》，第3页。

② Schelling, *Ideen zu einer Philosophie der Natur*, S. 67.

③ Ibid., S. 68.

④ Ibid., S. 63.

是统一而完整的结构，谢林称之为统一性(Einheit)。在他看来这样的统一性一共有三种：除了上述两种之外，还有将这两种统一性统一起来的统一性。[①]谢林又将统一性称作绝对性(Absolutheit)，并认为这三种模式在其相应的运动（本质化为形式、形式化为本质的运动，以及上述两种运动合为一体的运动）中都不会失去各自的绝对性。[②]三种统一性中的前两种分别对应于自然界（或称实在世界）和观念性世界（或称观念世界）[③]，这两种世界又各自含有绝对者的体现：在实在世界中，绝对者隐藏于有限者中；在观念世界中，绝对者蜕去有限者的外壳，作为观念东西、认识行动而出现，此时事物的实在性方面被抛下，只剩下观念性方面被人把握。[④]与上述架构相应，哲学体系便包含了两个方面，自然哲学探究的是第一个方面，即无限化为有限、本质化为形式的实在世界方面；[⑤]很明显，先验哲学的任务便是探究第二个方面，即有限化为无限、形式化为本质的观念世界方面。

在这种体系格局之下，谢林自然哲学内部的层次和概念也呈现出鲜明的特色。值得注意的是，自然界与观念性世界各自在其内部又包含三个层次的统一性，谢林称之为三个潜能阶次(Potenzen)。比如谢林在《一种自然哲学的理念》中对自然哲学要探讨的三个潜能阶次的规定便是：普遍世界构造；普遍机械论（即共

① Schelling, *Ideen zu einer Philosophie der Natur*, S. 65.

② Ibid., S. 64.

③ Ibid., S. 66.

④ Ibid., S. 67.

⑤ Ibid., S. 66.

相化为殊相，或者由光向物体的运动）；有机论。因此自然哲学的最高对象便是有理性的有机物，或者说人脑。而在具体概念的规定上，谢林的做法也颇不同于我们对这些概念的一般印象。比如他的重力概念就受到了莱布尼茨和康德的启发，比笛卡尔单纯就广延而论物质更具辩证特征，因为它不仅包含了物质的延展（排斥力），也包含了物质的凝聚（吸引力）①，而这两种特质总是共存的，不可设想它们任何一方无需另一方而单独存在。

不难看出，谢林自然哲学在内部层次和具体概念方面的这种特色，在根本上也是由他的自然哲学的开端决定的。正如前文所说，谢林虽然承认自我意识这一通道的可贵，但并不局限在自我意识的视角内，而是从观念东西与实在东西的原初同一性出发，以绝对者由本质化生形式、从形式复归本质的运动来解释万物的存在，这就必然会预设类似于斯宾诺莎实体结构的某种“大全一体”的宏大结构。因为我们能设想的世界上任何现实的观念东西、实在东西以及双方的规定方式（比如植物的本质生成其形式的方式，以及我们在该形式的规定下理解植物质料的方式），都必定是有局限的，而规定这种局限之为局限的，乃是作为整体的绝对者，以及——在间接的意义上——其他比该种观念东西、实在东西层级更高或更低的观念东西、实在东西。在这个意义上，谢林认为万物内在地是一个本质，万物之间的差异都只是非本质的、量上的差异。②比如关于自然界各个层级的运动，他便如此规定：重力是量上的运

① Schelling, *Ideen zu einer Philosophie der Natur*, S. 197.

② Ibid., S. 65.

动，化学运动是质上的运动，机械运动是关系上的运动；与它们对应的三门科学分别是静力学、化学和机械力学。[①]又比如他的重力概念，明显就是绝对者的本质由天体凝聚成形开始，一直到最具内省特征的人脑形成为止的那整个运动过程中的一个环节，要规定这样一个环节，就必须在两重本原（观念性、肯定性、形式性本原与实在性、否定性、质料性本原，实即前文中所谓的观念东西与实在东西）相互作用的关系模式下进行探讨，而重力概念恰恰满足了这样的要求。

三

正如前文所说，近代理性虽然热情地向世界求索，却陷入了一个怪圈：人类以为自己在寻求世界本身的真理，殊不知在人类这种一往无前的求索态度面前，世界只会呈现出人想得到的那副面貌，换句话说，世界并未敞开其自身，近代理性从来只能在世界上得到它所能理解的，甚至可以说由它投射到世界上去的东西。康德首次挑明了这个局面，功莫大焉。但更深的问题在于，康德与费希特即便探知到原初同一性的极端重要性，只要他们拘囿于自我意识的立场之内，他们所见到的就只能是“表象/自我的设定行动”与“对象/自我设定而成的事态”之间的同一性，最多只能像后期费希特那样，在自我意识的基点上做出一种跨出的姿态，实际上却仍然以自我意识的行动模式去类比更根本的绝对者。这样一来，虽然

① Schelling, *Ideen zu einer Philosophie der Natur*, S. 28.

康德与费希特都不同程度地意识到世界的目的论结构，对上帝、绝对之光念念不忘，他们的视角最终还是限制了他们对问题的看法和阐述。

在这种情况下，谢林的工作就显得尤为可贵。谢林实际上是在德国唯心论的语境下，重新恢复了西方文化中一个深厚的传统：由柏拉图、亚里士多德以及新柏拉图主义塑造而成的那种有着严格方向规定的动态秩序观。谢林使这个传统在德国唯心论中重放异彩，并以其为主轴，整合了历史上许多思想遗产：(1)如果没有康德的先验哲学，谢林通过自我意识抵达原初同一性的这个思路是不可想象的；(2)如果没有斯宾诺莎和莱布尼茨的遗产，谢林超迈自我意识视角之外去重新定位原初同一性的做法恐怕很难成功；(3)如果没有基督教三位一体学说①，谢林关于人格性上帝创世又吸引造物回归自身的思想图景，包括关于本质与形式这双重本原的学说，便无从说起；(4)如果没有古代秩序观，谢林关于形式与质料、观念东西与实在东西的相互关系，以及关于世界各层级之间产生与回返的关系模式的设定，更是无源之水。——然而谢林就是谢林，尽管有这些思想遗产在前，如果没有谢林的独创性思想努力，自然哲学和他的整个体系都是不可能的。

不可否认的是，德国古典哲学在近代语境下重新恢复西方核心秩序观的这场运动，基本上发轫于谢林对于原初同一性的独特规定。这场运动后来的主角是谢林与黑格尔两个人，只不过二人

① 谢林认为三位一体是一种比基督教更根本，也更古老的结构，参见先刚：《从“超神性”到“上帝”——略论谢林世界时代哲学时期的“神学”》，发表于《哲学门》2018年第二册（总第三十八辑）。本文暂且撇开二者孰先孰后的问题，将这一框架称作“基督教三位一体学说”。

的侧重点有所不同:谢林将更多的精力放在对绝对者使世界发生并返回自身的设想上,力倡世界本身的形式结构,他不断尝试改进上述设想,最后达到的是肯定哲学这一惊人的思想成果;而黑格尔的思想结构甫一定型,便极少变更,他将重点放在了这一结构内部的所有范畴的思辨与构造上。——关于二人之间如何争论的问题,当然是一桩有趣的公案,然而相比于他们共同的思想史任务而言,这个问题是第二位的。

这场运动对后世的影响不可谓不大,然而时代毕竟不同了,他们关于形式与质料、观念东西与实在东西之关系的核心思想,往往由于后世对于体系、绝对者乃至一切自身有效的秩序(而不是作为主体"必要的虚构"的秩序)的嫌恶,而遭到了忽视。后世学者更重视的是他们思想中可为其所用的一面,比如谢林自由学说中的质料主义因素,以及黑格尔关于承认、劳动、社会的一些说法,而将他们关于绝对者、精神、国家的论说弃之不顾。殊不知后一方面恰恰是他们学说的落脚点和归宿,是他们自己最看重的东西。

我们无意于就学术论学术,仅仅停留在学者们对谢林或黑格尔学说的研究范围内,讨论他们的研究孰是孰非。笔者关注的是一个不那么"学术"的问题:当今时代是否已失去了古典意义上的形式感,以及通过理解各种层次的形式的局限而不断提升人性的能力?

我们不妨以近年来风头正健的人工智能为例,略做讨论。在目前阶段,学界关心的是通过神经网络研究和深度学习研究[①]探讨

① 这类研究和下文中说到的计算机语言的发展,其本身可能并无对错好坏之别,本文无意妄加臧否。我们这里讨论的是将二者作为人工智能研究的手段时,是否有必要反思它们的界限的问题。

人工智能会否以及在多大程度上会改变人类正常生活的问题,而科技公司关心的则是如何在可操控的范围内将人工智能的效用发挥到极致。这两个群体关注的看似是两个不同的问题,实际上是同一个问题:我们是否能在有利于人类的前提下,让机器做到人所能做的一切事情,甚至做到人所不能为的更多事情。按照这个思路,人工智能研究有着广阔的发展空间和极其美好的前景,因为计算机语言所能做的事情,远不只是用程序做几道计算题那么简单,它可能远超普通人的想象之外,因为基本上可以通过算法语言表达出来的、有技术执行路线的一切人类活动,包括人的一些极其微妙和细腻的反应,人工智能都是可以做到的,这只是个时间早晚的问题。

然而我们只要洞察计算机算法的本质,就会发现上述种种做法只不过是在结果的层面、技术的层面处理问题,都有意无意回避了计算机算法与人类思维的根本区别。人工智能通过将算法形诸实际参与人类生活的独立行动者(机器人、信息集散与交换装置等),看似便利了人,实际上是在抹杀人类思维最可贵的东西。原因在于,计算机语言,无论是否基于图灵机层次上,都一定是通过算法来执行的。"便利"一定是在特定算法的前提下而言的,它实际上是该算法用以自我美化和自我强化的手段。比如我们如果只以是否合乎几何学上的整齐划一,是否具有所谓的"工业美学"来衡量一个村落的规划与建设,我们建造出来的村落可能对于建筑师、交通、物流、消费而言都是"便利"的,给人一种"生活方便了"的感觉,然而村落却很难入画了,它也失去了自然村落与居民之间那种生生不息的亲密氛围,用海德格尔的话来说,它便成了"无根的"

(bodenlos)纯工具。但人类思维区别于人工智能的根本,在于人能反思各种形式[1]的局限,并突破这些局限,进行攀升。[2]相比之下,人工智能只能在给定的形式的基础上进行运作,包括深度学习时也是这样,因为即便这种学习也要遵循学习的算法这种既定的形式。人工智能科技如果不意识到自身的这个界限,无限制发展,人本身终将成为它急欲消除的最大障碍,因为人的种种反思、迟疑,人对意义的种种探索,包括许多“无意义”行为,必将被计算机语言视作有害无益的冗余。这样一来,事情很有可能发生戏剧性翻转:起初人们认为,人工智能的问题总不过是如何以其便利人类的生活而已,到最后人本身却成了妨碍人工智能发展的一个累赘,人本身成了最后一个不便利的东西。

由此可见,人工智能的本质是意图通过操控自我意识所认定的同一性形式(比如便利、可视化等标准),在给人造成“便利”的虚幻感觉的同时,达到生活的全盘算法化;而如果跨出自我意识之外,正视事物本身的原初同一性起点,那才是希望之所在。谢林哲学不仅给我们提供了一个跨出自我意识之外而触及作为事情本

① 算法是计算机化、人工智能化的形式。但笔者所说的“形式”并不仅限于算法这类可以由人设计和改变的形式,它还包括许多未被人意识到的形式,比如我能在这里坐下、呼吸、思考,这就预设了我身体的平衡与重力所共有、我的鼻腔细胞活动与空气所共有、我的思考活动与思维对象所共有的种种形式。算法或许可以扩展到后一类形式上,但那一定是思维对原初形式进行的反思,而不是原初形式本身。德国唯心论早在费希特那里就展示过这种反思与本原行动的区别。

② 彻底唯物主义者——如《直觉泵》的作者丹尼特(D. C. Dennett)——往往主张将思维活动还原成人脑的活动,在他们看来,问题的关键不过就是计算机活动如何不断趋近于对人脑活动的原样重现,并在此基础上实现自主学习和自我改进而已。这种观点一上来就没有看到人类思维的上述根本特质。

身之开端的原初同一性的先例,还系统展示了世界不同面向、不同层次的各种形式,是一种真正尊重事情本身,也真正尊重人性的思想。虽然很难说这一思想能为当下生活中的问题提供什么直接的答案,但它至少告诉我们:生活可以是别样的,并非只有越来越深的算法化这一途而已。

译者补记:本文曾以缩略形式发表于《云南大学学报》2019年第5期。另外,复旦大学法语语言文学系赵英晖博士翻译了谢林引自布丰著作的两段法文以及一个法文书名,特此致谢。

庄振华

2020年5月于西安

一种自然哲学的理念

作为研习这门科学的导论

1797

1803（第二版）

F. W. J. Schelling, *Ideen zu einer Philosophie der Natur als Einleitung in das Studium dieser Wissenschaft*, in ders., *Sämtliche Werke*, Band II, S. 1-343. Stuttgart und Augsburg 1857.

内容概览[①]

① 德文版《全集》编者所加，非谢林本人制作，与谢林自己在正文中制定的各级标题时有出入。各标题对应的页码为德文原书页码，即本书边码。——译者注

第二卷

第一版序言[①]

II, 3

我们时代此前的种种哲学研究留下的纯正成果简述如下:“此前的理论哲学(在形而上学之名下)是完全异质的一些本原的某种混合。其中一部分含有某些规律,那些规律属于**经验**的可能性[②](普遍**自然规律**),另一部分含有某些原理,那些原理超出了一切经验之外(真正形而上学的本原)。”

“然而现在很清楚的是,在理论哲学中对那些原理只能作一种**调节性**运用。唯一将我们提升到现象世界之上的,乃是我们的道德本性,而在理念的王国里具有**建构性**运用的那些规律,由此恰恰成了**实践性**规律。因而此前理论哲学中的形而上学因素,将来只会留给实践哲学。留给理论哲学的只有一种可能经验的一些普遍本原,而且不是成为**随**物理学**之后**而来的一门科学(形而上学)[③],未来它会成为**先行于**物理学的一门科学。”

然而现在理论的与实践的哲学(出于训练的需要,人们或许可

---

① 第一版的标题为:“一种自然哲学的理念”,同位语“作为研习这门科学的导论”是第二版加进去的。——原编者注

② 谢林这里的“可能性”常相当于康德那里的“可能性条件”。——译者注

③ 这里谢林利用了 Metaphysik(形而上学)的词源含义:物理学(Physik)之后(Meta-)。——译者注

II,4 以将它们分离，然而在人类精神中它们原本且必然是合为一体的）分裂为**纯粹的**与**应用的**哲学了。

纯粹理论哲学只顾研究我们的**一般**知识的实在性；然而以自然哲学为名义的那门**应用**哲学则面临着从一些本原中推导出我们知识的某个**特定**体系（亦即全部经验的体系）的任务。

对于**理论**哲学是**物理学**的东西，对于**实践**哲学就是**历史学**，而这样就从哲学的这两个主要部分中发展出了我们的经验知识的两个主要分支。

因而凭着**自然哲学**和**人类哲学**[①]的某种探讨，我希望涵括全部**应用**哲学。通过前两种哲学，自然学说和历史学应当分别获得某种科学的基础。

眼下的这部著作应该只是执行这项计划的开始。关于作为这部著作之基础的一种自然哲学的**理念**，我会在导论中加以说明。那么我肯定期待从这个导论产生对这部著作的种种哲学本原的检验。

然而谈到**执行**，著作的标题已经表明，这部著作并不包含任何科学的体系，而只包含一种自然哲学的**理念**。[②]人们可以将它视作有关这个课题的一系列单独的论文。

这部著作现有的第一部分[③]分为两部分[④]，即经验的部分和哲

---

① “人类哲学”(Philosophie des Menschen)指关于人类实践、历史的哲学。——译者注

② 此处以及本书标题中的“理念”(Ideen)均为复数形式，中译文出于简洁上口的需要，未能体现这一点。——译者注

③ 即《一种自然哲学的理念》全书。——译者注

④ 原文如此，意指第一部分分为两个小的部分，分别对应本书第一、二卷。——译者注

学的部分。我认为将第一部分[1]先呈现出来是必要的，因为在著作的后文中会经常回顾物理学和化学的一些较新的发现和研究。然而这样就产生了令人不适的那种局面，即我认为只有后来才能从哲学上的各种本原出发而决定的一些问题，必定总显得很可疑。[2]那么由于第一卷的某些表述，我必定会指涉第二卷（尤其是第八章）。考虑到有关热的本性与燃烧现象的种种问题中，现在有一部分还是有争议的，我遵循的原理是，在各种物体中绝不允许存在其实在性完全不能通过经验阐明的任何隐蔽元素。人们最近又多多少少将一些哲学上的本原掺混到关于热、光、电等的所有这些研究中，而且并没有与经验的基础拉开距离，那些本原对于在其自身且为其自身而言的实验性自然学说是很陌生的，通常还是极其不确定的，以至于从中不可避免会产生混乱。这样一来，如今在物理学中比任何时候都更频繁地拨弄力的概念，尤其是在人们开始怀疑光一类东西的物质性之后，更是如此；人们仿佛有几回问过，电是否不可能成为**生命力**。所有这些含糊的、被非法引入物理学中的概念，由于只能在哲学的意义上加以校正，我都必须在这部著作的第一部分任其处于不确定的状态。此外，我在这一部分还必须一直保持在物理学和化学的限度内——因而也努力说它们那种形象化语言（Bildersprache）。——在关于光的那一章（第 85 页起）[3]中，

II, 5

① 指本书第一卷。——译者注

② 谢林的意思是，由于"哲学部分"放在后面，那些问题在"经验部分"就总是显得很可疑，缺乏哲学根据。——译者注

③ 此为原书页码，见本书边码；本书正文中与原编者注中提及的页码皆同此，不另说明。——译者注

我首先希望发起有关光对我们的大气的作用的研究。这种作用不仅仅是机械性的，这一点从光与生气(Lebensluft)[①]的亲缘关系中已经可以看出来了。有关这个课题的进一步研究甚至有可能对光及其在我们大气中传播的本性问题带来进一步的启发。此事是双倍重要的，因为我们现在虽然了解大气的混合状态，但并不了解大自然是怎么知道要不断维持不同种类的气体之间的这种比例的——撇开大气中无数种变化形态不论。我在有关气体种类的那一章[②]所说的还远不足以对此给出完备的说明。我倒越发希望将由我阐述并以各种证据支撑的那个有关电现象之起源的假说看作经过了检验的，因为假如它为真，它的作用必定还会进一步扩展(比如对生理学发挥作用)。

II, 6 这部著作的**哲学**部分涉及作为自然学说的基本科学的**动力学**，以及作为其结果的**化学**。接下来的部分[③]将涵括有机自然学说或所谓生理学的各种本原。[④]

从导论中人们可以看到，我的目的并不是将哲学**运用**到自然学说上。我想不出还有比将一些抽象本原像这样运用到一种现有的经验科学上更可悲的短时突击行为了。我的目的毋宁是让自然科学本身首次在哲学的意义上**产生**，而我的哲学本身无非就是自

---

① 这是当时化学界的一种形象化的说法，主要指大气中对于维持生命至关重要的部分(氧气)，是相对于氮气而言的，因为氮气并非维系生命的关键成分。我们仍依照字面将其译为"生气"，读者需注意将其与作为情绪活动的"生气"区分开来。——译者注

② 本书第一卷第三章。——译者注

③ 指本书结论部分预告的"下一部分"。——译者注

④ 这句话在这篇序言的首印版中为："接下来的部分将包含一般运动学说，即静力学和**机械力学**，包含自然学说、神学与生理学的各种原则。"读者可参见第337页注释。——原编者注

然科学。的确,化学教导我们**阅读元素**,物理学教导我们**阅读音节**,数学教导我们**阅读大自然**;然而人们不可忘记,哲学才能**解释**那读出的东西。

II, 7

第二版序言

这部著作目前以新版面世,过去人们对它持久的需求无疑主要归功于它包含了自然哲学最初的那些理念,以及作者对自然哲学的一些研究。自那以来,由于一些卓越的头脑使得这门科学的一部分得到充实,也由于它在自然学说的几乎所有分支上得到应用,这门科学在外部赢获了客观的范围;而在内部,正如我认为可以预设的那样,它与一般哲学的关系已被确定下来。在后来再版时尽可能地消除这部著作初版时的种种缺陷(我或许是最不可能总对它们茫茫然无所知的),这方面的努力必定会愈发勤勉。

为达此目的,在第一版文本中不仅做了一些看起来很必要的完善,也尝试通过给每一章加一些附释而标示出科学在当前达到的成就等级,并尝试将后来的成果与最初规划中的萌芽关联起来。这里看到双重的考虑,即在导论的附释中,以及零零散散在其他各处,要向哲学之友们阐明自然哲学通过不断发展而达到的状态与一般思辨的关联,而对于将大部分注意力首先投向这部著作,而不是我的其他著作的那些自然科学家,则在第一卷和第二卷的那些附释中告知他们如何对自然哲学现今的种种观点,即关于在眼前这部著作中提及的所有对象的种种观点,达到一种总括

II, 8

(Inbegriff)。

如此看来,这部著作旧貌换新颜后充当自然哲学研究的导论,就是正当的了,因为它同时还构成了向第二部分[1]的过渡,后者将包含有机物理学和对于此前有关有机物理学的那些最出色的学术观点的一种批判。

耶拿,1802年12月31日

① 指本书结论部分预告的"下一部分"。——译者注

II, 11

导　论

一般哲学是什么,这不是那么容易回答的。倘若很容易就某个特定的哲学概念[①]达成一致,那么要想立即感到自己拥有某种普遍有效的哲学,人们只需分析这个概念即可。事情就是这样。哲学不是我们的精神无需操劳,一开始就自自然然唾手可得的东西。它完全是自由的一件作品。对于每个人而言,它只不过就是那人将它本身做成的那样;因而哲学的理念也不过就是哲学本身的成果,哲学作为一门无限的科学,同时也是关于其本身的科学。[②]

那么我不会先谈任何一个一般哲学概念,尤其是自然哲学概念,以便嗣后将它分解为各个部分,而是努力先让这样一个概念在读者眼前**产生**。

然而由于人们必须从某个东西出发,我就预设了一种自然哲学**应该**从一些本原中推导出一个大自然的亦即整个经验世界的可能性。然而我不会在分析的意义上探讨这个概念,或者将它预设为正确的,并从其中得出种种推论,而是在处理所有问题之前就研究,一般而言这个概念是否具有实在性,以及它是否表达了某种同

① 这里“哲学的概念”(Begriff von Philosophie)不是指哲学内部的个别概念,而是关于哲学的概念,或哲学本身的概念。下一段中的“一般哲学概念”和“自然哲学概念”同此。——译者注

② 第一版中为:哲学的理念不过就是哲学本身的成果,而一种普遍有效的哲学则是一片无名的幻影。——原编者注

样能**详加说明**的东西。

论一种自然哲学必须解决的难题

II, 12

迷失于对大自然的研究和对大自然财富的单纯享受之中的人,是不会追问一个大自然和一种经验是否可能。它对他而言就在那里,这就够了;他通过**行动**本身使它成为现实,而"什么是可能的?"这样的问题只有那种认为不能亲**手**维持现实性的人才能提出来。整个的时代全都耗费在对大自然的研究上,人们却还乐此不疲。一些人在这项研究上度过了他们的一生,也没有停止向这位蒙着面纱的女神礼拜。那些伟大的精神[①]并不关心他们的发现的本原是什么,只顾生活在他们自己的世界中,而最敏锐的怀疑者质疑一个在其头脑中孕育整个世界,又在其想象力中孕育整个大自然的人度过的一生时,其名声又有几何?

我们外部的一个世界、一个大自然以及随之一道的经验是何以可能的,这个问题我们要归功于**哲学**,或者毋宁说**随着**这个问题**一道**便产生了哲学。先前人们曾生活于(哲学上的)自然状态。那时的人与其自身以及他周围的世界是统一的。在种种幽暗的回想中,这种状态甚至浮现在最迷糊的思想家眼前。许多人仿佛从未离开这种状态,而当古怪的榜样没能误导他们时,他们在其自身仿佛是幸运的;因为大自然不会自愿让任何人脱离它的监护,而且又不存在任何**天生的**自由之子。[②]如果我们不知道下面这一点,也就无从

---

① 谢林在本书中单说"精神"时常指理性存在者,比如"有限精神"往往指人。——译者注

② 第一版附释:最伟大的哲学家总是最先回到那里去的人,而苏格拉底(正如柏拉图叙述的那样)在整夜沉浸于思辨之后,也承认这一点,他早上向初升的太阳礼拜。——原编者注

理解人是如何脱离那种状态的了:他那以**自由**为要素又努力使**其自身**自由的精神,必定摆脱大自然的以及对大自然的种种提防的束缚,并委身于它自己的种种力量的那种并不确定的命运,为的是有朝一日作为胜利者且凭着自己的功绩重返那种状态,在那种状态下,它曾在并不了解其自身的情况下度过了它的理性的孩童时代。

II, 13

一旦人使自身与外部世界陷入对抗(他是如何做到的,这一点后文再谈),走向哲学的第一步就迈出了。反思[①]是从那种分离才开始的;从今往后,他就将大自然以往总是结合起来的东西分离开,将对象与直观、概念与形象,最后(由于他成了他自己的**客体**)将自己与自己分离开。

然而这般的分离只是**手段**,不是**目的**。因为人的本质在于行动。然而他对自己反思得越少,他就越能行动。他最高贵的那种行动是不了解自身的。一旦他使自己成了客体,就不是**整个**人在行动,他将他的行动的一部分消除了,以便能对另一部分进行反思。人生下来不是为了在与一个想象的世界的幻影搏斗时挥霍他的精神力量,而是为了在面对一个对他产生影响,使他感受其力量,而他也能反戈一击[②]的世界时,运用他的全部力量;那么在他与世界之间,必定没有任何固定不移的鸿沟,在双方之间,接触和交互作用必定是可能的,因为只有这样,人才成为人。最初在人内部,各种力量与意识处在某种绝对平衡的状态。但他可以通过自

① 在第一版的此处和随后几页中,以及后文中,写作"思辨"(Spekulation)而不是"反思"(Reflexion),写作"思辨活动"(spekuliren)而不是"反思活动"(reflektiren)。——原编者注

② "反戈一击"原为"反过来作用于它",为避免代词繁多,影响阅读,这里采取意译。前文中的"其"指的也是世界。——译者注

由打破这种平衡，以便通过自由再将它建立起来。但只有在各种力量的平衡中才有健康。

因而**单纯的**反思就是人的一种精神疾病，而当这种精神疾病支配整个人时，还多了那样一种反思，它从根子上扼杀了他那处在萌芽状态中的更高的定在，扼杀了他的精神生活，而精神生活只从同一性[1]中产生。单纯的反思是那样一种恶，它甚至能伴随人进入生活之中，甚至消除了人内心对更普通的观察对象的一切直观。然而它的拆分业务不仅仅扩展到现象世界上；因为它将精神性本原与现象世界分离开，它就拿种种幻想填充理智世界，针对这理智世界甚至都不可能发起任何冲突，因为理智世界超出了一切理性之外。它使人与世界之间的那种分离成为常态，因为它将世界视作某种物自体，而无论直观还是想象力，无论知性还是理性，都无法达到物自体。[2]

II, 14

与之相反的是真正的哲学，它一般只把反思当作手段。哲学**必须**预设最初的那种分离，因为若是没有它，我们根本不会有从事

① 指无分裂的状态。——译者注

② 在第一版中这一段如下：那么**单纯的**思辨就是人的一种精神疾病，此外还有所有精神疾病中最危险的那种，它扼杀了他的生存的萌芽，铲除了他的定在的根子。它是个折磨人的东西，一旦它变得过于强大，就再也无法驱离了——这不是由于大自然的种种魅力（因为这些魅力对于一个死去的灵魂又能奈何？），不是由于生活的嘈杂。

> 焦虑甚至登上铜嘴战舰
> 也没撇下骑兵队。
> (Scandit aeratas vitiosa naves
> Cura nec turmas equitum relinquit.)

针对一种不是将思辨当作**手段**，而是将它当作**目的**的哲学，使用任何武器都是正当的。因为它拿种种幻想折磨人的理性，针对这些幻想甚至都不可能发起任何冲突，因为它们超出了一切理性之外。那哲学使人与世界之间的那种分离**成为常态**，因为它将世界视作某种**物自体**，而无论直观还是想象力，无论知性还是理性，都无法达到物自体。——原编者注

注释中的拉丁文为贺拉斯《颂歌》中的诗句。——译者注

哲学的需求。

因此它只赋予反思**否定的**价值。它从最初的那种分离出发，以便通过**自由**再将人类精神中原本**必然**结合起来的东西结合起来，亦即再将那分离彻底消除。而由于就它仅仅由于那分离才使自身成为必要的——使自身成为一种必要的恶——而言，它过去是迷误的理性的一个科目，那么这样看来它是在致力于它自己的消灭。II, 15 哲学家若是将终生或一生的部分时间用于追索反思哲学(Reflexionsphilosophie)的无穷分化，以消除它最末端的分支，他便可凭着这一功绩（这功绩即便总是否定性的，也可与最高功绩等量齐观）获得最尊贵的地位，假定他甚至不会乐于看见绝对形态下的哲学从反思的那些自顾自分裂的状态中重建起来。[①]——将那些繁乱的问题用最简单的方式表达出来，这总是最好的。最先留意是否能将他自身与外部事物，因而将他的表象与对象，反之也将对象与表象区别开来的那个人，便是第一个哲学家了。他最先弄清了他的思维的机理，消除了意识的平衡，而在那种平衡下，主体与客体是最密切地结合在一起的。

当我表象对象的时候，对象与表象是同一个。而只是由于在表象时出现的这种无法将对象与表象区别开来的局面，普通知性才坚信仅仅通过表象为其所知的那些外部事物的实在性。

---

① 第一版中为：哲学家若是将终生的时间或一生的部分时间用于追索思辨哲学(spekulativen Philosophie)的那些无底的深渊，以便在那里削弱它最终的基础，他便给人性造成了某种牺牲，这种牺牲由于献出了他所拥有的最尊贵的东西，或许可以受到与别的大部分牺牲同等的尊敬。如果他将哲学推进到了如此地步，即甚至作为一门特殊科学的哲学的最终需求，因此还有这需求的名目，也永远消失于人类的追忆之外，那就太幸运了。——原编者注

当哲学家这样问的时候，他就消除了对象与表象的这种同一性：对外部事物的表象是如何在我们内部产生的？通过这样的追问，我们就将事物置于我们**外部**了，将它们预设为不依赖于我们表象的东西。尽管在它们和我们的表象之间应当存在着整体关联。然而我们现在看不出**各种不同的**事物之间有（作为**因果**整体关联的）任何**实在的**整体关联。因而哲学最初的企图也就是在对象与表象间设定因果关系。

II, 16 但我们现在明显将事物设定为**不依赖于我们的**了。反之，我们感到**自己**依赖于对象。因为我们的表象甚至只有就我们被迫假定其与事物是一致的而言，才是**实在的**。这样我们就不能将事物弄成我们表象的结果了。因此就只能将表象看成依赖于事物的，将事物当成原因，将表象当成结果了。

但人们现在一眼就能看出，我们这样尝试，实际上达不到我们希望达到的结果。我们希望澄清的是，对象与表象在我们内部如何能不可分地结合在一起。因为只有在这种结合中，我们关于外部事物的知识才具有实在性。而哲学家应当阐明的正是这种实在性。只有当事物是表象的**原因**时，它们才**先**于表象。然而这样一来，双方之间的分离就成了常态。然而在我们通过自由将客体与表象分离开来之后，我们希望通过自由将双方再结合起来，希望知道，在双方之间**原本**是没有任何分离的，以及为何如此。

此外，我们仅仅通过我们的表象并在我们的表象中了解事物。那么就它们先于我们的表象，因而未被表象而言，它们是什么，这一点我们毫无概念。

此外，当我问“我何以表象？”时，我将自身提升于表象**之上**；

通过这个问题本身，我成了那样一个东西，就一切表象活动而言它感到自己最初是**自由的**，它看到表象本身以及自己的种种表象的整体关联处在自己的支配**之下**。通过这个问题本身，我成了那样一个东西，它不依赖于外部事物，**在其自身中**就有某种**存在**。

那么我就凭着这个问题本身跨出我的表象序列之外，宣布与事物脱离了关系，踏上了那样一个立足点，在那里再也没有任何外部力量碰到我了；如今**精神**和**物质**这两个敌对的东西首次分离开了。我将这两者置于不同的世界中，在这些世界之间再也不可能有任何整体关联。当我跨出我的表象序列之外时，甚至**原因**和**结果**都显而易见是归我支配的一些概念了。因为连这两者都仅仅产生于我的表象的必然性连续系列(Succession)中，而我已宣称与那连续系列脱离了关系。那么我怎么能再屈从于这些概念之下，又让外部的事物作用于我呢？[①]

II, 17

抑或要我们进行反面的尝试，让外部事物对我们起作用，并澄清尽管如此我们如何还是会滑向“表象在我们内部是如何可能的？”这个问题？

虽然根本无法理解，事物是如何对**我**(一个自由的东西[②])起

① 支持康德哲学的一些敏锐人士一开始就反对这一点。这种哲学让一切因果概念都仅仅在我们的心绪中、表象中产生，然而依照因果律，表象本身又是由外部事物在我内部**造成**的。那时人们仿佛希望对此闭目塞听；然而现在必须听一听了。——谢林原注

② 这里以及前后文中的 Wesen（东西）(以及相应的代词“它”)的含义比常见的译名“本质”更宽泛，它在词源上与存在(Sein)相关，泛指存在者，而不含有中文“东西”二字在特定语境下的贬义(类似于“物”)，但似乎找不到更好的译名，权且译作“东西”。梁志学先生曾将费希特那里表示人的 Vernunftswesen 译作“理性存在物”，“存在物”这个译名虽然考虑到词源因素，但在中文里更近于僵死意义上的“物”，我们暂不取这种译法。参见梁志学主编：《费希特著作集》卷二，北京：商务印书馆，1994年，第281页。——译者注

作用的。我只理解事物是如何对事物起作用的。但就我是**自由的**而言(而我在使自己超出事物的整体关联并追问这种整体关联本身何以可能时,便**是**自由的),我根本不是**物**,根本不是**客体**。我生活在一个完全属于我的世界里,我是那样一个东西,它不是为了别的东西,而是**为了其自身**而在那里存在的。在我内部只可能有事态(That)和行动(Handlung)[①];从我这里只可能**发出**作用,在我内部根本不可能有**受动**这回事;因为只有作用与反作用存在的地方,才有受动,而反作用只存在于我已使自己超出其上的事物整体关联之中。可是据说事情就是那样的,据说我是一个**物**,这物本身是在因果序列中被顺带理解的,它本身加上我的表象的整个体系都不过是由外部施加于我的形形色色的作用的一个结果罢了,简言之,我本身只不过是机械论的一个作品。但在机械论中所能理解的东西,是不能超出机械论之外并问下面这个问题的:这个整体是何以可能的? **在这里**,在现象的序列中,是绝对有必要为它指定位置的;如果它离开这个位置,它就不再是这个东西,人们就不理解任何一种外部原因如何还能对这个独立的、在自身中完整又卓越的东西起作用。 II, 18

那么人们为了能从事哲学,就必须**有能力**提出一切哲学由以开始的那个问题。这个问题可不是人们无需自己出力,跟着别人鹦鹉学舌就能提出的那类问题。它是一个自由提出的,甚至会中途放弃的难题。我能提出这个问题,**这一点**就足以证明,我作为

① 这里可能暗指费希特的 Thathandlung(本原行动)概念的那种融行动(Handlung)与其形成的事态(That,单独出现时通常译作“行动”)于一体的特性。——译者注

这样一个人不依赖于外部事物;因为正如我在其他情况下也可能问过的,这些事物本身**对于我而言**,在我的表象中,是如何可能的呢?那么人们仿佛应当认为,哪怕只是提出了这个问题的人,正因此便不会通过外部事物的作用来说明他的表象。只不过这个问题在完全不曾有能力讲出它的人们那里出现了。当它到他们嘴边时,它也就有了另一种含义,或者毋宁说,它就失去了一切意义和含义。除了因果律在多大程度上支配着他们之外,**他们**什么也不知道。**我**在提出那个问题的时候,使自己超出这类规律之上了。**他们**被他们的思维活动与表象活动的机理抓住了;**我**突破了这个机理。他们要如何理解我呢?

谁如果除了是事物与环境将他造就成的那样之外,本身什么也不是;谁如果在没能支配他自己的表象的情况下被因果的洪流抓住并带走,他还要如何了解他来自何方、去往何处以及如何成其所是?那么他了解那在洪流中驱迫而来的巨浪吗?他从来就没有权利说,他是外部事物协同作用的一个结果;因为为了能这么说,他必须预设,他识别出了其**自身**,因而他也是某种**自顾自**存在的东西。然而他并不是这样的。他只有对于另一个理性的东西而言才存在,而不是对其自身而言在那里存在的,他只不过是世界上的一个**客体**,而且他要是从未听说过,也从未想象过别的东西,那对于他和科学倒是很有益的。

II, 19 最平庸的人从来只知拿那些连儿童和未成年人都明白的东西来驳斥最伟大的哲学家。人们听说的、读到的和感到惊讶的是,如此伟大的人物居然不知道如此普通的事物,而被公认为如此平庸的那些人倒能掌握它们。就没有人想一想，他们[1]或许也全都知道那些事；因为否则他们如何能在证据的洪波中逆流而上呢？许多人都坚信，柏拉图哪怕只是读一读洛克，就会羞愧得无地自容，转身离开；一些人相信，即便莱布尼茨，当他从死人堆中复生，在洛克那里学习一个钟头，也会回心转意的；又有多少乳臭未干之徒不曾对着斯宾诺莎的坟茔唱响胜利之歌呢？

你们问，究竟是什么驱使所有这些人抛开他们时代的那些普通的观念，去构造违背大部分人向来相信和构想出来的一切的东西呢？是一股自由的推动力将他们提升到了那样一个领域，在那里**你们**甚至连他们的使命是什么都不再理解了，仿佛他们反而会认为在你们看来最简单也最容易理解的一些东西是不可理解的。[2]

过去他们认为，要将在你们心目中大自然和机械论永远结合起来了的那些事物联结起来，使那些事物发生接触，是不可能的。他们同样不曾有能力否认他们外部有个世界，或者否认他们内部有某种精神，然而在这两者之间似乎也不可能有任何整体关联。——当你们思考那些难题时，你们并不认为，问题的关键在于将世界化为某种概念游戏，或者将你们内部的精神化为事物的一面僵死的镜子。[3]

---

① 指伟大哲学家。——译者注

② 第一版中为：他们曾赋予**自身**的是一股自由的推动力，那股推动力也将他们提升到那样一个地方，在那里你们想象力的那双灌了铅的翅膀是你们承载不起的。当他们如此这般将其自身提升到大自然的运行之上后，仿佛他们会认为在你们看来很容易理解的一些东西是不可理解的。——原编者注

③ 第一版中为：化为物质。——原编者注

人类精神(还正当少壮,刚从诸神那里脱胎而来时)久已迷失于有关世界起源的种种神话和虚构之中,整个民族的宗教都奠定于精神与物质间的那种争执之上,直到一位幸运的天才——第一位哲学家——发现了那样一些概念,后续的一切时代都是在那些概念上理解和抓住我们知识的两端的。最伟大的古代思想家们都不敢越出那种对立之外。柏拉图还将物质作为一个他者[①]与神对置起来。**第一个**完全有意识地将精神与物质视为一体,将思想与广延仅仅视作同一个本原的变种的人是**斯宾诺莎**。他的体系是某种创造性想象力的第一次大胆构思,这构思在纯粹作为其本身的无限者的理念中直接把握有限者,也只在无限者中认识有限者。[②]**莱布尼茨**在对立的道路上来回踱步。是时候重新恢复他的哲学了。他的精神鄙弃学派的枷锁;毫不奇怪的是,在我们当中这精神只在少数亲近的精神中延续下去,而在其余的精神中却早已形同陌路。他属于将科学也当作自由的作品的那少数人。[③]他在自身中就有普遍的**世界精神**,这精神在各种各样的形式中将其自身启示出来,并在顺利的时候扩展生命。因而下面这种情形便加倍地难以忍受了,即事到如今人们才声称为他的哲学找到了正当的言说方式,而康德学派则给他涂上他们的种种虚构形象——让他所说的事情与他被教导的事情恰成反面。莱布尼茨距离一个由**物**自体构成的世界的种种思辨幻影不能再远了,那样一个世界根本没

① 第一版中为:作为一个独立的东西。——原编者注

② 第一版中为:某种创造性想象力的第一次大胆的构思,这种想象力从理念中的无限者过渡到直观中的有限者。——原编者注

③ 第一版中为:在**自身之下**看见一切,也看见真理本身的那少数人。——原编者注

有被任何精神认识和直观,却能作用于我们,并在我们内部引起所有表象。他由以出发的第一个思想是:"由于灵魂自己的规律,关于外部事物的表象在灵魂中产生,**仿佛在一个特殊的世界中**产生,仿佛只有上帝(无限者)和灵魂(对无限者的直观)才存在。"——他在他最后的那些著作中还在主张,一个外部原因要作用于一个精神的内部是绝对不可能的;还在主张,因此在一个精神内部知觉与表象的一切变化、一切更替都只能出自一个内在的本原。当莱布尼茨这样说时,他是在对哲学家们说话。当今人们蜂拥而至进行哲学思考,他们对于其他所有事情都有意义,唯独对于哲学没有意义。因此当我们中间流行那样的说法,即我们内部没有任何表象能由外部的作用而产生,人们便不住地惊讶。如今哲学惯于相信,单子是有窗户的,通过那些窗户,事物便能进进出出。[①] II, 21

通过一切种类的问题,将作为表象造就者的物自体的最坚定的支持者也逼入窘境,这是很可以做到的。人们可能对他说:我明白物质如何对物质起作用,但既不明白一个自在体(An-sich)如何对另一个起作用,因为在理智东西的王国里根本不可能有原因和结果,也不明白某个世界里的这一规律如何能适用于另一个与这世界完全不同、甚至与之相反的世界[②]:因而当我依赖于外来的印象时,你就必须承认,我本身只是物质,除此之外什么都不是,就像一面光学玻璃,世界上的光线在其中发生折射。然而这面光学玻

① 莱布尼茨:《哲学原理》(*Princip. Philosoph.*), § 7。——谢林原注

② "但既不明白一个自在体如何……达到另一个与这世界完全不同,甚至与之相反的世界"这段文字未见于第一版中。——原编者注

璃看不到自己，它只是理性东西[1]手中的工具。还有，如此一来在我内部下判断说“一个印象对我发生了”的东西，又是什么？还是我自己，然而我所是的这个人，就其下判断而言，并非受动的，而是能动的——因而是我内部的那样一种东西，它感到自己并不受制于印象，然而又知道那印象，理解它，将它提升为意识。

此外，在直观的时候并未产生对外部直观的实在性的任何怀疑。然而现在知性来了，它开始进行分割，并分割至无穷。如果你们外部的物质是现实的，那么它必定是由无数个部分**组成**的。如果它由无穷多的部分组成，那么它必定是由这些部分聚合成的。只不过对于这种聚合，我们的想象力只有一个有限的尺度来衡量。因而一种无限的聚合仿佛就必须在有限的时间中发生。或者说聚合在某个地方发生了，这就意味着物质有某些最终的部分，这样我（在分割时）就必定碰上这些最终的部分；只不过我总是只发现一些同类的物体，在到达表面后就再也没有进展了，实在东西似乎在我面前隐遁或在手底下消失了，而物质这个一切经验的最初基础，则成了我们所知的最缺乏实质的东西。

II, 22

抑或这个冲突的存在只是为了让我们弄明白自己？比如说，直观是否只是向所有理性东西表现出实在性的一场梦，而知性之所以被赋予它们，只是为了时不时唤醒它们——让它们回想起来它们是什么，这样就可以将它们的实存划分为睡与醒（因为再明显不过的是，我们的确是一些居间的东西）？但我并不理解这样一场原初的梦。然而通常情况下，所有的梦都是现实的阴影，“来自

① 指高于人的理性存在者。——译者注

此前就存在的某个世界的一些回忆”。如果人们想假定，是一个更高的东西在我们这里造就了现实的这些阴影，那么即便在这里，对概念的实在可能性(realen Möglichkeit)的追问也会从这样一种关系中撤回；(由于我在这个地带认不出任何依照因果关系发生的东西，)[①] 也由于那个更高者还是从它自身中产生它赋予我们的东西，假设——正如必要的那样——它不可能对我产生任何及物的作用(transitive Wirkung)，那么唯一的可能性就是，我将那些阴影仅仅当作它的绝对生产力的限定或变种加以维持，因而在这些界限内总是通过生产维持它们。[②]

你们说，物质并非缺乏实质的，因为它具有原初的**力**，而那些力是通过任何分割都无法消灭的。“物质具有力。”我知道这种表述极为常见。然而何以如此？“物质具有”——那么这里物质就被预设为自顾自且不依赖于它的力而存在的。那么这些力对于物质而言就是偶然的吗？因为物质**在你们外部**现成存在，所以它也就必须将它的力归功于某个外部原因了。它们就像牛顿学派的一些人说的那样，是由一只更高级的手灌输给物质的吗？只不过对于力由以被**灌输**的那些作用，你们根本没有概念。你们只知道，物质，甚至力，是如何对力起作用的；至于力如何能被作用于某种起初并非**力**的东西上，那我们就根本不明白了。因此人们可能说了些什么话，这些话可能口口相传，却从未真正进到某人头脑中，因

II, 23

① 原文如此。——译者注

② 第一版中为：也可以假定一个更高级的东西拿这些阴影在愚弄我们，那我还是不明白，何以它也只能在我内部唤起现实的一幅图像，我却没有先认出现实本身——比起任何人能够真诚主张的而言，这整个体系都太过冒险。——原编者注

为没有任何人类头脑能这样思考。看来你们根本不能思考没有力的物质。

此外,那些力便是吸引力和排斥力。——“吸引和排斥”——难道它们发生于空的空间,难道它们本身不就已经预设了被充实的空间,亦即物质吗？因而你们必须承认,无论无物质的力,还是无力的物质,都是不可想象的。但现在物质是你们的认识的最终基质,你们不可能超出它之外;而因为你们不能**从**物质**出发**说清楚那些力,所以你们到处都不能在经验的意义上亦即从**你们外部的**某种东西出发说清楚它们,而后者是你们依照你们的体系必定要做的事情。

尽管如此,在哲学中还是有人问,我们外部的物质是何以**可能**的,因而也有人问,我们外部的那些力是何以可能的。人们可以放弃一切哲学思考(但愿那些并不精于此道的人乐意这样做),但如果你们希望进行哲学思考,你们就永远不能驳回那个问题。然而现在你们根本不能使人明白,一种不依赖于你们的力可能是什么。因为一般的力只对你们的**感觉**才出现。但单凭感觉是不能给你们任何客观概念的。尽管如此,你们仍然对那些力作客观的运用。

II, 24 因为你们用各种引力说明天体的运行——普遍重力——并宣称,在这样说明时就拥有了这类现象的一个绝对的本原。但在你们的体系中,引力所充当的不多不少正是一种**物质性**原因。因为既然物质不依赖于你们,在你们外部存在,你们也就只能通过经验了解哪些力触及你们了。然而作为物质性说明根据,引力不多不少正是一种隐秘的质。只不过我们要先看一看,一般而言各种经验性本原是否足以说明一个世界系统的可能性。这问题否定了其自身;

因为从经验得到的最终知识是，一个宇宙实存着；这个命题是经验本身的边界。或者毋宁说，一个宇宙实存着，这本身只是一个**理念**。因而各种世界力量(Weltkräfte)的普遍平衡就更不可能是由经验中汲取来的东西了。因为你们永远无法为了个别的体系而从经验中取来这个理念，如果它在哪里都是理念的话；但它只有通过一些类比的推论才被转用到整体上：然而这类推论只能得出似真性(Wahrscheinlichkeit)；反之，各种理念，就像关于某种普遍平衡的那个理念一样，在其自身就是真的，因而各种产物就必须由某种东西奠定或被奠定于某种东西中，那东西本身是绝对的，不依赖于经验的。[①]

因而你们必须承认，这理念本身涉及比单纯自然科学的领域更高的一个领域。牛顿从未完全离开自然科学，甚至还追问过**吸引的动力因**，他只不过再清楚不过地看到了，他立于大自然的边界上，而且那里两个世界泾渭分明。——那些伟大的精神很少生活在同样的时代，也没有从完全不同的面向出发为了共同的目的而努力工作。如果说莱布尼茨将精神世界的体系奠定于先定和谐上，牛顿则在各种世界力量的平衡中看到了一个物质世界的体系。但如果说在我们的知识体系中存在着统一性，如果说这知识的两极 II, 25 一度成功地结合起来，那么我们必定期待着，就在这里，就在莱布尼茨与牛顿分离的地方，将来会有一个广博的精神发现那样一个中点，**我们的知识的宇宙**——我们的知识如今还被划分成两个世

---

① 第一版中为：然而各种理念，就像关于某种普遍平衡的理念一样，都只是我们内部的一种创造性机能的产物。——原编者注

界——就围绕那个中点在运行，而莱布尼茨的先定和谐和牛顿的万有引力体系也会作为同一个东西或仅仅作为同一个东西的不同面向而出现。[①]

我继续下去。粗糙的物质，仅仅就其被设想为填充空间者而言，只是那样一种坚固的基础，在那个基础之上大自然的广厦才被建造起来。物质应该是某种实在东西。然而实在的东西只能被感觉到。那么在我内部感觉何以可能？说外部作用于我，正如你们所说的那样，这是不够的。**进行感觉**的，必定是我内部的某种东西，而在这东西和你们在我外部预设的东西之间，是不可能有任何接触的。或者如果这外部的东西对我起作用，就像物质对物质起作用那样，那么我就只能反作用于这外部的东西（比如通过排斥力），而不是反作用**于我自身**。然而后面这种情形会发生；原因在于，我会**感觉**，而这感觉会提升为意识。

你们从物质那里感觉到的东西，你们称为**质**，而只有就物质有某种特定的**质**而言，在你们看来它才叫作**实在的**。它**一般**具有质，这是**必然的**，然而它具有这种**特定的**质，这在你们看来却是**偶然的**。果真如此，那么物质一般就不能具有同一种质了：那么必定存在着多种多样的**特性**，对于它们，你们无一例外都是通过单纯的感觉来了解的。那么现在是由什么引起感觉的呢？“某种**内部的东西**，物质的某种内部特性。”[②] 这只是些说辞，而不是事实。因为可以继续问，物质内部的这个东西又在哪里呢？你们可以分割

① 第一版中未见“而莱布尼茨的……而出现”。——译者注

② 原文中此处只有反引号，没有正引号，看不出引文从何处开始。我们根据文意判断，将正引号加于“某种内部的东西”之前，因为前文中是谢林的提问，不应看作答语。——译者注

至无穷，然而达到物体的表面后就永远不能继续了。所有这些道理，对你们而言早就明明白白的了；因此你们早已宣告，单纯被感觉到的东西仅仅在你们的感觉方式中有其根据。只不过这是最不可能的情形。原因在于，没有任何在其自身就甜的或酸的东西会在你们外部实存，这种情况因此就使得感觉更不可理解了；原因在于，你们还总是假定那样一种**原因**，它真的在你们外部，引起了你们内部的这种感觉。然而假使我们承认你们那里发生了由外而内的作用，那么颜色、气味等等或者它们那处在你们外部的原因与你们的精神又有何共同之处？你们很可能非常敏锐地研究了光线从物体那里折射回来之后何以作用于你们的视神经，也很可能非常敏锐地研究了视网膜上颠倒的图像在你们的灵魂里何以不是以颠倒的形式，而是以正立的形式呈现的。然而你们内部究竟又是什么看到和研究了视网膜上的这个图像本身，如其可能到达灵魂那样？很明显是那样一种东西，它就此而言完全不依赖于外部印象，然而对这印象又并非一无所知。那么这印象是如何抵达你们灵魂的**这个**地带的，在这里你们感到自己完全是自由的，也不依赖于这类印象？你们尽可在你们的神经、你们的大脑等的偏向与关于某个外部事物的表象之间插入极多的中间环节，你们不过是在欺骗自己罢了；因为依照你们自己的表象来看，从物体到灵魂的过渡不是连续的，而只能通过某种跳跃发生，你们却假装希望避免那种跳跃。

II, 26

此外，某个团块作用于另一个团块，若是这作用借助它们的单纯运动（通过不可入性）而发生，这就叫作它们的撞击或**机械**运动。

或者说一种物质作用于另一种，而无需以先前维持下来的一种运动为条件，因此运动产生于静止[①]：若是这作用通过吸引而发生，这就叫作它们的**重力**。

你们将物质想象成**惰性的**，即想象成那样的某种东西，它并不主动运动，而只能被外部原因推动。

II, 27 此外，你们归诸物体的重力，你们将其作为特殊的重量，与物质的量（不考虑体积）等同起来。[②]

现在你们却发现，一个物体可以将运动传导给别的物体，而它本身却不被推动，亦即**没有**通过**撞击**而作用于别的物体。

此外你们还注意到，两个物体可以在绝对不依赖于它们质量比例的情况下，即在**不依赖于重力**规律的情况下，相互吸引。

因而你们就假定，这引力的根据既不能在重力中，也不能在以这种方式被推动的物体的表面去寻求，那根据必定是一种内在的根据，而且取决于物体的**质**。只不过你们从未说清楚，你们所理解的一个物体的**内在**是什么。此外，已经得到证明的是，质仅仅相对于你们的感觉而言才有效。然而这里谈的不是你们的感觉，而是一个客观的事实，这事实在你们外部发生，你们以你们的感官理解它，而你们的知性也希望将它翻译成一些可理解的概念。现在假使我们承认，质是那样的东西，它并非仅仅在你们的感觉中，而是在你们外部的物体中有某种根据，那么下面这话又意味着什么：一个物体是由于它的种种质，才吸引另一个？因为在这种引力中**实**

---

① 第一版中未见"而无需……产生于静止"。——原编者注

② 第一版中为：此外，特殊的重力归于各种物体，这就是说，引力的量等于物质的量（不考虑它的体积）。——原编者注

在的东西,亦即你们能直观的东西,不过就是物体的运动罢了。然而运动是一种纯粹数学上的大小,也可以在纯粹运动学的意义上被规定。那么现在看来,外部的这种运动是如何与内部的某种质关联到一起的?你们借用了取自种种鲜活东西的形象化表达,比如亲缘关系。然而要将这形象变成一个可理解的概念,你们又会非常难为情。此外,你们是在元素上叠加元素:然而元素不过就是掩盖你们的无知的许多避难所罢了。因为你们将它们理解成什么呢?并非物质本身,比如炭,而是还被包含在这物质内部的某种东西,仿佛隐藏着,而你们才说出了这些质。然而这元素又在物体内部的什么地方呢?是否有某个人通过分割或分离发现过它?你们迄今为止都不能在感性的意义上呈现这些材料中的任何一个。然而假使我们承认了它们的实存,这样又赢得了什么呢?难道,比如说,这样一来物质的质就弄清楚了吗?我的推论是这样的:那种将元素分给了物体的质,或者归于元素,或者不归于元素。在前一种情况下你们什么都没说清,因为过去的问题恰恰在于,各种质是如何产生的?在另一种情况下也是什么都没说清,因为一个物体(在机械的意义上)如何撞击另一个,以便将运动传导给后者,这我是理解的;然而一个完全被剥夺了各种质的物体,如何能将质传导给另一个物体,这谁都不理解,而且谁都无法使之为人所理解。因为一般而言质是那样的东西,你们迄今为止还不能给它任何客观的概念,然而你们又(至少在化学中)对它进行了客观的运用。

II, 28

这便是我们的经验知识的各要素。因为如果我们可以预设物质,随之一道也可以预设它们的吸引力和排斥力,此外还可以预设无穷多样的物质,它们全都通过质而相互区别,那我们在范畴表的指引之下就有了：

1. **量上的**运动，它只与物质的量成比例：**重力**；

2. **质上的**运动，它依照的是物质的内在特性——**化学**运动；

3. **关系上的**运动，它通过外来的作用（通过撞击）而被传导给物体——**机械**运动。

这三种可能的运动是那样的运动，从它们便可以产生和形成自然学说的整个体系了。

物理学中研究**第一种**运动的那部分叫**静力学**。研究**第三种**运动的那部分叫**机械力学**。这便是物理学的主要部分；因为从根本上说，整个物理学无非就是应用机械力学（angewandte Mechanik）。[①] 研究**第二种**运动的那个部分在物理学中只不过发挥了临时应急的作用：亦即**化学**。它的课题实际上是推导出物质的特殊差异性，它是那样的科学，这种科学才能为机械力学（一种本身彻底形式性的科学）谋得内容与多种多样的运用。也就是说，根本不用太费劲就可以从化学的各种本原中推导出物理学（依照它的机械的与动力学意义上的运动）[②] 所研究的那些主要对象，比如化学引力产生于物体之间，人们可以说，必定存在着那样一种物质，它扩大了化学引力，抵制惰性——光与热；此外还有那些相互吸引的材料，以及使得最大的单纯性（Einfachheit）得以可能的**一种**

II, 29

① 在机械力学中也能包含物体的一般特性，就其对**机械**运动产生影响而言，比如弹性、硬度、密度。——然而**一般的**运动学说根本不属于经验的自然学说。——我相信，依据这篇导论，比起迄今为止在大部分教科书中得到的而言，物理学会得到一种远远更简单也远远更自然的整体关联。——谢林原注

② "与动力学意义上的"为第二版补充进去的。——原编者注

能吸引其他一切元素的元素。而由于大自然本身为了它的延续，必须有许多化学反应过程，因此化学反应过程的这个条件必须到处都在场，由此便有了生气，作为光与那种元素的产物。而由于这种气体极大地增强了火的力量，极大地消耗了我们的器官的力量，这就产生了它和另一种恰恰与它相对立的气体的某种混合物——大气，如此等等。

这大约就是自然学说臻于完备的那条路。只不过在我们看来，现在问题的关键并不是我们如何呈现这样一个体系（如果它一度存在的话），**关键**是这样一个体系在一般意义上如何能存在。问题并不是，现象的那个整体关联，我们称作自然进程的那个因果序列，是否以及如何**在我们外部**存在，而是这个序列如何**对于我们而言**变得现实，现象的那个体系和那个整体关联如何发现通往我们精神的那条路，以及它们在我们的表象中如何获得必然性（有了那种必然性，我们简直不得不思考它们了）？因为作为无可否认的事实被预设下来的一点是，对在我们外部的某个因果连续系列的表象，对于我们的精神是极为必要的，仿佛它属于这精神的存在与本质本身一样。阐明这种必要性，乃是一切哲学的一个主要难题。问题不在于这个难题一般而言是否会存在，而在于它一旦存在，是否必然得到解决。 II, 30

首先，下面这话意味着什么：我们必须设想现象的一个连续系列，这个连续系列是绝对**必要的**吗？它显然意味着：这些现象只能在这个**特定的**连续系列中逐个先后出现，反之，只有在这些**特定的**现象上，这个连续系列才得以延续。

那么对于下面这一点，即我们的种种表象依照这个特定的次序逐个先后出现，比如闪电先于雷鸣，而非跟随雷鸣之后，我们不是**在我们内部**寻找其根据，事情并不取决**于我们**，仿佛我们让各个表象逐个先后出现那样；那么根据必定在**事物**中，而且我们主张，这个特定的相继序列（Aufeinanderfolge）是**事物本身**的一个相继序列，而不仅仅是我们对它们的表象，仅就这些现象**本身**是如此这般而非别样逐个先后出现而言，**我们**便不得不在这个次序中表象它们，仅仅因为且仅就这个连续系列是**客观上**—必然的而言，它才也是**主观上**—必然的。

现在由此还能进一步得出：这个特定的连续系列是不能与这些特定的现象分离的；那么这个连续系列就必须与这些现象同时形成和产生，反之，这些现象也必须与这个连续系列同时形成和产生；那么连续系列与现象这双方便处在某种交互关系中，双方相互之间都是必要的。

人们只须分析一下我们就现象的整体关联一再做出的那些最常见的判断，就会发现，在它们中是包含了那些预设的。

II, 31 如果说现在既不能将各种现象与它们的连续系列，也不能反过来将那个连续系列与它的各种现象分离开来，那么只可能有如下两种情形：

或者是，连续系列与各种现象这双方**在**我们**外部**同时产生且不分离。

或者是，连续系列与各种现象这双方**在**我们**内部**同时产生且不分离。

只有在这两种情形下，我们所表象的那个连续系列才是事物的一个现实的连续系列，而不仅仅是我们的各种表象的一个观念性相继序列。

第一个主张是普通人类知性的主张,甚至被像里德[①]、贝蒂[②]这样一些哲学家拿来与休谟的怀疑主义严格对立起来。在这个体系中,物自体逐个先后出现,在这里我们只能看到这一点;然而对这一点的表象是如何来到我们内部的,这个问题对于这个体系而言太高不可攀了。然而我们现在并不希望了解,这个连续系列在我们外部是何以可能的,而是希望了解,这个特定的连续系列既然完全不依赖于我们而发生,却又如何**如**此这般和就此而言绝对必然地由我们来表象。那个体系根本就没有考虑到这个问题。因此它根本无法进行什么哲学批判;它与哲学没有一丁点共同之处,使得人们可以从那里出发进行研究、检验或争论的,因为它从来就不知道那个问题,而真正说来解决那个问题才是哲学的任务。

哪怕只是为了检验那个体系,人们也必须首先使之成为哲学的体系。只有这样人们才不至于与一个单纯虚构的东西搏斗,因为普通的知性并没有如此前后一贯,而这样一个体系事实上在任何人的头脑里都还没有作为普通知性前后一贯的产物存在过;因为一旦人们试图以哲学的术语将它表达出来,它就变得完全不可理解了。它谈的是会**不依赖于**我、**在我外部**发生的一个连续系列。一个(表象的)连续系列如何**在我内部**产生,这我理解;然而不依赖

① 里德(Thomas Reid, 1710—1796),苏格兰哲学家,休谟的同时代人。他是苏格兰常识哲学的创始人,在苏格兰启蒙运动中扮演了重要角色。——译者注

② 贝蒂(James Beattie, 1735—1803),苏格兰哲学家与作家,他的诗作《游吟诗人》(*The Minstrel*, 1771)是英国浪漫派最早的作品之一,他推崇常识哲学,自1786年起被推选为美国哲学协会的成员。——译者注

II, 32 于各种有限表象而在事物本身中产生的一个连续系列,则是我完全不理解的。因为如果我们设定那样一个东西,它并不是有限的,因而并不是受到表象的连续系列束缚的,而是在**一次**直观中便囊括了一切当前的和未来的东西,那么对于这样一个东西而言,在它外部的事物中便不会有任何连续系列:因而连续系列一般而言只有在表象的有限性这个条件下才存在。如果连续系列也是在不依赖于一切表象的情况下被奠基于物自体中的,那么即便对于这样一个东西,像我们假定的那样,也是有某种连续系列存在的,这就自相矛盾了。

因此迄今为止所有哲学家都一致地主张,连续系列是那样的东西,它在不依赖于某个有限精神的表象的情况下根本无法想象。但我们现在已经确定,如果说关于某个连续系列的表象是必要的,那么它也必定与事物同时产生,反过来说也一样,事物也必定与它同时产生;连续系列若是没了事物,就像事物没了连续系列一样,必定是不可能的。因而如果连续系列只有在我们的表象中才是可能的,那么人们就只能在两种情形中做出选择。

或者是,人们原地不动,事物存在于我们外部,不依赖于我们的表象。因而人们恰恰由此表明,我们在表象**事物**的某种特定的连续系列上的客观必然性其实不过是错觉罢了,既然人们否认连续系列在事物本身中产生。

或者是,人们决意主张,即便现象本身也是与连续系列一道,仅仅在我们的表象中才形成和产生的,而且仅仅就此而言,各种现象逐个先后出现的那个次序才是一种真正客观的次序。

现在看来,第一个主张明显引向曾经有过的最冒险的体系,这体系即便在我们的时代也只是被少数几个并不真正了解它本身的人主张过。——现在看来，**这里**就是彻底消灭"事物由外部对我们产生作用"这个原理的地方了。因为人们会问，那么在我们外部而不依赖于这些表象的又是什么呢？——首先我们必须剥除它身上仅仅属于我们的表象机能的独有特征的一切。属于此列的不仅有连续系列，还有一切因果概念，而且如果希望保持前后一贯，即便关于空间与广延（两者都是没有时间的，而时间则是我们将物自体从中剥离出来的东西）的一切表象，也完全是不可想象的。尽管这些物自体是我们的直观机能完全不能通达的，它们——在人们不知如何和在哪里的情况下——还是真的现成存在着的，很可能在伊壁鸠鲁的**诸世界之间**（*Zwischenwelten*）存在；而这些事物必定对我**起作用**，促成我的表象。尽管人们从不追问，人们就这些事物究竟产生了什么表象。人们说"它们是不可想象的"，这种说辞是一条立马就被封堵了的死路。当人们说那话的时候，人们必须对此有某种表象，或者说，人们说了，就像不应当说一样。即便对于虚无，人们也有某种表象，人们至少将它设想成绝对空无，设想成某种纯粹形式之物了，如此等等。人们可以设想，关于物自体的表象就形同此类。只不过人们还是可以通过空的空间（des leeren Raums）的模式将关于虚无的表象感性化。然而物自体明显被从时间和空间中剥离出来了，因为后两者的确只属于表象有限东西的特有方式。那么剩下的就没有别的，只有那样的表象，它在某物（Etwas）和虚无中间摇摆，这就是说，它从未能成为绝对虚无。实际上很难相信，被剥夺了全部感性规定，据说却还作为感性事物而起作用的那些事物的这样一种荒谬的聚合，居然还能进入某个人的

II, 33

头脑。[①]——实际上，当人们事先就将属于某个客观世界的表象的一切予以消除，我这里还剩下什么我能理解的东西呢？显然只有
II, 34 我**自身**。那么关于某个外部世界的一切表象必定都是从**我**自身产生的。因为如果连续系列、原因、结果等等只有在我的表象中才加于事物之上，那么正如人们不能理解事物没了那些概念还能是什么，人们同样不能理解，那些概念没了事物还能是什么。由此便有了那样一种冒险的说明方式，它不得不从表象的本源出发，给出这个体系。与物自体对峙的是一种心绪（Gemüth），而这种心绪自身中就包含了某些先天形式（Formen a priori），那些先天形式对于物自体仅有的优势便是，人们至少可以将它们设想成某种绝对空无。当我们表象各种事物时，它们便是在这些形式中被把握的。这样一来，种种无形式的对象便获得了形态，种种空的形式便获得了内容。至于事物一般而言是如何被表象的，人们在这一点上陷入了深深的沉默。够了，我们表象了我们外部的事物，却只在表象中才给它们加上了空间与时间，此外还加上了实体与偶性、原因与结果等概念；这就产生了我们内部各种表象的连续系列，而且那还是一种必然的连续系列，而人们将这个自制的、随着意识才产生的连续系列叫作自然进程。

这个体系无需任何反驳。将它呈现出来，就意味着从根本上推翻它。真正超越于此，与这体系完全不可同日而语的乃是**休谟的**怀疑论。休谟（忠于他的那些原则）完全让我们外部的事物是

---

① 实情是，物自体的理念是由传统留给康德的，而且在流传的过程中已经失去了一切意义。——谢林原注

这个注释未见于第一版。——原编者注

否符合我们的表象这个问题悬而不决。然而在任何情况下他都必然假定，现象的**连续系列**仅仅在我们的表象[1]中产生；——但他讲清楚下面这一点不过是错觉罢了，即我们恰恰将这个**特定的**连续系列设想为**必然的**。只不过人们有权要求休谟至少说明一下这种**错觉**的起源。因为他不能否认，我们实际上将原因和结果的相继序列设想为必然的了，而且我们所有的经验科学、自然学说和历史学（他本人在这个领域便是极伟大的一位巨匠）都是基于这种设想之上的。但这种错觉本身从何而来？——休谟回答道："来自习惯；**因为种种现象迄今为止都是按照这个次序逐个先后出现的**，想象力便习惯了在未来的事物上也期待同一个次序，而正如每一种长期的习惯一样，这种期待最终便成了我们的**另一种天性**。"——只不过这番说明陷入了循环。因为原本应该得到说明的恰恰是，**为什么事物迄今为止都按照这个次序逐个先后出现**（这是休谟并未否认的）。过去这个相继序列，比如说，出现在我们外部的事物中了吗？但在我们的表象之外根本没有什么连续系列。或者如果它过去只不过是我们表象的连续系列，那么这个连续系列的持久性也必须有某种根据被指明。不依赖于我而在那里存在的是什么，这我说不清楚；然而，仅仅**在我内部**发生的东西，其根据也必定只能在我内部被找到。休谟可以说：事情就是这样的，而且这对我来说就够了。只是这称不上什么哲学思考。我并不是说**休谟**这个人**应当**进行哲学思考，然而如果人们**声**

II, 35

① 德文中的 Vorstellung（表象）往往被用来翻译休谟那里的 idea（观念），为保持译文的一致性，我们仍将 Vorstellung 译作"表象"。——译者注

称希望进行一次哲学思考，那他们就再也不能回绝“为什么”的问题了。

那么剩下可以做的尝试，就只有从我们的，以及就此而言从一般有限精神的**天性**中，推导出有限精神的表象构成某种连续系列的必然性，以及（由此这个连续系列便真正是**客观的**）让事物本身与有限精神内部的这个相继序列同时形成和产生。

在此前的所有体系中，我发现只有斯宾诺莎的和莱布尼茨的体系不仅做了这种尝试，而且他们的整个哲学都不是别的，只是这种尝试。由于如今在这两个体系的关系上——它们是否矛盾，或它们如何关联到一起——还多有怀疑和议论，所以就此将一些话预先相告，似乎是很有益的。

斯宾诺莎似乎很早就关心我们的观念与我们外部的事物之间的整体关联了，他无法忍受人们在两者之间造成的分裂。他洞察到，在我们的天性中观念东西与实在东西（思想与对象）最紧密地结合在一起。II, 36 我们具有关于我们外部事物的表象，我们的表象本身超出这些事物**之外**，对这些现象他只能从我们的**观念本性**出发来说明；然而现实的**事物**符合这些表象，对这一点他必定从我们内部的观念东西的种种**偏向**与**规定**来说明。因而我们无法得知与观念东西相对立的实在东西，以及仅仅与实在东西相对立的观念东西了。因此在现实事物与我们关于它们的表象之间就根本不可能发生分裂了。所以在他看来，概念与事物、思想与广延就是同一个，双方只不过是同一种观念本性的变种。

然而他没有下降到他的自我意识的深处，并从那里观看我们内部的两个世界——观念世界[①]与实在世界——的产生,只顾翱翔;他没有从我们的本性出发讲清楚,最初在我们内部结合在一起的有限者与无限者是如何相互脱离的,他便立刻迷失于我们外部的某个无限者的理念中了。在这个无限者中产生了,或者毋宁说起初就有——人们不知其从何而来——种种偏向与变种,而随着这些偏向与变种一道也有了无穷延续的一系列有限事物。那么由于在他的体系中,从无限者到有限者之间根本不存在过渡,所以对于他而言,**生成**的某种开端就像**存在**的某种开端一样是不可理解的。然而这个无穷的连续系列是由我来表象的,而且**必然**被表象,由此便得出,事物与我的表象最初是同一个。那时我自身只是无限者的一种思想,甚或只是一系列有着固定顺序的表象。然而我自己又如何会意识到这个连续系列,这一点斯宾诺莎就弄不明白了。

因为一般而言他的体系甫一脱离他手,就成了世上有过的最令人费解的东西。人们必须先将这个体系接纳到自身中,设身处地体会了他的无限实体,才知道无限者与有限者并非**在我们外部**,而是**在我们内部**——并非**产生**,而是——原先就同时且不可分地**在那里存在着**,而且我们精神的本性和我们整个精神性定在的本性恰恰都是基于这种原初结合之上的。因为我们直接认识的只有我们自己的本质,而且只有我们本身才是我们可以理解的。在我外部的一个绝对者中如何有和如何可能有种种偏向和规定,这我是不理解的。然而,在我内部也不可能有任何**无限者**,如果不同时有

II, 37

① 谢林这里的“观念世界”(die ideale / ideelle Welt)并非柏拉图意义上的理念世界,或者近代英国经验论意义上的主观观念的领域,而是指不同于自然界的人文世界、精神世界,下同。——译者注

某种**有限者**的话,这我是理解的。因为**在我内部**,观念东西和实在东西、绝对能动的东西与绝对受动的东西的那种必然的结合(斯宾诺莎将其置于我外部的一个无限实体中了),原先就在那里存在,无需我的协助,而且**我的天性**正在于此。[①]

莱布尼茨走了这条路,他就是在这一点上与斯宾诺莎分离又聚首。如果不设身处地立于这一点上,就不可能理解莱布尼茨。**雅可比**证明了,他的整个体系都是从**个体性**概念来的,也回到那里。只有在个体性概念里,所有别的哲学分离开的东西,即我们天性中肯定的东西和否定的东西、能动的东西和受动的东西,才是原先就结合在一起的。**各种规定**如何能在我们外部的无限者中存在,这一点斯宾诺莎不懂得如何弄清楚,他还徒劳地尝试避免从无限者向有限者进行某种过渡。只不过这种过渡在有限者与无限者**原先就**结合在一起的地方是看不到的,而这种**原先的**结合只存在于具有某种个体天性(individuellen Natur)的东西中。所以莱布尼茨既不从无限者过渡到有限者,也不从有限者过渡到无限者,在他看来毋宁是两者同时——仿佛通过我们天性的同一种发展——通过精神的同一种行动方式成为现实了。

II, 38 我们内部的表象逐个**先后出现**,这一点是我们的有限性的必然结果;然而这个系列是**无穷的**,这一点则证明,它来自那样一个东西,在那东西的天性中有限性与无限性是结合在一起的。

---

① 然而更精细的考察会直接向每个人表明,每一次将有限者与无限者的绝对同一设定到我内部(In-Mir-Setzen),正如将它设定到我外部(Außer-Mir-Setzen)一样,又都只是**我的**设定,那么那种绝对同一**在其自身**而言既不是某种我内部(In-Mir),也不是某种我外部(Außer-Mir)。——谢林原注

该注释为第二版补入。——原编者注

这个连续系列是**必然的**,这在莱布尼茨哲学中是从下面这一点推导出来的,即事物与表象一道,凭借我们本性的单纯规律,依照我们内部的某种本原,就像在我们自己的一个世界中一样产生了。莱布尼茨唯一当作原初—实在的和**在其自身**现实的东西,是**进行表象的东西**;因为只有在这类东西中,才是起初便有那样一种**结合**的,从那种结合中才**发展**和**产生**出别的一切所谓现实的东西。因为在我们外部现实存在的每个东西都是一个有限者,因而在没有赋予它实在性的某个肯定的东西和赋予它边界的某个否定的东西的情况下,是不可设想的。然而肯定性行动和否定性行动的这种结合**在原初的意义上**仅仅存在于某个个体的本性中。外部事物**在其自身是**不现实的,而只是通过种种精神本性(geistiger Naturen)的表象方式才**成为**现实的;然而唯有从其本性中才**产生**一切定在的那个东西,亦即进行表象的东西,才必定在其自身中就带有它的定在的源泉与起源。

现在看来,表象的整个连续系列起源于有限精神的**本性**,因此我们整个一系列的经验必定也是由此得出的。因为所有像我们这样的东西都是按照同一个必然的相继序列表象世界上的种种现象的,这一点只能通过我们共同的本性来理解。然而通过一种先定和谐来说明我们的本性的这种一致,实际上等于没有说明。因为这话所说的只是这种一致发生了**这一点**,却没有说明如何以及为何发生。然而在莱布尼茨的体系本身中可见,前述一致是从种种有限本性的一般**本质**中得出的。因为如果不是这样,精神就不再是它的知识与认识的绝对**自身根据**(*Selbstgrund*)了。那样的话它还必须到**自身之外**去寻找它的表象的根据,那我们便又落回我们

II, 39 一开始就离开的那个点上了，世界及其秩序对于我们而言就是**偶然的**，而对于它们的表象就只能从外部到我们这里来了。然而这样我们就不可避免地漫游到我们唯有在其中才能相互理解的那个边界之外了。因为如果说一只更高级的手才这样安排，使我们不得不表象出这样一个世界和这样一种现象秩序，那么撇开这个假设在我们看来完全不可理解而言，这整个世界又成了一种错觉；那只手施加某种压力，就能将它从我们这里夺走，或者将我们置于完全不同的另一种事物秩序中去；甚至在我们外部有与我们同类的东西（具有与我们同样的表象），这一点也完全是可疑的了。因而莱布尼茨无法将人们通常拿来与先定和谐相结合的理念，与先定和谐结合起来。因为他明确宣称，没有任何精神可以说是**产生**出来的，这就是说，原因与结果的概念根本用不到一个精神上。因而它是它的存在与知识的绝对自身根据，而且由于它一般而言是存在的，它也便是它所是的**东西**，亦即那样一个东西，由关于外部事物的表象构成的这个特定的体系也属于它的**天性**。因而哲学无非就是**我们的精神的自然学说**。[①] 从今往后，一切独断论便从根本上被颠覆了。我们考察我们的表象的体系，不是在它的**存在**方面，而是在它的**形成**方面。哲学成了**发生性的**，这就是说，它仿佛让我们的表象的整个必然序列在我们眼前产生和运行。从今往后，经验与思辨再也不分离了。大自然的体系同时也是我们的精神的体

① 顺着前文的语脉，这里的“自然学说”(Naturlehre)也可译作“天性学说”，但那样翻译就失去了谢林强调精神与自然共通性的本意。当谢林用Natur说明人或精神，指人或精神的天然之性，不假人为，我们将其译作“天性”；但在西文中“天性”与“自然”是同一个词，谢林也特意强调这种同一性，意指人或精神也有自然的成分，而且不仅仅是就身体器官而言的。——译者注

系，而且只有在现在，当大的综合完成了之后，我们的知识才回到分析（回到**研究**与**实验**）。但这个体系还不存在；许多沮丧的精神事先就绝望了，因为他们谈论**我们的天性**（他们并未看出这天性的伟大之处）的某个体系，仿佛谈的是我们的**概念**的系统知识。[①]

II, 40

预设了万物原先都在我们外部**现成**存在（而不是**形成**和**发源于**我们这里）的独断论者，至少必定还会自告奋勇**去**做一件事，即也从**外部**原因出发去说明在我们**外部**存在的东西。只要他还处于因果整体关联内部，在他看来这样做就算成功了，其实他从未弄清这个因果整体关联**本身**是如何形成的。一旦他将自己提升到单个现象之上，他的整个哲学就完结了；机械论的边界也是他的体系的边界。

然而单是机械论还远不足以说清大自然。因为一旦我们跨入**有机自然**的领域，我们就看到所有机械的因果联结都停止了。每个有机产物都是**自顾自**持存的，它的定在并不依赖于别的任何定在。然而现在看来，原因从不与结果是**同一个**，只有在完全**不同的**事物之间才可能有某种因果关系。但有机体生产**它自身**，**源自它自身**；每一株植物都只是**它那个种类的**某个个体的产物，而每个有机体也就这样仅仅生产和再生产**它那个种类**，直至无穷。因而没有任何有机体会有什么**进展**，反而无穷地反复回到其**自身**中。因此一个有机体本身就既不是它外部的某个事物的**原因**，也不是其**结果**，因而根本与机械论的整体关联无关。每一个有机产物**在其**

① 在最初出现德语纯粹派（deutschen Purismus）的那些时代的各种著作和译著中人们经常发现这样的术语：本质的**系统知识**、**自然**的**系统知识**。可惜我们的近代哲学家们弃用了这个术语。——谢林原注

自身都带有它定在的根据，因为它是它自身的原因和结果。除非**在**这个整体**内部**，没有任何单个的部分能产生，而这个整体本身又仅仅在各部分的**交互作用**中持存。在别的每一个客体中，各个部分是**任意的**[①]，仅就我进行**分割**而言，它们才存在。它们只在有机东西中才是**实在的**，它们没有我的协助就存在，因为在它们和整体之间有某种**客观的**关系。因而每个有机体都以一个**概念**为根据，因为在整体必然与部分关联起来和部分必然与整体关联起来的地方，就有**概念**存在。但这概念就居**于有机体本身中**，根本不能与它相分离，有机物**组织其自身**[②]，并不仅仅，比如说，是一件艺术作品，后者的概念在其**外部**，现成存在于艺术家的知性中。不仅有机体的形式，连它的**定在**也是合目的的。它若不是已经被组织，是不能组织其自身的。植物以吸收外部材料为生，得以延续，但它若不是已经被组织，便不能吸收任何东西。活体的延续系于呼吸。它吸入的生气被它的各器官分解，以便作为电流通过各神经。但为了使这个反应过程成为可能，有机体本身必须已经存在，然而有机体没有这个反应过程又是不可能延续的。因此有机体只能从有机体中构成自身。在有机产物中，形式与物质[③]正因此便不可分离了；

II, 41

① 指各部分的分割是任意的。——译者注

② 德文中的动词 organisiren（组织）与 Organisation（有机体）有直接的词源关联，有机体即为自我组织者。谢林在此处和后文中突出了这种关联。——译者注

③ 在古代哲学和此后的西方哲学中，人们常将 Form 与 Materie 对举，中文语境下二者通常分别译作“形式”与“质料”。但鉴于 Materie 概念在近代的含义已经大为改变，偏向于科学意义上的“物质”含义，已经不再强调质料的不显形、无定形，而是强调它当作物质材料的一面。谢林当然深知 Materie 的古代含义，尤其在他思想的中后期，他一直强调事物“根据”的深不可测，但在早期的自然哲学中，他通常是承接近代自然科学的“物质”含义而来的，以便与后者对接并深化其哲学含义。鉴于此，我们在全书中通常将 Materie 译作“物质”。——译者注

这种特定的物质只能与这个特定的形式同时形成与产生,反之亦然。因而每个有机体都是一个**整体**;它的**统一性**在**它**自身**之内**,而将它设想为一还是多,这并不取决于我们的任意选择。原因和结果是过眼云烟,转瞬即逝,只是**现象**(在这个词的日常意义上)。然而有机体则不是单纯的现象,它**本身**是客体,而且是某种通过其自身持存的、在其自身完整而不可分割的客体,而且由于在它之中形式和物质不可分,所以一个有机体本身的**起源**就像物质本身的起源一样,是不能在机械的意义上讲清楚的。

因而如果说有机产物的合目的性是应当得到澄清,那么独断论者便感到完全被自己的体系抛弃了。在这里,像我们常爱做的那样将概念与对象、形式与物质分离开来,再也于事无补。因为至少**在这里**,双方不是在我们的表象中,而是在**客体**本身中原先就必然合为一体。我倒希望,在将概念游戏当作哲学和将事物的幻影当作现实事物的那些人中,有那么一位敢于与我们一道踏入**这个**场域。 II, 42

首先你们必须承认,这里谈的是绝对无法从**物质本身**来**说明**的某种**统一性**。因为它是一种**概念**的统一性;这种统一性仅仅对于某种进行直观和反思的东西而言才存在。原因在于,在一个有机体中有着绝对个体性,这有机体的各部分只有通过整体,而整体又不是通过聚合,而是通过各部分的交互作用,才成为可能的,以上这一点是一个**判断**,而且根本不能被那样一个精神下判断,仿佛只有那精神才能将整体与部分、形式与物质交互关联起来似的,而且只有通过这样的关联且在这样的关联中才产生和形成了以整体为标准的一切合目的性与协调。即便这些部分——它们还只是物质——也与一个**理念**共有的东西是什么（这理念起初便与该物质迥然不同，该物质却以它为标准协调起来）？这里不可能有任何关联，只能通过某个第三方关联起来，而物质与概念这双方都属于这第三方的表象。然而这样一个第三方只是一个进行直观与反思的精神。因而你们必须承认，一般有机体只有对于某个**精神**而言才是可以设想的。

即便那样一些人也是承认这些的，他们甚至也让有机产物通过原子间奇异的碰撞产生。因为当他们从盲目的偶然中推导出这些事物的起源时，他们也便立时消除了这些事物含有的合目的性，由此甚至也消除了一切有机体概念。这就堪称前后一贯的思考了。因为当合目的性仅仅对于一种进行判断的知性而言才可以设想时，"有机产物是如何不依赖**于我**而产生的？"这个问题也必须那样回答了，仿佛在有机产物和一种进行判断的知性之间根本不存在任何关联似的，亦即仿佛在有机产物中到处都不存在任何合目的性似的。

那么你们承认的第一点就是：一切合目的性概念都只能在一种知性中产生，而且只有对于这样一种知性而言，一个事物方可称作合目的的。

II, 43

然而你们还是不得不承认，自然产物的合目的性居**于这些产物自身中**，它们是**客观**而**实在的**，因而它们并不属于你们**任意的**表象，而属于你们**必然的**表象。因为你们很可以将你们概念的种种结合中任意的和必然的东西区别开来。你们经常将通过空间分离开的各种事物概括为**一个**数，你们的行动完全是自由的；你们赋予它们的统一性，是你们从思想中取来加于它们之上的，在**事物本身**

中绝没有任何根据迫使你们将它们设想为一体的。但你们将每株植物设想为一个个体,在这个体中,一切都以**一个**目的为标准协调起来,你们必定会在**你们外部的事物**中寻找这种现象的根据;你们觉得自己在判断中受到了逼迫,因而你们必须承认,你们用以思考判断的那种统一性,不仅仅是**逻辑的**(在你们的思想中),也是**实在的**(在你们外部现实存在)。

现在人们对你们的要求是,你们应当回答这个问题:何以发生那样的事情,即明显只有在你们内部才能实存且仅仅对于你们而言才能具有实在性的一种理念,却必定被你们自己看成和设想成在你们外部现实存在的。

虽然有一些哲学家只用**一个**一般性答案回应所有这些问题,但他们在任何情况下都可能重复那个答案,还嫌重复得不够多。他们说,在各种事物那里作为形式的东西,只有我们才将其加于事物之上。但正如你们可能想知道的,我早就想知道的是,事物若是没有了你们加于它们之上的形式,会是什么,或者说形式若是没有了你们将其予以施加的事物,会是什么。但你们必须承认,至少**在这里**,形式与物质、概念与客体是绝对不可分的。或者如果合目的性理念是否被加于你们外部的事物之上这一点取决于你们的任意选择,那怎么会发生下面的事情呢,即你们不是将这理念加于**某些**事物之上,而是加于**一切**事物之上,此外,你们在如此这般表象合目的的产物时觉得自己根本不**自由**,而是感到彻底受逼迫的? 对于这两件事情,你们能给出的根据无非是,那种合目的的形式最初在没有你们的任意选择协助的情况下,就直截了当适合于你们外部的某些**事物**了。 II, 44

预设了这一点，上文中说得通的那一点在这里就又说得通了：这些事物的形式与物质永远不能被分离，双方都只能同时且相互通过对方而形成。作为这个有机体的根据的概念，**在其自身**没有任何实在性，而反过来说，这种特定的物质不是**作为**物质，而是仅仅被居于其中的**概念组织起来的物质**。因而这个特定的客体只能与这个概念同时产生，而这个特定的概念也只能与这个特定的客体同时产生。

此前的一切体系都必须依照这个原则被评判。

为了理解概念与物质的那种结合，你们假定了一种更高的、神性的知性，这种知性在观念东西中拟定它的种种造物，并依照这个观念东西产生了大自然。只不过行动的概念、执行的构思于其内部**先行**的那种东西，是不可能**产生**的，它只能塑造、构形已经存在的物质，只能从外部将知性的和合目的性的标记压印于物质上；这知性产生的东西不**在其自身中**，而仅仅是相对于艺术家的知性而言的，并非**原初地**和**必然地**，而是偶然地合目的的。难道这知性不是一种僵死的机能吗？而且难道它的功能除了把握、理解现实（如果有现实的话），还能是别的什么吗？另外，难道知性不是从现实东西本身中才得到它的实在性，而不是创造了现实东西吗？还有，难道描绘现实的**轮廓**（这种做法就构成了这机能与现实之间的中介）不仅仅是这机能的苦差事，不仅仅是它的能力吗？但这里有一个问题，即**现实东西**以及随之才有且与其不可分离的**观念东西**（合目的的东西）是如何产生的。并非一般自然事物都如同每个艺术作品都是合目的的那般，是合目的的，而是这种合目的性是根本不能被从外部传给它们的，它们最初就是**通过其自身**而合目的的，而

II, 45

这正是我们希望公开了解的。

那么你们就逃到某种神性(Gottheit)的**创造性**机能那里去寻求庇护,现实事物与它们的理念同时来源和产生于那种机能。你们曾看到,你们必须让现实东西与合目的的东西同时产生,合目的的东西与现实东西同时产生,如果你们希望在你们外部假定某种在其自身且通过其自身便合目的的东西。

然而让我们用片刻时间假定你们主张的东西(虽然你们自己没有能力将它弄清楚),让我们假定,大自然的整个体系以及随之而来的我们外部所有多种多样的合目的的产物,都是通过某种神性的创造力而产生的:相较于以往,难道我们真的哪怕向前走了一步吗?还有,难道我们不是看见自己又立于我们仿佛一开始就由以出发的那个点上了吗?有组织的产物如何在我之外且不依赖于我而成为现实的,这根本就不是我那时想了解的问题;因为对此我如何能有哪怕一个清楚的概念呢?那时的问题在于:对我外部的合目的的产物的**表象**何以来到**我内部**,以及我何以不得不将这种合目的性(**尽管它仅对于我的知性而言才归于事物**)设想为**在我外部现实**而必然的。——你们并没有回答这个问题。

那么一旦你们将自然事物当作在你们外部现实存在的,因而也当作一个创造者的作品,它们本身之中就不可能有任何合目的性,因为合目的性仅仅对于**你们的**知性而言才说得通。或者说,你们是否希望在事物的创造者内部也预设目的等概念?可是一旦你们这样做了,那创造者就停止成为创造者了,他不过就是个艺术家,他最多只是大自然的建筑工;然而一旦你们通过从任何东西的知性进行的某种过渡,使外来的合目的性进入大自然之中,你们就

II, 46 从根本上**毁坏**了**大自然**的一切理念。因而一旦你们将创造者的理念弄成**有限的**,他就停止成为创造者;如果你们将这理念扩展为**无限性**,这样一来,合目的性和知性的一切概念便齐齐消失,剩下的只有某种绝对权力理念。从今往后,一切有限者都不过是无限者的变体。但你们同样没有理解,在一般无限者中一种变体是何以可能的,正如你们没有理解,无限者的这些变体,亦即有限事物的整个体系,是何以进入你们的表象中的,或者说,事物的那种在无限者内部只能**在本体论意义上**存在的统一性,在你们的知性中如何**在目的论意义上**存在了。

虽说你们可以尝试从一个有限精神的特有本性出发来说明这一点,然而如果你们那样做,你们就再也不需要作为一个在你们外部的东西的无限者了。从今往后你们可以使一切都仅仅在你们的精神中形成和产生。因为如果你们也设定一些事物在你们**外部**且不依赖于你们,那些事物**在其自身**又是合目的的,那么你们必定在无视这一点的情况下还要说明,你们的**表象**是如何与这些外部事物协调起来的。你们必定逃到某种先定和谐那里去,必定假定,在你们外部的那些事物本身中有类似于你们的精神的某种精神在进行支配。因为只有在某种具有创造性机能的精神中,概念和现实、观念东西和实在东西才能相互渗透和相互结合,以致双方绝不可能分离开来。就此我能想到的只是,莱布尼茨将实体性形式设想为**居于**有组织的东西**之中**进行支配的某种**精神**。

那么这种哲学就必然假定,在大自然中存在着生命的某种层级序列。即便在仅有简单组织的物质里也有**生命**;只不过那是一种比较狭隘的生命。这种理念如此古老,而且迄今还在多种多样的形式下一直极其顽强地保留到今天[①]——(在最古老的那些时代里,人们就以某种赋予生机的本原即世界灵魂来称呼和渗透整个世界,而后来莱布尼茨的时代则赋予每一株植物生命)——以致人们很可以预先猜想,对自然的这种信仰必定就在人类精神本身中有其根据。事情也的确如此。笼罩着有组织物体的起源问题的全部魔力来自下面这一点,即在这些事物中必然性与偶然性最密切地结合在一起。**必然性**,是由于它们的**定在**——而不仅仅(像艺术作品那里一样)是它们的形式——已经是**合目的的**了;**偶然性**,是由于这种合目的性仅仅对于一个进行直观和反思的东西而言才是现实的。这样一来,人类精神很早就被引导到一种**自我**组织的物质的理念上了,因为有机体只有对于某个精神、对于精神与物质在这些事物中的某种原初结合而言,才是可以想象的。人类精神感到自己不得不一方面到大自然本身中,另一方面到某种高居于大自然之上的本原中去寻找这些事物的根据;因此它很早就不得不认为精神与大自然合而为一。在这里,那个**一**首先产生于它那具有观念性本质的神圣幽暗,人类精神认为这幽暗中概念与行动、构思与执行合而为**一**。这里最初向人袭来的是对于他自己的本性的某种预感,在那种本性中直观和概念、形式和对象、观念东西和实在东西原先就是同一个。由此看来,笼罩着这些难题的那种特有的光景,是只以**分离**为能事的那种单纯的反思哲学从来都不能显示出来的,与此同时纯粹直观或者毋宁说创造性想象力早就发明出那样一套象征性语言,人们只需释读它便可发现,我们越不以单

II, 47

① 原文如此,"迄今"与"今天"语义重复。——译者注

纯反思的方式思考大自然，它便越以明白易懂的方式对我们言说。

毫不奇怪的是，那套语言一旦被以独断的方式使用[①]，立马就会失去含义与意义。只要我本身与大自然是**同一的**，我就能像理解我自己的生命那样好地理解一个活生生的大自然是什么；就能理解，大自然的这种普遍的生命表现在最繁复多样的形式中，表现在层级式的发展中，表现在向着自由的渐进过程中；然而一旦我将我自己以及随我而来的一切观念东西与大自然分离开来，我这里

II, 48 剩下的就只有一个僵死的客体了，而且我再也不能理解我**外部的**一个**生命**是何以可能的了。

如果我追问普通的知性，它便认为只有存在**自由运动**的地方，才能看到**生命**。因为动物器官的机能——敏感性（Sensibilität）、应激性（Irritabilität）等等——本身就预设了一种进行推动的本原，若是没有那种本原，动物就不能抵抗外部反应的诱惑了，而只有通过器官的这种自由的反作用，从外部进来的刺激才会成为诱惑和印象；这里起支配作用的是最彻底的交互作用：只有受到外来诱惑的支配，动物才会产生运动，反之也只有通过在自身中产生运动的这种能力，外来的印象才会成为诱惑（因此，没有了敏感性的应激性，抑或没有了应激性的敏感性，都是不可能的）。

只不过单凭器官的所有这些机能，是不足以讲清楚**生命**的。因为我们似乎很容易设想纤维、神经等的某种聚合，在这种聚合中（正如，比如说，在由于电、金属刺激等等而毁坏的有机身体的神经中），由于外部刺激，会产生自由的运动，而我们却不能将**生命**归于

① 第一版中为：被以科学的和独断的方式使用。——原编者注

这个聚合物。人们或许会答复说,然而**所有**这些运动的协调却造成了生命;可是属于生命的还有一个更高的本原,我们不再能从物质本身出发讲清楚这个本原,它整理和整合了所有单个的运动,而且这样才从各种各样相互协调、相互生产和再生产的运动中创造和产生出一个整体。因而我们在这里又碰到了同一个东西中自然与自由的那种绝对的合一,活的有机体应当是**大自然**的产物;但在这个自然产物里起支配作用的应当是某个进行整理、整合的**精神**;这两个本原在这产物内部完全不应当被分离,反而应最密切地合为一体;在直观中双方完全不应当被分离,在双方之间根本不应当有什么**先**与**后**,发生的反倒是绝对的同时性与交互作用。

一旦哲学消除这种密切的结合,就产生了两个恰好对立的体系,其中没有任何一个能驳倒另一个,因为两者都从根本上毁坏了生命的一切理念,而这理念在两个体系自认为最接近它的时候,便越飞离它们远去。 II, 49

我谈的不是那样一些人的所谓哲学,他们也探讨我们内部的思维、表象和意愿,只不过一会儿让它们从已组织好的身体各部分的某种偶然撞击中产生,一会儿又通过合成了身体的肌肉、纤维、薄膜、小钩,以及在身体中涌动的流体物质等的某种实际上人为的拼接,来解释它们的产生。我却主张:我们从经验上是不能理解**我们外部的**生命的,正如不能从经验上理解**我们外部的**意识;这两者都不能从物质上的根据出发讲清楚;如果那样考虑,那么身体是被看作有组织的身体各部分的某种偶然聚集,还是看作一台液压机,还是看作一个化学工作间,那都是无所谓的。比如,假定某种活的物质的一切运动都可以通过它的神经、纤维或人们允许在这些运动中循环运转的流体等要素的混合方式的种种变化讲清楚,那么问题不仅仅在于那些变化是如何造成的,还在于何种本原将所有这些变化和谐地整合起来了。或者说,如果最终对作为一个从不停顿,而是持续进展的体系的大自然的哲学考察发现,大自然凭着活的物质跨出了僵死化学的边界,那么由于否则的话化学反应过程在身体里就不可避免,也由于僵死的身体会被真正的化学分解毁坏,所以在活体中就必定有某个本原,它使身体不受制于化学规律,而且如果现在这本原被称为**生命力**(*Lebenskraft*),那么我要反过来主张,这个意义上的生命力(这个术语也可能极为流行)是个完全矛盾的概念。因为我们只能将力设想为某种有限的东西。然而依其**本性**来看,即便就其受到一个对立的力限制而言,没有任何力是有限的。因此当我们设想力(正如在物质中那样),我们也必须设想一种与其**对立的**力。然而在对立的力之间,我们只能设想一种双重的关系。或者是,它们处在**相对的**平衡中(在绝对的平衡中,双方会彻底抵消掉);那样它们就被设想为**宁静的**,正如在物质(这物质因此便叫作惰性的)中那样。或者是,人们设想它们处在持久的、从来未决的争执中,因为一方轮流得胜和失败;那时就必须再有某个第三方来赋予这种争执持久性,并将在这种争执中轮流得胜与失败的各种力保持为大自然的作品。现在这第三方本身不可能又是一种力,因为否则我们便又回到先前的选项上了。那么它必定是那种东西,它甚至比**力**更高;然而(正如我将证明的)力又是我们的一切物理学说明必定回到其上的最终的东西:因而那第三方必定完全处在经验的自然研究的边界之外。但现在看来,在日常的想象中,在大自然之外和之上再没有任何东西被认为比精神更高了。[①] 只不过我们现在希望把生命力理解成精神性本原，那么正因此我们彻底消除了那个概念。[②] 因为**力**意味着我们至少能当作**本原**而置于自然科学顶端的东西，以及尽管本身不可呈现，却可以依照其**作用方式**而由物理学规律规定的东西。只不过一种精神如何能在物质的意义上起作用，对于这一点我们也没有任何概念；因此一种精神性本原也不能叫作**生命力**，而人们至少还总是通过这个术语表明一种希望，即让那个本原依照物理学的规律起作用。[③]

但如果我们被迫放弃这个概念（生命力），那我们现在就不得不躲到一个完全与之对立的体系中，在那里精神与物质一下子又相互对立起来了，且不论正如此前我们不能理解物质如何作用于精神一样，如今我们也不能理解精神如何作用于物质。 II, 51

被设想为生命的本原的**精神**，叫作**灵魂**。我不会重复人们久已针对二元论者们的哲学提出过的那种异议。迄今为止，人们大都是出于那样一些原则来驳斥这种哲学的，那些原则就像被驳斥的体系一样空无内容。我们追问的并不是，灵魂与身体的某种结

---

① 第一版中为：但现在看来，我们不知道还有任何东西比精神更高，对于那东西而言在一般意义上还能有各种力量存在；因为只有精神才能表象各种力量及其平衡或争执。——原编者注

② 指生命力概念。——译者注

③ 通过**生命力**的一些拥趸的表述，人们极为清楚地看到了这一点。比如**布兰迪斯**（在他的《生命力实验》§ 81中）问道："电（一般说来它在燃素反应过程中似乎一同在起作用）也分有了（作者假定的——谢林按）燃素的生命反应过程，抑或**电就是生命力本身**？我觉得事情还**不只是极可能如此**。"——谢林原注

布兰迪斯（Joachim Dietrich Brandis，也写作 Dietrich Joachim Friedrich Brandis，1762—1846），德国医生、药剂师。他的《生命力实验》（*Versuch über die Lebenskraft*）一书出版于1795年。——译者注

合一般而言是何以可能的(人们并没有资格问这个问题,因为提问者本身并不理解它),而仅仅是——这是人们能理解且必须回答的——关于这种结合的表象一般而言是如何进入**我们内部**的。我在思考、表象、意愿,而这种思考、表象、意愿不可能是我的身体的一种结果,不如说这身体只有通过思考和意愿的机能才成为**我的**身体,这些我都一清二楚。此外,为了思辨的需要,将运动的本原与被推动者,将灵魂与身体区别开来,却是允许的,且不论我们一谈到行动时就完全忘了这一区别。然而凭着所有这些预设,现在显而易见的是,如果生命与灵魂(后者作为与身体不同的某种东西)在我内部,那么我只能通过直接的体验确知二者的存在。我**在**(我思考、意愿等等),这是我仅仅在一般意义上知道某种事物时必须知道的一点。因而,关于我自己的存在与生命的某种表象是如何来到我内部的,这我是理解的,因为当我在一般意义上理解某种事物时,我必定理解这一点。还有,由于我直接意识到我自己的存在,这个推论乃是基于我内部的某种灵魂的,即便结论错误也罢,II, 52 至少是基于**一个**无可置疑的前置条件句的,**即**我**存在**、**生活**、**表象**、**意愿**。但我现在如何进展到将**存在**、**生命**等加于**我外部**的事物之上呢?因为此事一旦发生,我直接的知识便立马转变为某种**间接的**知识。然而我现在宣称,对于存在和生命,只可能有一种**直接的**知识,而且**存在着**和**活着**的东西,仅就和首先就它**对其自身而言**存在着,通过它的生命而意识到它的生命而言,才存在着和活着。因而假设某种经过组织的、自行运动着的东西被我直观到了,那么我肯定知道,这个东西**实存着**,它**对我而言**存在着,但却不同样知道,它**对其自身**和**在其自身而言**存在着。因为生命不能在生命外部被表象,正如意识不能在意识外部被表象。[①] 因而也就绝对不可能在经验意义上[②]对于下面这一点产生某种确信了,即有某种东西在我外部活着。因为唯心论者可能会说,你想象自己组织好的、自由推动着其自身的身体,这可能也不过是你的表象能力的必然特征而已;而赋予我外部的一切以生机的那种哲学本身却不让这种对生命的表象由**外部**进入我内部。但如果这种表象只**在我内部**产生,我如何能确信它符合我外部的某种事物?同样明显的是,我仅仅**在实践的意义上**确信我外部有某种生命和自我存在(Selbstseyn)。我在实践上必定**不得不**承认在我外部有像我一样的东西存在。如果我并非不得不与我外部的人们进入社会以及相关的一切实践关系中,如果我不知道,从外形的显现来看与我相似的那些东西并不比我承认它们内部有自由和教养**更**有理由承认我内部有那些东西,最后如果我不知道,我在道德上的实存只有通过我外部的其他有道德的东西的实存,才获得目的与规定,那么我当然有可能在沉湎于单纯的思辨时怀疑,在每一个面庞后是否有人性,在每一个胸腔中又是否有自由。——这些全都被我们最普通的判断证实了。只是对于我外部的那样一些东西,它们在生命中与我同步,在它们与我之间取与予、受动与行动完全交互发生,我便承认它们是精神性的。反之,如果,比如说,有人提出那个好奇的问题,即动物是否也有某种灵魂,一个具有普通知性的人马上就会很诧异,因为他认为如果对那个问题做出肯定的答复,就得承认他无法直接知晓的

II, 53

① 雅可比:《大卫·休谟》,第 140 页。——谢林原注

② 第一版中为:在理论意义上。——原编者注

某种东西。[①]

如果我们最终回到下面这种二元论信仰的最初根源上，即至少有某种与身体不同的灵魂居于**我内部**，那么在我内部甚至又判定“我由身体和灵魂组成”的那种东西究竟是什么，而这个据说由身体和灵魂组成的“我”又是什么？这里明显还有某种更高的东西，它自由而又不依赖于身体，赋予身体某种灵魂，将身体与灵魂合起来思考，而它本身又不卷入这种结合中——如其所显示的那样，有一个更高的本原，在这本原本身中身体与灵魂又是同一的了。

最后，当我们坚持这种二元论时，现在我们由以出发的那个对立便完全是我们触手可及的了：精神与物质。原因在于，物质与精神之间如何可能产生整体关联，这一点的不可理喻还是压迫着我们。人们可以通过一切种类的幻觉，使这种对立的锐利之处隐而不彰，可以在精神与物质之间塞进极多居间物质，它们越来越精细，但还是必定会达到那样一个点，在那里精神与物质合为一体，或者在那里我们长久以来一直希望避免的那一大步跳跃会不可避免，而且在那里，一切理论都异曲同工。我是否让神经中涌流动物气息、电物质或气体，或者被那些东西充满，让外来的感知印象通过神经传播，或者说我是否密切关注灵魂直至大脑最远端的（在此还是相当成问题的）湿气（这种实验至少有一个功劳，即把事情做到了**极致**），这些对于**事情**而言都是完全无所谓的。很明显，我们的批判完成了它的循环，然而不清楚的是，比起我们一开始时的状况，我们丝毫没有更明白我们由以出发的那个对立。我们把人作

II, 54

① 第一版中为：他有权只就他自己和与他同类的东西说的情况。——原编者注

为一切哲学中明显而又挥之不去的难题留在身后，而我们的批判在此也终止于它由以开始的那一端了。

如果我们最后在**一个**整体中概括大自然，那么形成相互对立的便是**机械论**（即永永相续的因果序列）和**合目的性**（即对机械论的独立性，因果的同时性）。当我们再将这两端结合起来时，我们心目中就产生了**整体**的某种合目的性的理念，大自然就成了一个圆环，那圆环回到自身，成了一个封闭于自身中的体系。因果序列完全停止，产生了**手段**与**目的**的某种相互结合；个别东西不可能在没有整体的情况下，整体也不可能在没有个别东西的情况下，成为**现实**。

现在看来，大自然的整体这种绝对合目的性是一个理念，我们不是随意，而是**必然**要思考这个理念。我们感到自己不得不将一切个别东西都关联到整体的这种合目的性上；当我们在大自然中发现某种显得无目的甚或反目的的东西时，我们认为事物的整体关联被扯断或停顿下来了，直到表面上的反目的性从另一个角度来看又成了合目的性。因而从事反思的理性有一个必然的准则，即在大自然中处处都预设目的与手段的结合。[①] 而且无论我们是否并未立即将这个准则转化为一个构造性规律，我们都极为坚定又极为自然地遵循它，以致我们明显预设了，大自然仿佛会自动迎合我们在它内部发现绝对合目的性的那种努力。我们同样凭着对大自然与我们从事反思的理性的这条准则相一致的完全信任，从特殊的、从属性的规律进至普遍的、较高的规律；而对于在我们 II, 55

---

① “目的与手段的结合”对应的原文为“Verbindung nach Zweck und Mittel”，直译为“依照目的与手段而来的结合”，似乎说不通，“nach”疑为“von”之笔误。这里依据上文中“手段与目的的相互结合”的说法改为现译。——译者注

的认识序列中还孤立存在的那些现象，我们却并不停止先天地(a priori)预设，即便**它们**也还是通过某一个共同的本原而整体关联起来的。而只有当我们瞥见了结果的纷繁多样与手段的整齐划一时[①]，我们才相信在我们外部有一个大自然。

那么现在看来，什么是那个隐秘的纽带，它将我们的精神与大自然结合起来，或者说什么是那个隐藏的喉舌，通过它大自然对我们的精神言说，或我们的精神对大自然言说？我们预先将你们关于这样一个合目的的大自然在**我们外部**如何现实存在的全部说明回敬给你们。因为从某种神圣知性是合目的性的发动者这一点出发说明这种合目的性，并不是什么哲学运思，而只是虔诚地注视了几下而已。凭此你们什么都没有给我们讲清楚；因为我们期待知道的并不是这样一个大自然在我们外部是如何产生的，而只不过是这样一个大自然的**理念**又是如何来到**我们内部**的；不仅仅是，比如说，我们如何任意产生了它，而是它们如何以及为何起初就**必然**成为我们这个物种自古以来对大自然的所有想法的根据。因为这样一个大自然**在我外部的**实存长久以来都未能说清楚它**在我内部的**实存：如果你们假定双方之间发生了某种先定和谐，那么这的确就是我们的问题涉及的课题。或者说，如果你们主张，我们只是将这样一种理念**加**于大自然之上而已，那么你们的灵魂中根本不会有那样的念头，即大自然对于我们是和应当是什么。因为我们希望的并不是大自然偶然（比如通过某个**第三方**的中介）与我们精神的规律相符合，而是**它本身**起初就必然不仅**表现出**，**甚至实现了**我

II, 56

---

① 第一版中为：当我们瞥见了结果的**无限性**和手段的**有限性**时。——原编者注

们精神的规律，而且它仅就做到这一点而言，才是大自然，也才叫作大自然。

大自然应当是可见的精神，精神应当是不可见的大自然。因而**在这里**，在我们**内部**的精神与我们**外部**的大自然的绝对同一中，一个大自然在我们外部何以可能的难题必定归于消解。因此我们进一步的考察的最终目标就是大自然的这个理念；如果我们成功达到这个理念，我们也便可以确信，已经妥善处理了那个难题。

* * *

这便是这部著作以其消解为目的的一些主要难题。

然而这部著作并不是**从上方**（以各本原的提出）开始，而是**从下方**（以各种经验以及对此前的各种体系的检验）开始的。

只有当我达到了我在我前方设定下来的目标，人们才会允许我往回复述已走过的路途。

附释　对一般哲学尤其是作为一般哲学必不可少部分的自然哲学的一般理念的阐述

II, 57

每一个片面东西必然直接招致与其对立的另一个片面东西，依此看来，针对在康德之前就已成为普遍思维体系，甚至还在哲学中取得了支配地位的经验实在论，最初只可能有一种恰好具有同样浓厚的经验色彩的唯心论产生并流行。它[1]像在康德后学们

① 指上述唯心论。——译者注

那里展现出来的那样在全部经验性质上都极为完善的状况，在康德本人那里固然是不存在的，然而依照萌芽形态而言，它已经包含在他的著作中了。对于那些先前并未撇下经验论的人而言，在他们实际接触经验论之前，通过他也是弄不懂经验论的；经验论还完全是那个经验论，只不过被翻译成另一种听起来颇有唯心论意味的语言了，而且如果那些在得自康德的这种形式下理解它的人越是确信自己在所有方面都摆脱了它，并超升到它之上了，经验论便越是顽固地改头换面重新归来。事物的种种规定通过知性和对知性而言根本就没有触及物**自体**，这是那些人假定了的：然而这些物自体与表象者的关系，却与人们先前归于经验性事物的完全是同一种关系，即刺激的关系，即原因与作用的关系。前面的导论部分针对的是经验实在论本身，部分针对的是最粗糙的经验论与从康德学派中发展出来的一种唯心论而形成的那种荒谬的结合体。

II, 58

这两方在一定程度上都遭受了它们自己的武器的打击。针对前者，是在用那样一些概念和表象方式进行打击，它们是它本身从经验中取来使用的，而且就事情表明它们是一些退化的和滥用的理念而言，被承认为有效的；针对后者，只需摆出成为该结合体之基础，却又在个别情况下以更显眼和更荣耀的方式回归的那个最初的矛盾即可。

在当前这个附释里，事情更多涉及的是在肯定的意义上阐述哲学本身的理念，尤其是作为这门科学之整体的一个必要方面的自然哲学的理念。

*　　*　　*

走向哲学的第一步和那样一个条件。如果没有那个条件,人们永远不可能来到哲学中,就是如下洞见:绝对观念性东西也是绝对实在性东西,而且若是没有绝对观念性东西,一般来说只有感性的和有条件的实在性,但绝没有绝对的和无条件的实在性。人们可以以不同的方式,将那些还没有领悟到绝对观念性东西就是绝对实在性东西的人催逼到能获得这个洞见的地点去,但人们只能间接而非直接证明这个洞见本身,因为它毋宁是一切演证的根据和本原。

我们指出将某人提升到这种洞见的一种可能的方式。哲学是一种绝对的科学。因为可以从相互冲突的众多概念中得出的一种普遍的共识是,哲学根本不是从另一门科学中借来它的知识的种种本原,而是至少在有了其他种种对象的同时,还将知识作为客体,因而其本身不可能又是一种从属性的知识。在形式上将哲学规定为那样一门科学,那门科学如果存在,就不可能是有条件的, II, 59 从这种做法直接可以得出:它也不可能以有条件的方式,而只能以无条件的和绝对的方式知晓它的那些可能的对象,因而也只能知晓这些对象本身中的绝对者。针对那样的每一种可能的规定,即规定哲学以随便哪一种偶然性、特殊性或有条件性为客体,事情便会表明,这种偶然性或特殊性已经被另一门冒称的或真正现有的科学占有了。如果哲学为了在绝对的意义上认知,也只能知晓绝对者,而且这种绝对者不是通过别的东西,而是仅仅通过知识本身才向哲学开放,那么很明显,哲学最初的理念就已经基于人们习用而不言的那个预设，即基于对绝对知识与绝对者本身的某种可能的无差别状态的预设，因而基于下面这一点了，即绝对观念性东西就是绝对实在性东西。

凭着这个推理，还绝没有证明这种理念的实在性，正如已经说过的，这理念作为一切明见性的根据只能自我证明；我们的推理只是假说：如果有哲学，那么前述情形就是哲学所必需的预设。反对者现在可以否定这假说，也可以否定结论的正确性。前者他或许是以科学的方式来做的，那就形同完成下面这件事，即亲自参与到知识的科学，亦即参与到哲学中去。[①] 为了与他会合，我们在他这样尝试的时候必须耐心等候他，但我们预先就可以确信，即便是他可能在前文提及的意图下说出的东西，其本身肯定是我们能凭着充分的根据加以驳斥的那些原理；这样一来，我们固然不能说服他，因为他只能自行产生那最初的洞见，但他也说不出一丁点使他不至于在我们面前出洋相的东西来。[②] 又或许是，他在完全缺乏科学根据的情况下仅仅一般性地保证，他并不承认哲学是科学，也并不倾向于承认这一点：人们根本不会与他为伍，因为如果没有哲学，他甚至根本不可能知道世上压根没有哲学，而令我们感兴趣的

II, 60

① 谢林此时在术语的使用上还经常借鉴费希特的知识学(Wissenschaftslehre)(至少在公开的做法上是如此)，故有此处将哲学等同于“知识的科学”(Wissenschaft des Wissens)之说，以及上下文中对知识(Wissen)的多次论述。——译者注

② 这句话的表述比较复杂，意思大致是，反对者可能在相反的意图下，即在否认上述假设的意图下，无意中说出了最初的那个洞见(因为那个洞见在人们日常的论说中会自行证明自身，或者说就事情本身而言，人们的日常论说都是以那个洞见为前提的)。但这却是反对者没有意识到的，因为他明确反对那个洞见。与此同时，反对者有意表达出来的话却只会使他出洋相。——译者注

只有他的知识。[1]因而他必须亲自把这件事情弄个水落石出;他自己放弃了对此作评论。

另一种情形是,他否认结论的正确。根据上述证明,这种情形之所以发生,只可能是由于他提出了另一个哲学概念,由于那个概念,在哲学中才可能有一种有限的知识。人们无法在任何意义上阻止他将随便某种东西,甚或经验心理学,称为哲学,但绝对科学(absoluten Wissenschaft)的地位以及对它的需求只会越来越确切,因为不言而喻的是,对于表示某种事情的语词,当人们赋予它更渺小事物的含义因而滥用了它时,这并不能消除原先那种事情本身。领会了哲学的人,也完全可能预先便确信,除了绝对科学的概念之外,还可以提出什么样的哲学概念,他总是能无误地证明,那种远非哲学概念的概念永远不可能是一门科学的概念。

一言以蔽之:绝对观念性东西就是绝对实在性东西这个洞见,乃是一切高等科学性的条件——这不仅指哲学中的科学性,也包括几何学和整个数学中的科学性。实在东西与观念东西的这种无差别状态是各门数学科学在从属性的意义上接受了的,它只在最高的和最一般的意义上构成了哲学,此后一切感性关联便远离了它,因而在其自身便像是说得通了。各种高等科学所特有的那种明见性是基于它的;只有在绝对实在性所要求的别无其他,无非只需绝对观念性的那个地方的基础上,几何学家才能赋予他的构造以绝对的实在性(虽然那构造很可能是一种观念东西),并且宣称,

---

[1] 这里谢林仍将反对者的主观态度与他的话中包含的“知识”区分开来了,后者包含了一些自行证明的真理。——译者注

充当那构造的形式的东西，也永远且必然对对象行得通。

反之，如果某个人想使哲学家回想起，那绝对观念性东西又只

II, 61 不过是**对他**[①] **而言**才存在的，而且只是**他的**思维，正如经验唯心论尤其在反对斯宾诺莎时通常说不出什么别的来，只会说他没能再对他自己的思维进行反思；而那时他无疑是将他的体系也是**他的**思维的一个产物这一点铭记于心了，那么我们就要请这个人哪怕只是从他那方面进行一番非常简单的思索：的确，即便这种反思，即他由以将那思维弄成**他的**思维，因而弄成一种主观思维的这种反思，也只不过是**他的**反思，因而只不过是某种主观东西，以致这里是一种主观性被另一种改进和消除了。既然他不能否认前一种思维，他就得承认，依此看来那绝对观念性东西在其自身既不是某种主观东西，也不是某种客观东西，而且既不是他的思维，也不是任何人的思维，而正是绝对的思维。

在接下来的整个阐述中，我们都预设了对绝对观念性东西与绝对实在性东西的无差别状态的这种认识（它本身是一种绝对的认识），也必须向每一个人保证，如果他在前述绝对者之外设想或盼望另一种绝对者，那么不仅我们无法帮助他得到关于绝对者的任何知识，而且他可能觉得我们自己关于绝对者的知识不可理喻。

我们必须从**绝对观念性东西**的那个理念出发；我们将它规定为**绝对知识**、绝对认识行动（absoluten Erkenntnißakt）。

一种绝对知识仅仅是那样的东西，在那里主观东西和客观东西不是作为对立的东西结合起来，而是整个主观东西就是整个客

① 指哲学家，下同。——译者注

观东西,反之亦然。对于作为哲学之本原的主观东西与客观东西的绝对同一性,过去人们部分地只是在否定的意义上(当作单纯的非差异性),部分地是当作两个在其自身相互对立的东西在另一个据说在这里成了绝对者的东西中的单纯结合来理解的,现在也还部分地这样来理解。过去人们的看法不如是,主观东西与客观东西这两者中的每一个单就其自身来看,而不是仅仅在某种对于它们而言或者偶然或者至少陌生的结合中来看,都自成**一体**。一般而言,在最高理念这个名称中本不应当预设主观东西与客观东西,反而应当表明,它们双方作为对立的或结合的东西恰恰应当只从那种同一性出发来理解。 II, 62

正如每一个稍有思考的人都自动会承认的,绝对者必然是**纯粹同一性**;它只是绝对性,并无其他,而且绝对性通过自身只与其自身相类同:但同样属于绝对性理念的还有一点,即这种纯粹的、不依赖于主观性和客观性的同一性**作为这种同一性**,在并没有于一方或另一方中停止成其所是的情况下,本身也是材料和形式、主体和客体。这是从下面这一点得出的,即只有绝对者才是绝对观念性东西,反之亦然。

那同样纯粹的绝对性,主观东西与客观东西中的那同一种同一性,就是我们以往在这个名称下规定为同一性(主观东西与客观东西的**相同本质**)[1] 的东西。依据这一说明,主观东西与客观东西当其对立时并非**一体**,因为就此我们只能承认如其所是的它们本

① 意指过去对同一性的规定并不合适。当然,这并不是谢林的错误,谢林只是借机说出了前人的意见。——译者注

身：毋宁说只有某种主观性和客观性存在着，**就此而言**那纯粹的绝对性在其自身中必定不依赖于这两方，而且既不可能是一方，也不可能是另一方，它为其自身且通过其自身而将自身作为同一种绝对性引入双方之中。

我们还需更准确地阐明未分割的绝对性[①]进行那种主观—客观化(Subjekt-Objektiviren)的必要性。

绝对者是一种永恒的认识行动，这认识行动本身就是材料和形式，是那样一种生产，在那生产的过程中，它在永恒的意义上以处于其（作为理念、作为纯粹同一性的）整体性之中的其自身，成了实在东西，成了形式，复又在同样永恒的意义上，将作为形式（就其作为客体而言）的其自身化为本质或主体。只不过为了弄明白这种关系（因为在其自身而言这里根本不存在什么过渡），人们首先将绝对者纯粹设想为材料、纯粹同一性、纯粹绝对性；因为现在看

II, 63 来，它的本质是一种生产，而且只能从其自身中取来形式，其自身却是纯粹同一性，因此形式也必定是**这种同一性**，因而本质与形式在它内部是**同一个**，亦即同一种纯粹的绝对性。

在我们可以那样称呼它，它也只是材料、本质的那个时刻，绝对者仿佛是封闭和隐蔽于其自身中的那种纯粹的主观性：当它使它自己的本质成为形式时，处在绝对性状态下的那整个主观性就成了客观性，如同处在其绝对性状态下的整个客观性在形式重新恢复和转变为本质时就成了主观性。

---

① “未分割的绝对性”与费希特几年前在其知识学中提出的“未分割的自我”在表述上类似。——译者注

这里根本没有什么先与后，绝对者根本没有从其自身走出或过渡为行动，它**本身**就是这种永恒的行动，**因为它的理念本就包含下面这一点，即它也直接通过它的概念而存在，对它而言它的本质也是形式，而形式也是本质**。

在绝对的认识行动中，我们暂时区分了两种行动，在一种行动中，它[①]生出它的主观性与无限性，完全使它们形诸客观性与有限性，直至达到后两者与前两者的统一为止，而在另一种行动中，处于其[②]客观性或形式中的它复又化为本质。由于它不是主体，不是客体，而只是双方的同一个本质，那么它作为绝对的认识行动就不可能在这里纯粹是主体，在那里纯粹是客体，它永远存在，而且它在作为主体（那时它将形式化为本质）和作为客体（那时它将本质构形为形式）的情况下也只是纯粹的绝对性，是整个同一性。这里可能发生的一切差别，都不在那保持不变的绝对性本身中，而只在于下面这一点，即它在一种行动中作为本质而完整地被转变为形式，在另一种行动中作为形式而完整地被转变为本质，而且如此永恒地与其自身构成为一。

在绝对者本身中，这两种统一体没有区别开来。人们很可能受到诱惑，现在又去将绝对者本身规定为这两种统一体的统一，然而准确地说，它并非如此，因为它如果作为那两者的统一，便只能就这两者可区分而言才是可认识的和可规定的，但在它内部，情况恰恰并非如此。因而它只是没有进一步规定的**绝对者**罢了；它在 II, 64

① 指绝对者。——译者注

② 同上。——译者注

这种绝对性和永恒的行动中直截了当是**一个**,然而在这种统一中又直接是一种全体(Allheit),即如下三种统一体构成的全体:本质于其中绝对被形塑为形式的那种统一体,形式于其中绝对被形塑为本质的那种统一体,以及这两种绝对性于其中复又成为**一种**绝对性的那种统一体。

绝对者从自身中生产的不是别的,只是它自身,因而又是绝对者;那三种统一体中的每一种都是整个绝对的认识行动,而且本身作为本质或同一性,同样又像绝对者本身那样,成了形式。在那三种统一体中的每一种中,从它们形式的一面来理解,都有某种特殊性,比如在它们当中是无限者被构形为有限者还是相反,但这特殊性并没有消除绝对性,它也没有被绝对者本身消除,虽然它在绝对性中(在那里形式被构形得与本质完全相同,而且本身就是本质)并未被区分开来。

我们这里称为统一体的,是其他人以**理念**或**单子**所理解的东西,虽然这些概念本身的真正含义早已失落了。每一个理念都是一个本身绝对的特殊东西;绝对性总是**一个**,正如处于其同一性本身中的这种绝对性具有的主观—客观性一样;只有绝对性在理念中成为主体—客体的**方式**,才产生了区别。

各种理念无非就是普遍东西与特殊东西(本质与形式)的绝对同一性——就这同一性本身又是普遍东西而言——的一些综合体(Synthesen),具有特殊的形式,而正因为这种特殊的形式又被设定为与绝对形式或本质类同的,在这些理念中根本不可能有个别事物存在。仅就处在绝对者本身中又作为**一体**而存在的那些统一体中的一个统一体本身,将它的本质、它的同一性理解为单纯的形式,因而理解为相对的差别,它才通过个别的现实事物来象征自身。个别事物只是本质转变为形式的那个永恒行动中的一个环节;因此形式便被区别为特殊形式,比如被区别为无限者向有限者之中的构形,有限者因为这种形式而变得客观,然而它却仅仅是绝对的统一体本身。然而,因为绝对的构形(比如本质构形为形式)中的一切环节与等级全都位于绝对的统一体之中,而普遍东西或本质则在绝对的意义上被接纳到我们以为特殊的一切东西中,被接纳到理念中了,所以在其自身而言,没有任何东西是有限的或真正是产生出来的,而是在它被涵括进去的那种统一体之中,在绝对而永恒的意义上被表现出来。 II, 65

因而**物自体**就是永恒的认识行动中的一些理念,而由于在永恒者本身中各种理念又是**一个**理念,那么一切事物在真正的和内在的意义上也都是**一个**本质,亦即在主体—客体化的形式下具有纯粹绝对性的那种本质;而即便在现象中(在那里绝对的统一仅仅通过特殊的形式,比如通过个别现实事物,而成为客观的),这些事物之间的一切差异性也根本不是本质的或质上的,而仅仅是非本质的和量上的,一切差别都基于无限者被构形成有限者的等级。

鉴于最后这一点,下面这条规律须得留意:无限者在有限者中被构形所遵循的比例,也是有限者在无限者中被构形所遵循的比例,而这两个统一体[1]就每一个本质而言又是**一个**统一体。

绝对者在永恒的认识行动中扩展为特殊东西,只是为了在将它的无限性绝对构形到有限者本身内的过程中,将这有限者收回

[1] 指无限者与有限者。——译者注

自身之中，而双方在它内部又是**一个**行动。那么当这个行动中的一个环节，比如统一性向多样性的扩展**本身**，成了客观的，那时另一个环节，即有限者重新纳入无限者，以及符合行动自身的那个环节——在那里一方（无限者向有限者的扩展）也直接就是另一方（再将有限者构形为无限者）——便同时都成了客观的，而且每一个环节都尤其可分辨了。

II, 66　我们看到，如同那永恒的认识显得能在可区别状态下辨别出来，脱离它的本质的黑夜而进入光天化日，上述三种统一体作为特殊的东西直接就从它那里产生出来了。

第一个统一体作为无限者向有限者中的构形，在绝对性中直接转变为另一个统一体，如同后者转变为它一样；它作为这个统一体区别开来看，便是大自然，正如另一个统一体是观念世界，而第三个统一体本身则在那时是区别开来的，即在前两个统一体中每一个的特殊统一性在为其自身而成为绝对的时，便同时化解和转变为另一个统一体。

但恰恰因为大自然和观念世界在其自身都有一个绝对性之点（Punkt der Absolutheit），在那里两个对立的东西汇合起来，所以它们也全都在可以作为一种**特殊的**统一体区别开来的情况下，又以可区别的方式包含了三个统一体，我们在这种可区别状态下和从属于某一个统一体的状态下称这三个统一体为**潜能阶次**（*Potenzen*），这样一来，这类普遍的显现方式也就必然在特殊东西中，也作为同一个方式在实在世界和观念世界里重复自身。

通过此前的论述，我们把读者带到极远之处，以致他一般而言首先有望看到世上只有哲学具备绝对的形式，也只有哲学具备它必然在其中呈现出来的那种科学的形式。我们需要的是哲学本身的一般理念,以便将自然哲学作为这门科学之整体的一个必要且不可或缺的方面呈现出来。哲学是探讨绝对者的科学,然而正如绝对者在其永恒行动中必然将两个方面——一个实在的方面和一个观念的方面——作为一体涵括进来,那么哲学从形式的那些方面来看必然要照着两个方面来划分,尽管它的本质恰恰在于,看到那两个方面在绝对的认识行动中合而为一。

那个永恒行动的实在方面在大自然中显而易见;在其自身的大自然或永恒的大自然恰恰是在客观东西中诞生的精神,是上帝那被导入形式内部的本质,只不过**在上帝内部**,这种导入直接包含了另一个统一体。反之,显现的大自然则是作为其本身显现着的或在特殊性中显现着的,本质向形式中的构形,因而是就其本身具有形体,通过作为特殊形式的其本身来呈现其本身而言的永恒大自然。因此大自然就其作为**大自然**,亦即作为这种**特殊的**统一体显现而言,其本身已经在绝对者**外部**,不是作为绝对认识行动本身(Natura naturans[能生的自然])的大自然,而是作为绝对认识行动的单纯形体或象征(Natura naturata[被生的自然])[1]的大自然。在绝对者中,它与对立的统一体,即观念世界的统一体,作为**一个**统一体而存在,但正因此,在绝对者中既不是作为大自然的大自然,也不是作为观念世界的观念世界,而是两者一起作为**一个**世界而存在。

II, 67

那么我们在整体上规定哲学时依据的是它在其中能直观和呈现万物的那个东西,依据的是绝对的认识行动(即便大自然也不过

---

① 括号内两处均为拉丁文。——译者注

是它的一个方面),依据的是一切理念的理念,这样看来哲学就是唯心论。因此一切哲学都是且永远是唯心论,而且只有在唯心论之下才又包含了实在论与唯心论,只不过前一种绝对的唯心论是不能与后面这种仅仅相对的唯心论相混淆的。

在永恒的大自然中,绝对者为其自身而在其绝对性(这绝对性是纯粹的同一性)中成为一种特殊东西,一种存在,但即便在这里它也是绝对观念性东西,绝对的认识行动;在显现的大自然中,特殊形式仅仅作为特殊形式被认识,绝对者掩藏于别的某个东西中,不同于它处于其绝对性之中时的情形,掩藏于某个有限者、某个存在中,后者是它的象征,而且作为象征,正如一切象征一样,具有了不依赖于其所蕴含的东西的某种生命。在观念世界中,它仿佛摆脱了那副外壳,它也作为它所是的东西、作为观念东西、作为认识行动而显现,但这却使得它反过来把另一个方面丢下,而只包含了一个方面,即将有限性重又化为无限性、将特殊东西重又化为本质的那个方面。

绝对者在显现着的观念东西中恒久不变地显现在另一个东西中,这就导致人们赋予这种相对观念性东西某种对于实在东西的优越性,并将某种仅仅相对的唯心论树立为绝对哲学(absolute Philosophie)本身,知识学体系无疑属于此类。

II, 68

自然哲学所从出的那个整体是**绝对的**唯心论。自然哲学并不先于唯心论;只要后者是绝对的唯心论,自然哲学也不在任何意义上与唯心论对立;然而只要后者是相对的唯心论,自然哲学本身就只包含了绝对认识行动的一个方面,这个方面若是没有另一个方面便不可想象。

为了完全达到我们的目的,我们还要特别谈一谈整个自然哲学的内在格局和构造。前文已经提醒过,特殊的统一体恰恰因为是特殊的统一体,也就在其自身和为其自身又包含了所有的统一体。大自然便是如此。这些统一体中的每一个都表示无限者向有限者中构形的某个特定的等级,它们在自然哲学的三个潜能阶次上被呈现出来。第一个统一体在无限者向有限者中的构形本身中又是这种构形,在整体上通过**一般的世界构造**,在个别东西中通过物体序列呈现出来。另一个表示特殊东西向普遍东西或本质中反向构形(Zurückbildung)的统一体,在**一般机械论**中表现出来(但总是从属于支配着大自然的那种实在的统一体);在这种机械论中,作为**光**的普遍东西或本质,自行依照所有动力学的规定,将作为**物体**的特殊东西抛射出来。最后,**有机论**表现的是这两个统一体的绝对合一构形(Ineinsbildung)或无差别化(Indifferenziirung),然而还是在实在东西中表现出来的;因此有机论本身又成了前两个统一体的**自在体**(*An sich*),以及绝对者在大自然中的且为大自然而存在的最完满映像(Gegenbild),只不过这时不是将它作为综合体,而是作为最初的东西来看的。

然而正是在这里,在无限者向有限者中构形,直到绝对无差别化之点的地方,那种构形复又直接化为与其对立的构形,因而化为绝对观念性的以太(Aether);这样一来,随着绝对者在实在世界中完满的实在形象,随着最完满的有机组织[1]一道,也直接出现 II, 69

① 在谢林这里,绝对者在实在世界中完满的实在形象和最完满的有机组织均指人类(尤其是人的大脑)。——译者注

了完满的**观念**形象（尽管这形象又只为了**实在**世界才在**理性**中出现）；而且在这里，绝对认识行动的两个方面在实在世界中如同在绝对者中那样，作为典范与映像而相互显示；理性如同绝对认识行动在永恒大自然中那样，在有机组织中象征自身，有机组织如同大自然在有限者向无限者中的回撤那样，在理性中神化为绝对观念性。

将表示观念方面的同一些潜能阶次和格局的名称（在它们照本质来看是同一些潜能阶次和格局，然而照形式来看则发生了转变的地方）倒转过来，这超出了我们的层面之外。[①]

眼下这部著作在其最初的形态下只包含了对自然哲学的一些遥远的、被单纯相对的唯心论的从属性概念弄混了的预感；如果人们从哲学方面看待自然哲学，那么它便是到当前时代为止阐述有关理念以及有关大自然与理念世界的同一性的学说的最彻底尝试。在莱布尼茨那里，这种崇高的观点最后一次得到更新，只是它即便在他那里也大多——在他的追随者那里则更甚——仅仅体现为一些最普遍的、完全没有被那些追随者理解的、他本人也没有科学地加以发展的学说，他并没有尝试真正通过这些学说去理解宇宙，并使它们在普遍而客观的意义上有效。人们或许在不久之前还很少预见到，或者至少认为不可能的事情，即在显现的世界[②]的种种规律和形式中完满地阐述理智世界，因而又从理智世界出发完满地理解这些规律和形式，通过自然哲学已经部分地得到实现，

---

① 指超出了自然哲学层面之外。——译者注

② 即通常所谓的“现象世界”。——译者注

部分地走在得到实现的路上了。

我们将自然哲学就天体运动的普遍规律给出的那种构造作为或许最直观的例子提出来，人们或许从不相信，这种构造在柏拉图的理念学说和莱布尼茨的单子论中已经萌芽了。 II, 70

从对大自然的思辨认识本身或作为思辨物理学的这种思辨认识的角度来看，自然哲学是空前的，在这里人们曾指望**雷萨吉**[①]的机械物理学，那样的物理学正如一切原子论一样，是拿一些经验的虚构编织出来的，还任意进行假定，根本没有哲学的成分。古代达到的那种或许更深入的相关成果，大部分都失落了。在自从培根[②]造成哲学的堕落以来，自从波义耳[③]和牛顿造成物理学的堕落以来普遍固定下来的那种盲目而无理念的自然研究方式之后，随着自然哲学一道开始了对大自然的一种更高的认识；形成了直观和理解大自然的一种新工具。谁若是达到了自然哲学的观点，学会了自然哲学所要求的直观，以及它的方法，就不得不承认，自然哲学恰恰一定且必然能够化解此前的自然研究认为捉摸不透的那些难题，**虽然肯定是在与人们曾经寻求化解之道的地方完全不同的另一个地方**。自然哲学由以与人们此前所谓的自然现象**理论**区

① 雷萨吉（Georges-Louis Le Sage，1724—1803），法语读作“勒萨日”，瑞士日内瓦的物理学家和数学教师，以“雷萨吉引力”闻名，在万有引力理论史上扮演了一定角色，以宇宙间某种气体的流动来解释万有引力现象。他发明了第一台电报机，并预见了气体动力学。——译者注

② 培根（Francis Bacon，1561—1626），英国哲学家、法学家、国务活动家，经验主义的开拓者。——译者注

③ 波义耳（Robert Boyle，1626或1627—1691或1692），英国著名自然科学家，起初相信炼金术，后成为基于公开实验的现代物理学与现代化学的共同奠基人，为现代元素概念铺路，并发现气体压力与体积相关。——译者注

别开来的一点是,这些有关现象的理论关联到那样一些根据上了,它们依照结果而设立原因,以便再从原因中推导出结果。且不论那些徒劳无益的瞎忙陷入循环之中空转不已,这类理论最多也不过是阐明了事情如此这般的可能性,却永远无法阐明其必然性。经验论者不断竭力反对这类理论,然而他们又永远无法掩饰对它们的兴趣;人们如今还常常听到,反对这类理论的那些空洞套话被用来反对自然哲学。自然哲学中的说明就像数学中的一样少;自然哲学从一些自身确定的本原出发,没有任何,比如说,被现象规定的方向;它的方向在它本身中,而且这方向越与它保持一致,各种现象便越是可靠地自动出现在它们唯有在其上才能被视作必然的地方,而在体系中,这地方便是体系对那些现象给出的唯一说明。

II, 71

凭着这种必然性,在体系与原型(对于整体意义上以及个别东西意义上的大自然而言,它是从绝对者与各种理念本身的本质中流淌而出的)的一般整体关联中,现象就不仅包括一般大自然(从前人们只知道对它提出些假说),也恰恰在极为单纯与可靠的意义上包括有机世界(它的种种比例关系,人们从来都当作是隐藏在最深处的和永远不可知的)。在最意味深长的假说那里都还留存的东西,即采取或不采取这些假说的可能性,在这里完全略去了。对于仅只一般性地把握了那个整体关联并达到了整体本身的观点的人而言,一切怀疑也都免不了;他认识到,现象只能如其在这个整体关联中被呈现那般存在,因而也必须在这个意义上存在:一言以蔽之,他是通过现象的形式而有了现象的。

我们以对自然哲学与近代和现代世界更高的一般关联的一些

考察作为结束。

斯宾诺莎在一百多年的时间里都默默无闻。将他的哲学理解为一种单纯的客观性学说，这种做法使他的哲学中真正的绝对者不为人所知。他据以将主观—客观性认作绝对性的必然与永恒特征的那种规定性，显示出曾经位于他的哲学中并对这种哲学在后来某个时代的完备发展保持开放的那种崇高的规定。在他本人那里还缺乏从实体的最初规定向他的学说的如下这一伟大基本原理的一切在科学上可辨认的过渡：无限理智认为构成了实体的本质的无论什么东西，全都仅仅属于**一个实体，因而思维的实体和广延的实体是同一个实体**，它此时通过某一个属性被理解，彼时又通过另一个属性被理解。[①] 对这种同一性的科学认识（这种认识在斯宾诺莎那里的缺失使得他的学说屈从于此前时代的种种误解），必定也会构成哲学本身重新觉醒的开端。 II, 72

费希特的哲学首先使主观—客观性这种一般形式重又成为哲学的一与全(Eins und Alles)[②] 并行之有效，这种哲学越是开展其自身，似乎便越是将那同一性本身又作为一种特殊性局限于主观意识上了，但似乎在绝对的和在其自身的意义上却又将那同一性弄成一项无穷的**任务**、绝对的**要求**的**对象**了，而在如此这般将一切实体从思辨中抽除之后，似乎又将实体本身当作空洞无物的糟粕扔下了，反过来似乎又像康德学说那样，通过行动与信仰重新将绝对

① 冒号后文字原为拉丁文。——译者注

② “一与全”源自希腊语，是当时哲学界流行的一个词语，这里喻指哲学中最重要的事情。——译者注

性关联到最深的主体性上了。[1]

哲学得满足较高的要求，最终也得将人类导入内心的观照，而人类过去无论有无信仰，都在不体面和不满意的状态下生活够久了。整个现代的性格都是唯心论的，支配性的精神是回到内心。观念世界强有力地涌现出来，但还是因为下面这一点而受到抑制，即大自然作为秘奥回撤了。大自然中的秘密本身除了在大自然已显露出来的秘奥中之外，不可能真正成为客观的。造就了观念世界的那些尚不可知的神性，在它们能据有大自然之前，是不可能如其本然地出现的。一切**有限的**形式都被击碎，而且以往作为共同的直观将人类联合在一起的东西在广阔的世界上再也没有一丁点存在，在此之后只有对最完满的客观总体性中的绝对同一性的那种直观，才能将人类重新联合起来，也才能在最终形成为宗教时将人类永远联合起来。

II, 73

① 鉴于他这种将一切思辨彻底排除出纯粹知识之外，并以信仰来填补后者的空白的做法，人们恰恰无需援引《论人的使命》《明如白昼的报导》（均为费希特著作，后者全名为《就最新哲学的真正本质向广大读者所作的明如白昼的报导》——译者按）等书了。在知识学本身中有如下一些文句："对于这种必然性（正如作者所说，绝对实体的最高统一性的必然性——谢林按），他（斯宾诺莎——谢林按）没有**进一步**给出任何根据，而仅仅说，它直截了当地就是如此，而他之所以这样说，乃由于他被迫要假定某种绝对第一位的东西、某种最高的统一性：但如果他希望如此，**那么他似乎本应该立即守住那在意识中被给定的统一性不动**，似乎也本不必虚构某种更高的统一性，并没有任何东西驱使他那样做。"（第46页）然后他指明：那时迫使他（指斯宾诺莎——译者按）**停下来**的是一个**实践的基准**，即"感受到一切非我都必然隶属和统一到自我的实践规律之下；但这感觉作为一个概念的**对象**，却根本不是某种存在着的东西，它作为**一个理念的对象**，反而是**某种应当存在和应当由我们做成的东西**"，如此等等。——谢林原注

第一卷

II, 74

人自主地对大自然起作用,依照目的与意图规定大自然,让大自然在他眼前活动,而且仿佛观察作品一般仔细观察大自然,这便是在最纯粹的意义上操练他对僵死物质的合法支配权,这支配权是与理性和自由同时被交付给他的。然而这种支配权的操练成为**可能**,这一点他却又要归功于大自然,而大自然是他徒劳地谋求支配的,他似乎不能与其自身战斗起来,也不能发动他自己的诸般力量去敌对大自然。

倘若大自然的秘密就在于,它使各种对立的力量维持平衡,或者维持持久而从不裁决的斗争,那么一旦这些力量中的一种获得某种**持久的**优势,这些力量就会破坏它们在先前状态下维持的东西。现在看来,这一点的实现就是我们力所能及且能使我们将物质化为其各要素的主要窍门。在这一点上我们的优势在于,我们看到分裂的种种力量是自由的,而当它们和谐地协同作用时,它们在起作用的第一刻便已经显得在相互限制和相互规定了。

因而我们将以最合乎目的的方式,从大自然的那些使物体毁坏和化解的主要反应过程开始我们对大自然的考察。

第一章 论物体的燃烧

II, 75

属于此类的最平凡的反应过程是燃烧。一看便知,人们徒劳地试图通过某种外在的化解来说明这个反应过程;这个反应过程是一种与被燃烧物体内部有关的变化,而这样一种内在的变化必须被表明为**化学性的**。然而至少在两个物体之间没有产生引力的情况下,是不会发生任何化学反应过程的。

在当前情况下,引力发生于被燃烧物体与包围它的空气之间。这是无可置疑的事实。但问题在于:这种引力是单纯的还是双重的?如果它是单纯的,那么物体与它吸引过来的空气中的氧气之间的亲缘关系的根据何在?人们能满足于下面这种一般性的保证吗:空气中的氧气与物体,比起与物体此前与之相结合的热素(Wärmestoff)来,有更大的亲缘性?[1] 一般说来,问题在于人们必须如何看待可燃物体;氧气(生气)对物体具有亲缘性,这要求些什么?那么,如果在物体本身中并没有这种亲缘性的任何根据,为什么它不平均归于所有物体?

---

① **格尔坦纳**:《反燃素化学基础》(*Anfangsgründe der antiphlogistischen Chemie*),新版第53页。——谢林原注

格尔坦纳(Christoph Girtanner, 1760—1800),瑞士医生、化学家和政治—历史作家。——译者注

亲缘性这个抽象概念用来**刻画**现象是很好的；但它并不足以**说明**现象。但对现象的每一个可证明的说明似乎都必须同时在人们所谓元素的本质方面给我们一些启发。化学的新体系，一整个时代的工作，将它对自然科学的其余各部分的影响越来越广泛地传播开来；而如果在它的**整个**扩展过程中善加利用，它还是很可以成长为普遍的自然系统的。

II, 76 所有人都一致认为，倘若我们预设了一点，即燃烧只有通过物体的元素与空气的元素之间的某种吸引才成为可能，那么我们也就必须假定两种可能的情形，人们虽然只能将那两种情形视作同一个事实的不同表现，但是将它们区别开来却是很有益的。

或者是，空气的元素固着于物体中，空气消失，物体被**酸化**(oxydé)并不再可燃。对这些物体尤其适用的一些说明是：被燃烧的物体在氧气方面饱和了；燃烧一个物体无非意味着使它**酸化**，如此等等。①

或者是，物体在燃烧的同时蒸发，并转变为某种气体。②

第一种情形会在，比如说，那样一些物体上发生，它们对热表现出最小的容量，因而比起在其他物体那里来，在它们那里要控制它们的各元素的内在整体关联也更困难。金属便属于此类。如果火的力量最终可以使金属分解空气，那么空气的元素进入物体就

① **格尔坦纳**：《反燃素化学基础》，第61、139页。**富克鲁瓦**：《化学哲学》(*Chemische Philosophie*)，格勒尔(Gehler)译，莱比锡，1796年，第18页。——谢林原注

富克鲁瓦(Antoine François Comte de Fourcroy，1755—1809)，法国医生、化学家和政治家。——译者注

② 第一版中为：或者是，物体的元素与气体的元素化合，气体因此失去了弹性，与此同时收获了重量。——原编者注

远比物体的元素反过来进入空气容易得多;因此下面这个命题对它们尤为适用,即“物体的重量增加多少,反应过程发生于其中的空气的重量就下降多少”,此事纯属自然,因为在这里,空气方面的损失便是物体方面的收获。

此外,**这一**类的所有物体可能发生**还原**,亦即恢复到它们先前的状态上去,这一点也很好理解,因为它们在燃烧的反应过程中并没有失去它们的任何元素,反而得到了某种增长,而那增长是人们很容易便可以再从它们那里夺去的。除此之外,属于此类的情形无非只是,人们**首先**将它们**逐渐**加热,并使外部的空气在并非不受阻的情况下涌流,两件事齐头并进,这样它们就不会再次在其自身将空气的元素扯开了;**其次**,人们将一个物体与它们化合,这物体比它们本身对氧气表现出更强的引力。因为从上述实验可知,它们在空气方面不可能失去任何东西。因而整个还原反应过程无非就是经过颠倒的上述实验。 II, 77

另一种情形,即物体的元素与空气的元素化合,只能发生于那样一些物体身上,它们对热(一切分解所需的普遍传输手段)表现出极大的容量,正如那些植物性物体一样,比如炭、金刚石(依据**马凯**[①]的实验,它在燃烧时产生碳酸气[②]),如此等等。

所有这些物体都**不**能被还原,在这种情况下有收获的是空气那一面,物体的元素与空气的元素化合起来了,空气增加的重量恰与燃烧物体失去的重量相同。

---

① 马凯(Pierre-Joseph Macquer,1718—1784),18世纪法国极有影响的医生与化学家。——译者注

② 碳酸气(Kohlengesäuertes Gas)是当时对二氧化碳的许多说法之一。——译者注

尤其值得注意的是（就上文确定下来的，在燃烧中发生的两种情形而言）硫与磷的燃烧。如果人们在钟罩下的生气中点燃硫，马上就会产生白色雾气，它会逐渐使火焰熄灭，因此硫的一部分必定没有燃烧。很明显，硫的元素与空气的元素结合起来了；但热使两者无法维持在气态，因此硫就作为酸在钟罩表面结锈了，而比照燃烧的硫，钟罩增加的重量恰与空气失去的重量相同。

更值得注意的是磷的燃烧，因为在其他可燃物体那里仅仅**个别**发生的三种情形，在它这里实际上有可能**同时**出现。如果磷在

II, 78 大气中遭受超过一小时的高温，它就会褫夺空气的一部分元素，被**酸化**，转变为一个透明、无色、易碎的团块。[①] 那么这里的情形和金属钙化时的情形完全相同。[②]

如果磷在一个钟罩下与生气混合后被燃烧，那么当它作为干燥的磷酸结成白絮在钟罩内壁飞舞时，它就表现得完全像硫一样。[③]

如果在一个封闭容器中，磷与大气混合后**被加热极长时间**，人们就会得到与所有已知气体（尤其与可燃的磷气）完全不同的某种气体。[④]

由此说明，一个物体可以经历从钙化到气化的所有不同的燃

---

① **格尔坦纳**:《反燃素化学基础》，第 125 页。——谢林原注

② 即便金属石灰在遭受一场大火时也会发生玻化，直至完全透明。——谢林原注

③ 格尔坦纳:《反燃素化学基础》，第 52 页。——谢林原注

④ **耶格尔**发表在格伦的新物理学杂志（疑指《物理学编年》——译者按）第 2 卷第 460 页上的文章。——谢林原注

耶格尔（Jäger），生平不详。——译者注

格伦（Friedrich Albrecht Carl Gren，1760—1798），德国化学家、物理学家和医生，自 1794 年起任《物理学杂志》（*Journal der Physik*，后更名为《物理学编年》）的编辑。——译者注

烧状态。[1]然而我认为可以从前述情形中得出的一般结论是:为了理解物体被火分解的情形,我们必须假定,物体包含那样一种元素,它对空气中的氧气表现出引力。这种元素在物体中的在场或不在场就包含了物体可燃或不可燃的根据。这种元素在不同的物体中可能以最为不同的方式被更改。因而我们也可以假定,使得各种物体可燃的到处都是**同一种**元素,只不过那元素在不同的物体中是在不同的变种下显现的。我们所了解的一切物体,都经历了极为不同的各种情形;构成它们的元素,很有可能不止一次经过了大自然之手,而无论这元素是否立即获得最为不同的各个变种,它都不能否认它的来历。**拉瓦锡**[2]假定碳(Carbon)是植物性物体的元素。这种材料到处都极为显著地透露出它与氧的亲缘性。下面这种情形是如何发生的:它极容易与氧气发生化合,炭对于金属的还原非常有用,以致炭在多次被火烧时便一再将空气中新的氧气吸收到自身这里来,因此对燃烧总是有用的,因而直到完全耗尽之前,也都会产生一定量的气体,那气体在重量上超出它所形成的炭三倍?那么难道我们不应该假定下面这一点吗:碳是可燃性的某个极点,而且在它那个层面上或许呈现了与氧在它那个层面上所呈现的东西相同的东西?[3]因而我们或许很可能会发现,这两种

II, 79

① 然而在部分金属那里,也发生了两种情形。在普通的火中被钙化的同一些金属,在凹面镜的焦点上就被转变为气体了。——谢林原注

② 拉瓦锡(Antoine Laurent de Lavoisier, 1743—1794),法国化学家、律师,通过引入量的测算方法,驳斥当时通俗意义上的燃素理论,成为现代化学的奠基人之一。——译者注

③ 这句话在第一版中如下:因而如果说我们有理由在植物性物体中假定某种特有的元素,它在燃烧时会散发出来,那么我们也必须假定,这种元素与氧是同质的,甚或在其**起源**中便已与那种元素有了亲缘性。——原编者注

所谓的材料[1]是如何关联在一起的。人们实际上应该那样想，即依照近世化学的看法，氧在大自然中扮演了极为重要的角色，然而这种角色不仅仅是在大气和生气中扮演的。氧对植物的生长、对看似完全消失的动物应激性的重新唤起等发挥了巨大的作用，**格尔坦纳**、**洪堡**[2]和其他一些敏锐的自然科学家对这种作用的最新观察，必定至少唤起了如下**猜想**，即比起人们通常假定的全部情形来，大自然很可能远远更为普遍地，甚至也为了更重要的意图在利用这种发挥强大作用的元素。在我看来极为清楚的是，如果说近世化学中的氧就是人们希望它充当的那种东西，那么它或许还不仅仅是那样。此外，这种元素绝非不可能有最为不同的各种变体，

II, 80 而大自然也可能通过极为繁多的中间环节，使同一个本原的种种亲缘形态增多，以至无穷。

这些评论可以使人注意到，近世化学的种种发现最终还是可以为某种新的自然系统贡献一些要素的。像如今这般无疑可以设定下来的一种极为根本的亲缘关系，不再（像从前燃素的在场那样）是物体与扩散于整个大自然中的某种材料的这种单纯假设性的亲缘关系，必定会对整个自然研究产生重要后果；而一旦那一发现不再是单纯化学的专属财产，这亲缘关系甚至会成为自然研究的主导性原则。至少近世化学在这一点上是将古代化学当作典范的，后者穿透整个大自然去追索燃素，只不过两种化学还有一点区别，即在这里近世化学比起古代化学来，还是有优势的，那就是它

① 碳（Kohlenstoff）与氧（Sauerstoff）在外文字面上都含有"材料"（Stoff）字样。——译者注

② 亚历山大·冯·洪堡（Alexander von Humboldt，1769—1859），德国自然科学家，威廉·冯·洪堡的兄弟。——译者注

具有一种实在的、不仅是想象出来的本原。

第二个问题，即在物体燃烧时发生的是一种单一的还是双重的亲和力，极为抽象，颇不易回答，正如这里表现出来的一样。问题在于：除了物体对生气的元素表现出的那种引力之外，难道在空气的热素和物体的某种元素之间还产生了某种引力吗？下面这一点并未唤起任何善意的成见，促进对下面这个问题的肯定性答复，即人们迄今为止还未能更进一步规定物体的那种元素，而且一旦尝试进行这样的规定，人们立刻就会从实在知识的领域迷失到想象与猜测之野，泛滥无归。燃烧时确实发生了热和光的现象，而要说清楚这些现象，我们无需任何假定的要素，或者说无需在物体中假定任何特殊的元素。热和光，不管它们的**相互**关系如何，很可能是所有弹性流体共同的成分。它们极有可能是那样的普遍介质，通过这介质，大自然才允许高等力量作用于僵死的物质。因而对这些流体的本性的洞察也必定为我们打开展望整个大自然的效应的某种前景。可称量的材料依照多种多样的亲缘关系相互吸引，其中一些材料具有分解周围气体之类的能力，我们在一个极小的范围内便可留意到这些现象。然而在这些反应过程发生于其中的所有较小系统成为可能之前，似乎必须先有大的系统，其中包含了所有那些从属性系统。而这样一来下面这一点就很可信了，即那些流体是一种介质，通过那种介质，不仅物体与物体，而且行星与行星也发生了整体关联，而大自然无论就宏观还是微观而言都利用它们唤起种种沉睡的力量，消除僵死物质原初的惰性。 II, 81

但精神只要还能拖上种种未知的要素和一种贫乏的物理学的

应急物品踽踽前行，就还没有达到这类前景。环绕着我们整个地球的，难道不是空气，乃至无数的分解与变化构成的一个舞台吗？难道光以及与其一道赋予万物生机的热不是从一个遥远的星体来到我们这里的吗？难道赋予生机的种种力量没有渗透整个大地，而为了理解大自然种种伟大的作用，难道我们需要把一些到处都能自由起作用、自由传播的力量当作物质引诱到物体中去，需要在我们的想象力都很难说囊括了现实性的情况下，将这想象力限制在某些可能性上吗？

同样非常简单的做法是，通过一些新的诠释，将曾作为逃脱窘境的某种手段的一些老旧看法加以永久化。旧的物理学没有将燃素当作一种聚合而成的本原，而是当作一种单纯的本原，这最清楚地证明了，它那时认为自身没有能力讲清楚燃烧现象。是什么使得物体可燃，这曾是个问题。使它们可燃的那个东西，曾构成了答案。——或者如果连燃素**本身**也应当是可燃的，那么这个问题就比以往更急迫地回转过来了：那么是燃素使得物体可燃吗？[①]

II, 82　此外，长久以来著名的自然科学家们就已将燃素设想为某种聚合而成的本原了。比如**布丰**[②]就曾主张，燃素根本不是单纯的东西，而是两个不同本原的某种化合物，通过它们的分离才产生燃烧现象。只不过凭借那时化学的进步，他要规定这两个本原就不像

① 谢林在此以寥寥数语揭露出，传统燃素说看似说清了什么，实际上不过是在同语反复：如果它坚持认为燃素是一个单纯的东西，那么燃素不过是它摆脱窘境（它解释不清楚燃烧现象）的托词罢了，因为如果人们问它，是什么使物体可燃的，它回答"是燃素"时，它能说出的意思只不过是"那个使物体可燃的东西（燃素）使得物体可燃了"。——译者注

② 布丰（Georges-Louis Leclerc de Buffon，1707—1788），启蒙时代的法国自然科学家。——译者注

如今在近世化学的协助下那么容易。[1] 然而布丰不太重视他这个看法，他甚至还期待对火中物体重量增加（他通过空气的某种损失来说明这种增加）的观察会带来一场伟大的化学革命。

附释 近世对燃烧的反应过程的看法

古人在赫斯提亚（Ἑστία）[2] 这个名称下，甚至还在火的象征之下崇拜普遍实体。这样他们就给我们留下了某种暗示，即火无非就是在物体状态中破壳而出的纯粹实体，或第三个维度[3]，即那样一种外观，它已临时给了我们一些启示，向我们透露出燃烧反应过程的本性，而这反应过程的主要现象就是火。

一般说来，化学反应过程便是动力学反应过程的总体，在那里动力学反应过程的一切形式同步发生并取得平衡。燃烧反应过程本身又是一般化学反应中最高和最有活力的现象，在那里我们看到化学反应过程的意义甚至在火中表现出来了。 II, 83

这里我们必须回到一些普遍真理上，这些真理是构造质上的或动力学意义上的一切反应过程的基础。

---

① 布丰的话如下："化学家提出的著名的燃素（燃素是化学家研究方法的产物，而不是大自然中的存在）并不像他们所说的那样是单一、同一的微粒。它是一种复合体、合成品，是凝结在事物中的**气和火**两种元素化合的结果。关注这个不可靠的存在，产生的思想将是含混且不完备的，所以且不去管它。而是只关注有关四种真正元素的思想，化学家们后来虽然提出了新的微粒，却总是不得不回到这四种元素上来。"《普遍与特殊的自然历史》(*Histoire naturelle, générale et particulière*)（通常译作《自然通史》——译者按），第6卷，第51页。——谢林原注

② 赫斯提亚为古希腊神话中的灶神、炉神和火神。——译者注

③ "第三个维度"之说可参照下文中的"两个维度""南北极"与"东西极"来理解。——译者注

一切质最初都是通过凝聚性而被置于物质之中的，我们依据最初的两个维度又将这凝聚性分成规定着经度的绝对凝聚性和规定着纬度的相对凝聚性。就地球而言，在最高关联方面，通过前一种凝聚性，地球宣示了它的个体性，通过另一种凝聚性，太阳要使地球（在绕轴旋转中）服从于自己。这里我们已有充分的根据将前者称作南北极（Süd-Nordpolarität），将后者称作东西极（Ost-Westpolarität）。[①]

现在我们可以进一步将所有凝聚性一般性地规定为某种普遍东西与某种特殊东西的同一与差别的综合，只不过在前一种意义上[②]普遍东西被构形到特殊东西中，因而后者本身被设定为普遍东西，反之在另一种情况下，特殊东西则被纳入普遍东西之下，因此也就被设定为特殊东西了。出于同样的考虑，第一种凝聚性本身又可以叫作普遍凝聚性，另一种凝聚性可以叫作特殊凝聚性。

由于物体是通过普遍东西和特殊东西在绝对凝聚性中的相对同一而成为一个独立东西的，那么正因此，物体对于太阳就变得浑浊了，而太阳对于地球与每一个物体而言特别致力于使它们作为特殊东西从属于自身之下；物体变得**不透明**了。因此**透明状态**无

① “南北极”与“东西极”的说法与当今人们对地球结构的认识有所不同，因为当今的认识中只有南北极，没有东西极，但“东西极”之说大致可以比照南北极来理解。上文中所说的“经度”和“纬度”分别对应地球自转轴和公转平面，进而分别对应地球自转（“地球宣示个体性”）和公转（“太阳使地球服从于自己”）。——译者注

② 这里“在前一种意义上”指普遍东西与特殊东西的同一，下文中的“在另一种情况下”指普遍东西与特殊东西的差别。两种情形可分别联系前文中本质与形式的两种关系模式来理解。——译者注

非**或者是,纯粹普遍性东西**(正如**斯蒂芬斯**[1]在《地球内部自然史论文集》中证明的,对于地球而言,这普遍东西在这种纯粹状态下呈现于人们所谓的氮中)或**纯粹特殊性东西**(依据同一位作者的证明,这特殊东西在同样的意义上呈现于碳中,而碳的最纯粹形态是金刚石)由绝对的凝聚性产生出来;**或者是,纯粹普遍性东西**与**纯粹特殊性东西**(依据《思辨物理学杂志》[2]第1卷第2分册第68页的证明,氢与氧便是如此)或**双方之间**那种没有被绝对凝聚性夹在中间中介过或打乱过的**绝对无差别状态**,也可由相对的凝聚性产生出来——因而在水中便是如此,在那里完全普遍的东西也是完全特殊的东西,完全特殊的东西就是完全普遍的东西。不言而喻,透明状态或多或少也可能在不同程度地接近那些已指定的极点或接近水的无差别之点时发生。除了那些被指明的情形之外似乎也在发生的别的其他透明状态,正如我们很快就会更确凿地发现的那样,必定还原到这些情形中的某一种上——事情仅仅按照这种方式发生。

II, 84

现在看来,如果存在于特殊东西的那些因素的相对凝聚性之中的氧便是燃烧的反应过程的一般条件,那么一切燃烧反应过程都必定会或者是在普遍东西与相对的、特殊的凝聚性本身之间漠无差别的基础上,或者是在普遍东西和特殊东西与绝对凝聚性之

---

① 斯蒂芬斯(Henrich Steffens,亦写作 Henrik Steffens 或 Heinrich Steffens,1773—1845),挪威—德国哲学家、自然科学家、大学教师与诗人,《地球内部自然史论文集》(*Beiträge zur inneren Naturgeschichte der Erde*)是其1801年出版的著作。——译者注

② 《思辨物理学杂志》(*Zeitschrift für spekulative Physik*)是谢林主编并主笔的一份杂志,1800年开始发行,延续至1801年。谢林在这份杂志上发表了《对我的哲学体系的阐述》(1801)这部同一性哲学的奠基之作。——译者注

间漠无差别——因为普遍东西和特殊东西又以普遍的方式对待那作为普遍东西内部的特殊东西，且又具有相对凝聚性的特殊东西——的基础上，与具有相对凝聚性的特殊东西一道发生。最彻底的燃烧反应过程会在那时向我们展现，即普遍东西与特殊东西的争执在那个尝试过的生产过程中完全被平息；在那个反应过程中普遍东西和特殊东西与相对凝聚性之间漠无差别，产生了水的双性产物；那产物作为绝对的流体不仅是前两个维度在第三个维度中的彻底消失，也通过特殊东西完全融入地球，通过普遍东西完全融入太阳：而恰恰在这里，在这种平衡状态下，太阳最彻底地突 II, 85 破出来，只不过它本身由于这里包含的那个属于地球的要素，而不能纯粹作为光，而只能作为火（与热化合的光）而呈现出来。

具有普遍凝聚性的普遍本原是最不依赖这个反应过程的，然而原因在于，当普遍凝聚性的两个本原僵硬地结合起来时，某种更高的争执，即相对凝聚性与绝对凝聚性本身的争执发生了，这种争执的平息在金属氧化的最高等级上，仿佛在更高的潜能阶次上，又呈现为透明状态，在那种状态下，一个固体本身会完全融入太阳与地球。

由于人们对"氧是提高凝聚性的本原"这一主张有某种误会（因为表面看来，通过酸的作用，在燃烧中氧通常反而消解了凝聚性），我们还须说明，氧是相对凝聚性的本原，而相对凝聚性的提高自然是可以与绝对凝聚性的减少或消解共存的，尽管它并不造成这种减少或消解；那么由于人们对"物体通过氧化而溶解不过是表面假象"这一主张有误会，我们还须说明，无论溶解是由于酸引起的还是像金刚石那样在燃烧时发生的，物体在溶解时毋宁是为了抗拒彻底溶解而在热的作用下氧化了，而不是由于氧化而被溶解。

对这些原理的进一步探讨见《思辨物理学杂志》第 2 卷第 2 分册，§ 112-134。

第二章　论光

只要我们还不明白**光**现象，热现象就得不到完满的说明；两者通常同时出现，而且常常几乎在同一个瞬间出现，两者在其作用方式上极为相近，又极为不同，那么花点精力探究它们的相互关系就很值得了。然而迄今为止自然科学在研究这个奇妙的要素的运动规律时，似乎比研究它的本性时更幸运。对那些规律的了解比其他大部分科学都更有助于拓展人类知识的边界，因为它给人类精神打开了永不穷尽的种种发现的前景。然而情况或许是，对光的本性最完满的澄清使人的视野朝向内部和观念世界拓展，正如对那些规律的发现使他朝向外部拓展一样多；或许是，它使某些看似不可理解的东西更容易理解，使某些似乎伟大的东西更伟大了——对于吸引人们进行不间断的研究而言，这已经是很大的斩获了。

II, 86

头一个必定会吸引我们的问题是：光与热是如何关联在一起的？难道它们双方具有完全不同的本性？比如说，难道一方是原因，另一方是结果？或者难道它们只是依照等级区别开来的？或者难道一方只是另一方的变体，而在这种情况下光的那种快得惊人的、灵巧运动的要素难道很可能是热的某种变体，正如表面看来的那样，难道热是那样一种物质，它艰难而又仅仅缓慢地在小得多的一些空间里传播？

双方似乎并不具有不同的**本性**；因为双方都在奋力寻求延展和传播。然而一方的传播要无限地快于另一方。那么难道它们在等级上不同吗？但极热状态是见不到光的，而少得多的热则常常与大火焰相伴。因而这些预设根本没有引出任何可靠的结论。

光会**发热**。然而光**在其自身**是不是热的，这一点我们依据我们得来的单纯感觉，既不能肯定，也不能否认，因为我们不能确定，我们的身体是否助长了这种感觉。但如果假设与光的单纯接触使身体发热了，那么不同的身体在接触同样的光时必定会表现出同样的热。但情况并非如此。

II, 87

人们知道，光对黑色物体的作用最强烈。但人人都从光学知道，物体显现黑色，是因为它们对光表现出更强的引力，故而也是因为它们比起其他物体对光的反射更少。因而光在物体中开始化合了，或多或少被吸引了，或多或少遭到了阻抗[①]，而且（或者就像人们希望就此表明的那样）这“或多或少”还规定了它在物体中激发的热的等级。在光所能激发的最高等级上，它也变得**不可见**了，而这样一来，当光从可见状态过渡到对立状态时，它在这里也就显得改变了它的整个作用方式；虽然眼睛从来都感觉不到，光却并未停止对另一个感觉器官，即触觉器官起作用。

---

① 原文中这里的三处逗号均为破折号，但均为并列关系，并无转折或插入，译文为适应中文习惯加以修改。——译者注

皮克泰[①]先生把两个温度计锁起来，它们完全相似，只不过其中一个的球部[②]被染黑，被置于一个光线完全照射不进的柜子里。当他打开这柜子，两者的刻度一样高；在日光作用于两者之后一会儿，被涂黑的那支温度计的刻度比另一支多升高0.2到0.3度。——但一般而言光相对于它遇到的阻抗而言，似乎在加热。如果人们让一束光落在一面镜子上，从这面镜子反射到第二面镜子上，从第二面镜子反射到第三面镜子上，如此反复，那束光就会逐渐减弱，而且可以感觉到有热产生。

为了更精确地研究物体被日光加热的不同情形，**索绪尔**[③]先生很早就做过一些意味深长的实验，后来皮克泰先生也经过多次修改重复了那些实验。索绪尔将一支温度计挂在空中，同时将别的许多温度计与相互嵌套在一起的一些玻璃盒子相接触。他发现第一个温度计照到阳光时，刻度攀升最少，这时其他温度计在被安装到一个更深处或更高处的盒子上之后，刻度都或多或少层层升高了。人们无法否认，这些实验还可以允许各种不同的解读。只不过皮克泰先生后来的实验毫不含糊地证实了如下命题，即日光遇到的抗阻越大，它加热也越多。

II, 88

这些实验与一些众所周知的经验密切相关，**德吕克**[④]先生尤其

① 皮克泰(Marc-Auguste Pictet-Turrettini，1752—1825)，瑞士自然科学家和科学新闻记者，在天文学、气象学和热实验方面颇有研究。——译者注

② 温度计装水银的地方。——译者注

③ 索绪尔(Horace-Bénédict de Saussure，1740—1799)，瑞士自然科学家，在植物学、地质学、冰川学方面都极有建树。他的儿子 Nicolas-Théodore de Saussure、孙子 Henri de Saussure、曾孙 Ferdinand de Saussure 均为著名学者。——译者注

④ 德吕克(Jean-André Deluc，也写作 Jean-André de Luc，1727—1817)，瑞士地质学家、气象学家，地质学中的地层学的一位先驱。——译者注

使这些经验令人瞩目。尤其属于此列的经验是，人们在山上攀登越高，寒意也越浓，这一点最显著的例证便是，永久冰层甚至覆盖着处于赤道地带的科迪勒拉山[1]——此外的例证还有，在同一个地理纬度上的同一个季节中呈现出不同的冷与热，如此等等。当人们从高山上下来，他们发现空气的热度的增长总是与其密度成正比，并与其稀释程度成反比。人们注意到，在没有日照的情况下，由于闷热的缘故，多云的夏日远比最明亮的晴天更令人难受。——这些无非是普通的、重复了千百次的观察，从这些观察中人们早就可以得出的结论是，**日光激发的热量越小，日光的照射就越强，反之亦然**。

依据这些经验，人们似乎有理由主张：**光和热在其自身并无不同，后者只是前者的变体**。说光是热素的一种变体，比如，说它无非就是强化了的热，如此等等，是不得要领的，因为否则的话热的量就必定与光的量成正比，而依照前述经验来看这是不可能的。

问题在于：所陈述的假设是否与光的一切现象都同样容易协调起来，正如它与前文列举的那些经验相一致。

通常人们假定热有两种不同的状态，当热完全受束缚，并鉴于此而叫作潜在的热时，就假定其中一个，当它由于过量而被感受到并叫作可感的热时，就假定另一个。**这里**我不能也不希望认可这种区分的正确性——我不希望追问，人们有什么根据和权利将光和热视作像别的一切元素一样有能力进行某种化合的元素。我现在预设这种区分并注意到下面这一点就够了：人们还可以假定热的第三种状态，**即**当热脱离它的化合状态时，就完全自由地从一种化合状 II, 89

① 科迪勒拉山(Kordilleras)为菲律宾的一个山系。——译者注

态过渡到另一种，而且在这样过渡时取得了与它在前两种状态中表现出的特性完全不同的一些特性。在这种状态下它仿佛就是**光**了，而且就此而言人们是否依照此前的化学语言进行言说似乎完全无所谓了——光被视作自由的热，热被视作受束缚的光。①

如果对燃烧的前述说明是对的，那么我们就知道了，在植物性物体分解的同一瞬间，金属钙化了，这就是说，在空气依照我们的预设分解的同一时刻，热和光**同时**在那里了。只有与其相伴，光才显现的那个东西，并非某个特定**等级**的热，毋宁是一般意义上的热；一旦那热仅仅如在**燃烧**时发生的那样**自由**了，热就不可能随心所欲地依照等级而由光伴随；反之只要没有造成任何分解，最大的热是没有光的。因此当金属在酸中分解时，看不到任何光，且不说这个反应过程与钙化反应过程完全是同一个。金属夺走了酸中的氧：因此对氧的容量就减小了，沸腾与可感的热就产生了；但这热并不自由，因为它一直与酸的元素化合，以便在气态下将酸的剩余部分吸走。整个反应过程都不过是容量的某种恢复。滴状的流体转变为气态的，因而——不考虑它的损失——将这种热化合进来，而这种热原本是能够化合具有更小容量和更大量元素的流体的。

II, 90 当氮与大气一道分解时，相反的情况发生了。当氮抽走大气的氧时，它的容量就**减小**了。因此它脱离气态，进入蒸汽态。但它并不固守这种状态，又采取了气态，而且还因此化合了从大气中释放出来的热。这就表明了，为什么即便在这个反应过程中热也没

① 这就证明，假定了热的某种化学束缚的这种化学，恰恰最没有必要在热素上再添加某种**光素**。——谢林原注

有变成**光**。[①]

在发生燃素现象的地方，情况就完全不同了。燃素由于与氧具有巨大的亲缘性，就抽走了大气中的这种元素。这样一来，热就释放出来了；人们可以说，这热与什么东西都没有亲缘性，因而它便开始发光，但由于空气的分解极少，它只在物体与空气接触的边界上发光。这同时也最清楚地证明了下面这一点，即光不可能仅仅在**等级**上与热不同。因为没有任何燃素分解现象伴随着可感的热，这就证明了在此释放出来的热是多么少；尽管如此，光还是这类反应过程的不变的现象。比如说，当那些在某个更高等级上可燃的物体与酸物质发生反应时，就会产生双重的分解。因此油与硝酸混合时就燃起来了。在它们夺走后者的氧的同时，热就释放出来了，而且因此就开始了它们与周围的空气之间的第二次分解；油越容易挥发，火焰就越活跃。

或许人们会反驳道：正因为当物体燃烧时热与光**同时**存在，它们也就必定是彼此完全不同的两个要素。只不过释放着的热即刻便又寻求进入化合形态，而那化合形态的种类可能随心所欲；而在这里，这一点对于我们而言就完全无所谓了。在这些化合形态下，热保持 II, 91

---

① 但如果人们没有，比如说，就此做一些特别的实验，这一点是不能如此确定地加以主张的。在午间阳光的照射下，最亮的、最光芒四射地燃烧着的灯具（阿尔冈灯）的火苗显得包裹在一团无生气的黄色半透明烟雾中。参见**伦福德**伯爵发表在**格伦**的新物理学杂志（疑指《物理学编年》——译者按）第2卷第1册第61页上的评论。——谢林原注

阿尔冈（Aimé Argand，本名为 François Pierre Ami Argand，1750—1803），瑞士日内瓦的物理学家、化学家、发明家与企业家，在人类历史上首次发明了带有玻璃烟囱和空心圆形灯芯的油灯，谢林所谓的阿尔冈灯即为此灯。——译者注

伦福德伯爵（Graf Rumford，本名 Benjamin Thompson，1753—1814），美国最早的科学家之一，军官、政治家、实验物理学家和发明家，在欧洲做过大量研究工作，入选英国皇家学会，并被授予爵士，参与了热理论的发展。——译者注

过量,由此便成了可感的热。因此也出现了火焰,它伴随着植物性物体的燃烧,远远不像其他物体燃烧时可见的火焰那么纯净。从植物性物体中散发出来的,除了碳酸气和可燃气之外,还有一些异质材料,热便与这些异质材料进入化合形态。因此人们只能将火焰当作是光从可见状态向不可见状态的过渡。当火焰熄灭时,人们只看到烟雾,人们可能不会与**牛顿**一道说,火焰是一种发亮的烟雾[①],也可能会说,烟雾是停止发亮的火焰。燃烧起来的物体包含的水分和其他成分越多(像生鲜木材那样),火焰便越早成为烟雾,由此也便可以理解,为什么**较快**的燃烧传播的热远多于较慢的燃烧。

光与热的主要区别在于,双方完全在不同的意义上起作用。虽然人们是不久前才停止将光本身当作热的,这无疑是因为,光一旦与物体发生化合就**变成**热。那个区别仿佛极为坚决地反对光与热彼此完全无别的主张;但针对热不过是光的某个变种的主张,它[②]却什么都没能证明。不难理解,**被释放的**光(我总是利用最通行的术语)向精神性器官启示自身,而受束缚的光只能对较低级器官起作用。光快得令人难以置信地从其起源处向远方传播,热被局限在某个特定的层面;因为一般而言,热只在与某种对立物质化合时才起作用;因而我们有针对它的感官,那感官只通过粗略的接触得到一些印象,我们也有针对光的器官,那器官能进行某种更精细的接触,它对从最远的地方来到我们这里的光保持开放。

II, 92

① 火焰是炽热的烟雾(Flamma est fumus candens)。——谢林原注

② 这里的“它”在原文中是阴性代词 sie,但从文意来看,前文中并没有该词可以指代的合适的阴性名词。从语义脉络来看,“它”仍以指代前半句中的主语“区别”(Unterschied,阳性)为宜,故此处 sie 疑为 er 之笔误。——译者注

无论人们可能把光当成什么，一旦他们计算一下它在传播的路上遇到的阻抗，那么它传播必须花费的时间就可以忽略不计了。它遇到的这种阻抗将它的传播推展到时间的各个瞬间；在这种阻抗中，它才得到适合于我们考察的某种物质的那些特性，它的速度成了某种**有限的**、可以计数的速度；现在它就像某种物质那样承受引力和斥力，而且只有这样才成为物理学与物理学研究的某种可能的对象。我以为这番论说就足以决定下面这个问题了：一般而言光是否可以被当作物质。只要我们就像这里一样，位于单纯经验物理学的领地上，我们能说的就没有别的，只有这个领地。物理学与化学有它们各自的语言，这语言在一门更高级的科学里必定化作一种完全不同的语言。因而直到那时之前，据说我们都是可以像人们在物理学中必定采取的方式那样谈论光、热之类的。[①] 此

---

① "当然，火的真正本性中总还有许多东西对我们隐而不彰，只不过即便所有这些表象方式都十分远离绝对真理，它们对于我们也总是有某种非常伟大的相对价值；它们是一些合适的形象，有助于我们自己设想大自然中发生整体关联的形形色色的现象，并使我们更容易认识这些现象。假设炎热的原因根本不是流体，而是在大自然中毫无同侔的某种东西，那么无可否认的是，那些现象就我们所了解的而言，非常适合于在某种流动之物的形象下被理解，而如果这样一个标记有幸被选中，那么它本身可能有助于将精神导向某种未知东西的种种新关系上。那么当自然科学家们开始认为他们对自然现象的种种说明不仅仅是形象化语言时，这就相当惊人了。——还有，那时在我们对我们外部事物的表象中的实在东西一般而言是什么，而这些表象与那些事物的关系又如何呢？因此让我们不断钻研那种形象化语言，并尽力赋予它更华贵的地位，这样我们最终或许会遇到真理，正如课堂上的聋哑人最终遇到真理一样，后者将我们针对耳朵的语言当作针对眼睛的语言，又将真正的声音当作咽喉与嘴唇的运动，然而当他努力说出后一种语言时，他也在不知道的情况下对同样的感官清楚地说话了，而这是他完全被剥夺了的能力。"**利希滕贝格**对埃克斯莱本自然学说的评论，第6版，第453页。——谢林原注

利希滕贝格(Georg Christoph Lichtenberg，1742—1799)，数学家、自然研究者，启蒙时代第一位实验物理学教授，曾依据埃克斯莱本的《自然学说基础》(*Anfangsgründe der Naturlehre*)开设物理学讲座。——译者注

埃克斯莱本(Johann Christian Polycarp Erxleben，1744—1777)，德国学者，利希滕贝格的朋友，研究领域涵括物理学、矿物学、化学、兽医学和自然史，著有《自然学说基础》。——译者注

II,93 外还要补充的一点是,“光与热是不是**特殊的**物质?”这个问题预设了一种健全的哲学不会那么干脆就承认的一点,即一般而言有特殊的物质存在。

此外,人们还说热贯穿了物体,而光没有。更好的说法是:光在袭入物体中时就停止为光了,并从此成为**可感的**热。一些发光了一会儿的物体在黑暗中还继续发光,它们在表面上看是个例外。

更重要的是光所**特有的**(单纯的热所不具备的)那些作用,近世化学的一些拥趸们习惯于列举这些作用,作为对与热素不同的某种**光素**的存在的证明。[①] 这些特有的作用首先是如下这类:植物经过光的照射后就变成彩色的、挥发性的、可燃的、可口的等等。撇开植物一旦被光照射,也让空气自由进入,以及撇开光本身只有通过空气的媒介才对植物起作用等情形不论,人们总是还要求证明,所有这类作用都是光**本身**所特有的。可以说,光就其对植物产生作用而言确实停止为光,而成了热。此外,植物的生长不是别的,只是一种复杂的化学反应过程——如果人们愿意的话,也可叫作某种高级的化学反应过程。——对这一点的证明就是植物在光照下呼出的生气。黑尔斯[②]、博内[③]、英根豪斯[④]、塞纳比耶[⑤]等人就

① 可参见,比如说,富克鲁瓦的《化学哲学》的第一部分。——谢林原注

② 黑尔斯(Stephen Hales, 1677—1761),英国神学家、牧师、自然科学家、生理学家和发明家,被认为是植物生理学的开创者。——译者注

③ 博内(Charles Bonnet, 1720—1793),瑞士日内瓦的自然科学家、哲学家、律师,发现了植物的单性生殖现象。——译者注

④ 英根豪斯(Jan Ingenhousz,1730—1799),荷兰医生与植物学家,光合作用研究的奠基人。——译者注

⑤ 塞纳比耶(Jean Senebier,1742—1809),瑞士日内瓦的改革教会牧师、自然科学家、目录学家,证明绿色植物在光合作用下吸收二氧化碳,放出氧气。——译者注

此所作的所有观察都表明，很有可能在植物中发生了水的某种分解，可燃的成分在植物中留下，与此同时氧以气态离开了植物。那 II，94 么光，就此而言还有热——这两者是大自然在每一次化学反应过程中都加以利用的积极活动者——促进了氧从植物中散发出来，这一点很好理解，而由于植物的整个生长都依赖于那个反应过程的进展，那么就此而言光（与热）就是植物生命的必要条件。然而，光远比热更能促进那个反应过程，这一点难道很难说清吗？热缓慢地传播，因而只能逐渐袭入物体之中，而光的作用更快、更有活力，而且是在植物内部开始植物维生所必需的那个反应过程的。

要理解光对某些金属的钙化和去酸化的作用，也不会更难。一些金属一旦暴露在大气中，就自动酸化了。其他一些通过与光接触而去酸化，因为光在所有能分解的物体中都会引起分解。那么当**富克鲁瓦**说，"**热素与光素是同一个，这一点还没有得到证明。我们的物理学知识越扩展，人们越发现二者——光和热——的作用有差别**"，人们倒是很希望他就此举出一些例子。**光**的作用方式完全不同于**热**，这一点从来没人怀疑过，然而也从来没人宣称过，光与热是物质的同一类**状态**。

如果光是大自然用来到处造成分解与结合（在它们是维持植物与动物生命所必需的时候）的巨大工具，那么下面这种现象就不难理解了，即物体对光——表面的还是真实的？[①]——表现出引力。光是否也作为元素一道进入了化学反应过程，这一点还是相当可疑的；然而在大部分化学反应过程中，光或热都**活跃**着，这一

① 原文如此。——译者注

II, 95 点却是无可怀疑的。即便在燃烧的反应过程中,由于光脱离了它的化合状态,它本身又成了开始和维持那个反应过程的东西。我们只能在物体上点燃物体,开启反应过程的通常是已得到释放的热,亦即光。一旦空气的元素被物体的元素吸引,光就出现了;从今往后,已开始的反应过程就自动继续下去,正如人们所说,物体自动燃烧起来,而通过空气的分裂得到释放的光,则仅仅有助于不断维持那种分裂。

但**牛顿**早已无可置疑地确定了,物体对光的引力并非总是依照它们质量的比例发生的。他曾发现,含硫的和含油的物体折射光的程度与它们的密度完全不成比例,而单是发现这一点,就足以使他预言金刚石的可燃性和水中某种可燃材料的存在了。那么光对物体表现出的那种渴望的程度,是与物体或大或小的可分解性成比例的;如果没有任何可分解性,光就奔向更密实的物体。——依照前文中的发现,光通过它遇到的阻抗便无可争议地证明它是**物质**;它更无可争议地证明了它遭受的种种引力。倘若它**到处**都没有遇到阻抗,它将迷失于普遍的排斥力中,将在感官觉察不到的情况下化为物质。在物理学中,援引类比作为例证是很有益的。这样看来,空气的弹性与空气遭受的压力(阻抗)成比例。空气一旦不遇到任何阻抗,也就是说,一旦无限延展,就不会有弹性了。依据这个类比,光只有在凭借其所需的手段,比如吸引,遇到**阻抗**时才会有弹性。

如果我们进一步追索那些类比,就会知道,只有在两种极端的状态之间,即在无穷的**延展**与无穷的**压缩**之间,弹性才可能存在。II, 96 因此才发生那样的事,即在各种不同的物体中,通过施加压力,弹性既很容易减小,也很容易增大。弹性的彻底消除是不可能的,因为无穷的压缩就像无穷的延展一样是不可能的。

如果我们将这个类比用到光上，那么光由于**不成比例的**阻抗，当然会减少。因此光本身在密实物体中就终结了，它变成了**热**，这就是说，它的弹性**减少**了。因此就发生了那样的情形，即两个物体如果遭到同一种光的照射，那么对光（这光并不总是正好与密度成比例）的阻抗更强的那个物体就被加热更多。从一些观察来看，物体的质对于物体对光表现出的引力的那种影响尤其表明了颜色的起源。

我们的大气中的一切光都来自太阳；但它如何从太阳传播到我们这里则是人们仿佛还没有把握的一个问题。比如说，是从太阳涌流出的光本身来到我们这里，还是它仅仅在我们的大气中引起一些变化，通过那些变化我们这个行星才被照亮？至少我们自己能制造的一切光都是我们通过空气的分解得到的。

通过这个预设，光在到处都同样快速的扩展就可以理解了。让我们与欧拉[①]一道，假设光仅仅通过以太的机械振动传播，那么人们就无法理解为何这些振动都那么有规则地必定总是沿着直线传播，而依据其余的一切经验来看，一种流体的振动仅仅通过波动扩展开来。但如果我们假定，光从太阳的气体层出发，在一个空的空间中运行，抵达我们的大气，那么我们就可以让它以和它传播到我们这里的极短时间完全成比例的迅捷速度前行。或者我们必须假定，天上的整个空间都充满了它的某种弹性流体，那流体是各行星相互之间施加的一切力量的传递工具（是否在任何地方存在着 II, 97

① 欧拉（Leonhard Euler，拉丁文写作 Leonhardus Eulerus，1707—1783），瑞士数学家与物理学家。——译者注

一个具有一切**光**的空间,像古人所说的光天 [Empyreum] 那样?),那么这种流体越远离固体,就变得越精细。那么如果太阳的大气就像我们的一样逐渐变得稀薄[①],光就会越来越快地前进,直至最终进入我们的大气后传播得越来越慢。

如果我们假定,光在我们的大气中只是因为有分解[②]才传播,那么人们就看到了,为什么单有光是根本无法造成热的。只有在光离地球更近的地方,在底层空气由于整个上层大气的压力而逐渐厚实且越来越与一些异质的部分混合起来的地方,才能产生可感的热;毫不奇怪的是,在某个极高的层面上,空气的温度到处都相同。由此同样可以表明,光在形成热这方面的作用必定是极为缓慢的,阳光的灼热只有在一年的后几个月里,而且是在某几天里,当正午过去之后,才达到它的最高值,在太阳刚刚升起时空气会变得更冷,等等。倘若我们除此之外还能表明我们大气的某种特性,那种特性使得它必然能在持续的分解中得以保存,那么前面那种预设就更有可能了。人们将很难指责说,空气的这种持续分解为我们所见的方式,仍然不太像极有可能伴随一切气象现象而发生的个别分解那样。人们毋宁看到,空气的这样一种均衡的、从不中断的、一再重复的变化如何能产生**白昼**现象,亦即产生某种均衡扩展的光亮,也看到,比如说,光的某种不均衡的散发如何产生朝霞和晚霞现象,或许还有北极光和其他一些曳光现象。II, 98 由于光一般和到处都是均衡的,它不可能在任何单个的点上特别

① 指越远离太阳的地方越稀薄。——译者注

② 我在这里又用了一个化学术语,但恰恰并不想因此暗示这种关系中有什么化学因素。——谢林原注

显眼。它本身就缓和了光在单个地方的散发可能给我们的眼睛留下的印象——依照那使得各天体在太阳的光芒前消失不见的同一个规律。[①]

我并未忽视前面那种预设的种种困难,那预设也只有在某些边界内部才生效。遥远星体的光线在几十年或几百年后才抵达我们这里[②],那么为了在大气中造成像我们在这一说明中预设的这种变化,那些星体对我们的大气的作用是否应当足够大呢?[③]然而不可让人针对任何假定大张旗鼓地驳斥说,它在大自然中预设的作用太大了。[④]大小和距离在这里没有任何意义:因为在一种相对关系中很远的东西,在另一种相对关系中很近,而对于一切空间性事物,我们都只有相对的衡量尺度。现在看来,如果倾注于宇宙中的以太是一切事物本身的绝对同一性,那么它内部的近和远就都彻底废除了,因为在它内部,一切事物都作为**一个**事物存在,而它在其自身和在本质上也是**一**。

就光而言可能的最常见主张无疑是,它只不过是物质的某种变体(一旦我们问光**实际上**是什么,而非它看起来是什么,我们必

① 意即在地球内部,由于光线到处都很均衡,不会发生那样的现象,即由于太阳在白天特别耀眼,使我们见不到其他天体。——译者注

② 这显然低估了太阳系外其他恒星与我们的距离。——译者注

③ 或者,我们更赞赏的是,光的细腻或我们感官的精巧应当足够?——谢林原注

④ 第一版中从这里到段末的文字如下:难道我们不是必须承认,我们存在于其中的那个系统(指天体系统——译者注)是最低层次的系统,我们的太阳隶属其中的最近一级系统(可能指银河系——译者注)的大小就已经超出了我们想象力的一切努力之外,如果我们的太阳本身与它的行星及彗星一道移动,那么千年都很难充当这种运动的衡量尺度,那么照亮了我们的黑暗的那种光就只能从宇宙的边界之外到我们这里来?——原编者注

II, 99 定走向这个答案[①]),另外,**为何**至少“光是否某种**特殊**物质”的问题是徒劳无益的?——只不过物理学与自然考察(Naturbeobachtung)由此所获的东西微乎其微,甚或根本没有;而且糟糕的是,只有当一种粗疏的物理学过分地遗忘了,比如说,**利希滕贝格**足够频繁地重复的事情,人们才带着它出场,糟糕的是我们就光、热、火、物质 II, 100 可说的东西,不多不少就是一种形象化语言,这种语言只有在它特定的界限内才有效。——一种哲学自然科学(philosophischen Naturwissenschaft)的大部分事务正好在于,规定那样一些**虚构**的可行性与界限,它们对于研究和观察的进步而言绝对必不可少,而且只有当我们希望超出它们的界限之外运用它们时,才与我们科学上的进步相抵牾。

---

① 更多具有哲学特质的自然科学家认为这一思想并不荒谬。为了证明这一点,我引证布丰的一段话,这段话或许能让人留意到,有关光的本性的争论只能从一个更高的观点出发才能得到裁断:“所有联系一旦被摧毁,**一切物质都会变成光**,被分解成很小的微粒,这些微粒是自由的,所以会在互相的引力作用下冲向对方;在碰撞的瞬间斥力发生作用,微粒四散逃逸,它们的速度几乎是无穷大,但与它们在接触时获得的速度相等:因为引力的规律是当空间减小时引力增大,而空间总是与距离成正比,在接触时,空间显然为零,所以由引力而获得的速度就应当近乎无穷;如果接触是直接的,那么两者的距离一定是零,则这个速度可达到无穷;但是,我们常说,大自然没有绝对、没有完美,所以也就没有什么是绝对大的,没有什么是绝对小的,没有什么是绝对的零,没有什么是真正的无穷;我关于构成光的颗粒**无穷**小且有**完美**活力的说法,关于接触的瞬间距离为**零**的说法,都是在一定条件下才成立的。如果可以怀疑这个形而上学真理的话,则可能作出物理学的证明,且不必离题。众所周知,光由太阳到达我们所在之处需要大约7分半钟;因而太阳距离我们36 000 000法里,光用7分半钟的时间走过这段漫长的距离,换言之(假设光是匀速运动的),光每秒钟走80 000法里。这个速度尽管很快,但远非无穷,因为它仍然可表述为确切的数字;如果考虑到自然界中大的事物与小的事物运行得几乎同样快,则这个速度甚至不再显得惊人;只要估计彗星在近日点的高速度或者运动最快的行星的速度,就会知道这些质量巨大的物体速度尽管小,却与我们所说的光微粒的速度相当接近。”第6卷,第20—22页。——谢林原注

这些考察原本必定可以教导单纯的经验论者们宽容对待有关这些事物的各种对抗性意见，并回击那些企图反对别人的所有意见，唯独使他们自己的意见（那永远都不过是意见）大行其道的人的狂妄做法。因而既然我们无法说明光的传播，此前尝试过的每一种假设又都有其特殊的困难，如此等等，那么我们将来就根本没有理由不像过往那样采用这些假设；我们倒是可以接受那样的思想，即很可能所有的那些假设都**同样**是错的，而且它们全都以某种共同的错觉为基础。

但在**预设了**且**必定**预设这种错觉的物理学中，光一如既往地只可能是一种物质，这种物质从遥远的天体传播到我们这里，而如果我们立刻就不用再假定太阳是一个可燃物体，那么我们还是可以将它当作光从中涌流而出的那个源头。因而在我们看来，对于下面这一点的研究也总是很重要的，即那个星体为了不间断地向一整个天体系统发出光和热，必须具备何种特性。

如果人们预设了（依据迄今为止的研究，这是必须被预设的），光在大自然中扮演了某种首要的角色，它或许是大自然为了在每一个天体上产生和维持生命与运动而加以利用的伟大工具，那么值得期待的是，支配各种下属物体所构成的一整个系统的那个物体，其本身在这个系统中就是首要的和最伟大的，它在这些物体中必定也首先据有光与热。即便在我们看来，光一般而言无非就是物质的一种变体，这种变体对于维持大自然的一个系统是必要的，我们也不难理解，每个系统的主要物体必定是各下属系统中的光的主要原因。 II, 101

这个预设更是得到了我们就我们的行星系统最初的构成所能

做出的那些推测的证实。地球沿赤道方向高耸、沿两极方向扁平的形态让人很难怀疑,地球是逐渐从液态过渡到固态的。从这个预设出发,比起一些流行的地质学实验和繁复的假设来,**康德**至少把地球如今的形态的逐渐构成讲得更清楚了,倘若寥寥数语还能讲清楚某种事物的话。①

康德说,如果地球的原始物质起初是以雾气形态传播的,那么当那些物体通过种种化学引力而从液态过渡到固态时,在它们内部也必定立即散发大量气体(人们可以补充说:也散发各种不同**种类的气体**);这些气体由于同时被释放出来的热而膨胀到弹性的极点,由于相互混合而产生更剧烈的运动,很快就渗透了固体,将物质堆积得比山还高;这些气体相互瓦解和击碎,直至那与自身达到平衡的气体从自身产生出来;然而这气体的一部分却作为水沉降,II, 102 这水由于它的重力,很快就落入到处都在喷发的火山口里,它现在才被地球的内部作用阻断了路途,这样就逐渐通过它的运行形成了山脉的规则形状(至少大体上与山脉的角度相符),并通过数个世纪的不断冲积,在山岭内部形成了规则的石灰层、玻化或石化物体层、植物性和动物性物体层,最终却从越来越高的盆地回流到所有地形的最低处,即回流到海洋中。

关于我们地球起源的这个假设越发重要了,因为依照一切的类比,我们至少有理由将它扩展到**我们的**行星系统的形成上。至少**康德**②表明事情极有可能是那样,即从大盆地(地球上的水聚集

① 可参见他发表在1785年3月《柏林月刊》上的《论月球上的火山》一文。我很清楚,关于地球最初是液态的预设远比这篇论文古老;但这里谈的是对这一预设的运用。——谢林原注
② 同上引。——谢林原注

于其中,而且不可能被当作火山喷发的结果)类比来看,月球上的所谓火山口同样不过是**大气喷发**的结果罢了,通过这种喷发,在所有固体的基础上逐渐形成了大山脉以及河流和海洋这类积水地形。

如果允许我在这个假设上再附加另一个,那么彗星这种在世界系统中极为神秘的物体,从一切表面现象来看绝不是像我们的地球和我们太阳系中其他的行星那样的**固**体。至少对于**赫歇尔**[①]而言,在他胞妹发现的6颗彗星和他本人观察过的另5颗彗星上,即使放大到极限,也发现不了一个**内核**。[②]借此机会**利希滕贝格**枢密官先生[③]提出了一个酝酿已久的猜想,即或者所有彗星都只是一些尘雾,这些尘雾的中心部位在我们看来**必定**密实得多,或者最终会变成这类尘雾。这个猜想仿佛会使我们有理由提出另一个猜想,即彗星是一些**生成中的天体**,这些天体迄今一直以雾气形态传播,并不完全服从重力普遍平衡的规律,并不专属于任何系统,并行经一条在多方面都不规则的轨道。只要人们将彗星当作固体就很难说清楚的一点,从这个预设出发就可以说清楚了,即它们的轨

II, 103

---

① 赫歇尔(Friedrich Wilhelm Herschel,英文写作 William Herschel, 1738—1822),德国—英国天文学家与音乐家,发现多颗彗星,其胞妹卡罗琳·赫歇尔(Caroline Lucretia Herschel)也是传奇般的天文学家,一生共发现8颗彗星。——译者注

② 此外,彗星绝非固体,这从**奥伯斯**先生的观察来看是毫无疑问的,他透过1786年4月观察到的一颗彗星看到了5倍大的一些恒星。——谢林原注

奥伯斯(Heinrich Wilhelm Matthias Olbers, 1758—1840),或译奥尔贝斯,德国天文学家和医生,他首次将彗星的物理研究介绍到天文学中,提出了规定天体轨道的一些方法,并提出了奥伯斯悖论(das Olberssche Paradoxon)。谢林原注中提到的奥伯斯的观察证明彗星本身是透明的。——译者注

③ 为埃克斯莱本的《自然学说》(全名为《自然学说基础》——译者注)第644节写的评论。——谢林原注

迹既不完全是椭圆形的,也不是抛物线的或双曲线的,它们在其轨迹中包含了所有可能的**方向**,而所有星星从夜晚到早晨都只有**一个**轨迹,如此等等。我很了解,人们可以**按照目的论**说明这一切现象,而当**兰贝特**[①]表明下面这一点时,他就是这样做的,即只有通过彗星轨迹的这种不规则性,才能在**这个**空间生成大量天体。[②]但由此并未达成任何结果;因为人们希望**在数学上**清清楚楚地了解,**依照万有引力规律**,这些天体在运动方面的不规则性是何以可能的。——我也了解,**魏斯顿**[③]已将彗星当作**未成熟的行星**。但他将完全不同的一些概念与此关联起来,因为他将它们设想成**燃烧着的**物体,这些物体要成为行星,首先(就像我们地球从前的情形一样)必须燃透。这种观点当然没有丝毫的正确性;不过它也与上文阐述的观点完全不同。

基于这些类比,我们可以大大方方地将关于地球起源的假设扩展到我们的整个行星系统的形成上,因而也扩展到太阳本身的形成上。因为在我们的系统中,太阳的情形不同于最初的那些行星了;倘若我们今天能将太阳从它的系统的中心处移除,那么最大的那个行星很快就会占据它的那个位置,而倘若我们将这个最大的行星也移除,它又会有一个后继者成为系统里的太阳。

II, 104　当我们的行星系统里的固体从雾气状态过渡到固态,必定会

---

① 兰贝特(Johann Heinrich Lambert, 1728—1777),瑞士—阿尔萨斯数学家、逻辑学家、物理学家和启蒙哲学家。——译者注

②《关于世界构造的建立的宇宙论书信》(*Kosmologische Briefe über die Einrichtung des Weltbaues*, 1761)。——谢林原注

③ 魏斯顿(William Whiston, 1667—1752),英国神学家和物理学家,曾坚持化解数学定律与《圣经》之间的矛盾。——译者注

有一定量的热释放出来,那热过去对于维持那种状态曾是必要的,我们差不多可以尽情假定它有多么巨量。过去质量最大的物体自然也分解最大量的热,这样就容易理解,每个核心物体何以同样必然成为它的系统中的恒星。[1]

这个假设与天文学最新的发现是一致的。在**施罗特**[2]和其他一些人把月球、金星、木星的大气无可置疑地确定下来后,有一点本身便已相当可信,即其他天体,尤其是太阳,也被某种气层包围着。**赫歇尔**在开始将太阳上的所谓光斑视作太阳大气中发亮的云状雾气时,赋予这种猜测高度的可信性。[3]至少通过他的努力弄清了一点,即如果太阳由某种大气包围着,如果在这种大气中产生了云,后者与光的分解有关联,那么太阳正好必然显现出它实际向我们显现的那个样子。——赫歇尔相信,实际上太阳大气中这种厚实的云是通过空气的凝结和分解形成的,而且它其实就是这种通过分解而散发出来的光,这光在太阳上闪亮,而它的大气中其他一些透明的区域则显现为黑斑,通过那些黑斑人们可以瞥见太阳实体[4]本身。那么由此便可完全自然地进一步得出,太阳根本不是燃烧着的、不适宜定居的天体,一般说来它远比人们通常习惯于想象

---

① 康德,同上书(《自然科学的形而上学基础》——译者按)。——谢林原注

② 施罗特(Johann Hieronymus Schroeter,亦写作 Johann Hieronymus Schröter, 1745—1816),德国天文学家与行政官员,以对行星的精确观察闻名。——译者注

③ 赫歇尔的论文见《哲学学报》1795年第1卷,以及利希滕贝格为1797年制作的年历中的摘要。——谢林原注

《哲学学报》(*Philosophical Transaction*)是世界上第一份杂志,也是存续时间最长的科学杂志,于1665年由英国皇家学会首任秘书奥尔登堡(Henry Oldenburg, 1619—1677)创办,发行至今。——译者注

④ 即通常由于周围光线太耀眼而无法直接观测到的太阳实体部分。——译者注

的更与它系统内的其他天体相似。

II, 105　一旦人们进一步追索这个思想，"太阳光由于它的大气的分解而散发出来"这个假设可能就更重要了。那些分解现象是由什么造成的？还有，为何它们只是或显得只是部分的分解？但如果我们假定某个天体的大气中有光的散发，那么这一点也可以被运用到其他天体的大气上。至少赫歇尔本人似乎相信，太阳上这些光的散发现象并非太阳所独有的。他援引北极光作为例证，北极光经常显得极为巨大而耀眼，以致它很可能从月亮上都被看到了，此外他还援引清朗无月光的夜晚笼罩整个天空的光作为例证。——人们可能会就此反驳说，北极光非常耀眼，是由于它（像朝霞和晚霞的光那样）是一种局部性的光。[①]那么现在如果通过太阳的作用，光的散发——在这类情形下这些散发现象只是局部性的——成为全局性的，难道整个白日现象不是由此都得到了理解吗？[②]

在这一点上，赫歇尔也赞同太阳放射出光，他可能也并非完全没有击中下面这种反驳，即太阳通过光的如此频繁的分解，必定逐渐被耗尽。如果太阳光只是它的大气的一种现象，那么这种反驳总归不会像人们把太阳当作一个炽热的或燃烧着的物体时那么有道理。然而要面对这种反驳，他不能拒绝那种假设，即彗星或许是一种工具，通过这种工具，太阳复又弥补了它在光方面不间断的

---

① "局部性的光"指日光的一部分通过折射而被黑暗中的人所见。——译者注

② 就此人们还必须留意，光可以具备无穷大的弹性。毫无疑问，光耀眼与否取决于光的各部分弹性的大小。但日光是我们所知的光中最耀眼的，而在日光与我们通过我们对空气的日常分解方式得到的火焰之间，可能存在着耀眼的大量层级——因而也存在着弹性的大量层级。——谢林原注

在第一版的这个注释中，代替"弹性"的是"细腻性"。——原编者注

损失。一切都取决于人们关于光的概念如何。人们总是可以不相信,在一切因素都关联起来的一个系统中,有某种东西遭受不间断的损失,却又得不到弥补,而人们还能设想无数的源泉,照样有光从它们那里涌流到太阳。对于人们针对太阳的光物质的某种传播提出的其余种种反驳,赫歇尔先生根本置之不顾。这些反驳中只有某一些确实切中了他的假设;无论如何,它们总的来说向经验论者提出了一些新奇的问题,这些问题成为重负,而且人们只要还背负着光的那些粗糙的概念,就不像他们期待的那样可以理直气壮地将它们撵走。

II, 106

这样一来,关于光的起源的每一种假设,一旦要说明光的传播,就遇到种种困难,这些困难不可能自行消解,而一种并不偏颇的研究的结论最终却似乎是,此前的种种假设中没有任何一个完全切中了真理;但这个结论司空见惯,在我们的大部分研究中极为普通,以致人们不妨认为,这话没有说出任何特别的东西。

附释 论光的自然哲学学说

由于这个课题在下文中还会更频繁地被提及,因此我们在此只想依据自然哲学指明光的学说的一些要点。

1. 关于热的种种比例,这都是些完全次要的比例,它们在规定光本身的本性时根本无需考虑。一般而言,一切热就其表现出来的而言(其他的热[①]是我们不了解的),乃是物体努力进行的某种凝

① 指未表现出来的热。——译者注

聚,通过这种凝聚,物体将自身重建为某种无差别状态;因为每个物体都只有就其导流[①]而言才被加热,然而一切导流都是一种凝聚功能(《思辨物理学杂志》,第2卷,第2分册, §88)。

II, 107 现在看来,光——不是通过直接的作用,而是通过它本身在其中与物体合而为一的那种东西的中介,即通过绝对同一性的中介,通过先定和谐的中介,就先定和谐在大自然的这个地方发生了而言——可以设定脱离无差别状态的物体,由此也在这物体内部设定那种凝聚的努力,这一点将在下文中得以显明。

2. 有一点已经提醒过,即自然哲学的种种构造只能依照其必然性而在整体关联方面被看清。我们必须就光的问题补充说明这种整体关联。在上文中(在导论的附释中)已经指出过,宇宙不仅在整体上,也在个别部分,比如在大自然中,甚至在大自然的个别层面上,凭借绝对性(Absolutheit)的主观—客观化这一永恒规律而分裂为两个统一体,我们将这两个统一体中的一个称为实在的统一体,将另一个称为观念的统一体。**自在体**总是第三个统一体,在那里前两种统一体等量齐观,只不过这第三个统一体据说并不像在现象中显现的那般被理解为第三个统一体,被理解为综合,而是被理解为绝对的统一体。这样一来,大自然的同一性本质(das identische Wesen)同样从一个方面来看必然作为**实在的**统一体启示出来,这个统一体发生于**物质**中,从另一个方面来看必然作为观念的统一体发生于**光**中;**自在体**是那样的形态,物质和光本身只是它的两个属性,它们从作为它们共同根源的那种形态中产生出来。

① 这里指具备导热功能。——译者注

这个**自在体**,物质和光的这种同一性**本质**,乃是有机组织,而在经验中作为第三位的东西显现的,在其自身而言又是第一位的东西。

我们现在掌握了光的本性,因为光只存在于这种对立**中**,无疑要依照这种对立关系来加以规定。光是物质所是的东西,物质是光所是的东西,只不过物质处在实在状态,光处在观念状态。现在看来,物质是填充空间的实在行动,且就此而言它就是被填充的空间本身。因而光不可能是空间的填充本身,也不是被填充的空间,而只可能是**在观念上**对三个维度上的空间填充进行的**重构**。反过来说,如果下面这一点得到普遍证明,即每一个实在东西,比如空间的填充,都有观念形态下的同一个东西与之相应,那么我们就会发现,这种在观念意义上被直观到的生产行动只可能落入光中。光描绘了所有维度,又没有真正填充空间(这恰恰完全是它特有的现象,只不过具备了光的那种贯穿了构造的关系,即它在其自身具有物质的所有特性,但只是在观念的意义上具有而已)。倘若光填充空间,那么一种光排斥另一种,正像一个物体排斥另一个一样,而在布满星辰的天空,在一个特定的范围中的每一个**点**上,**所有**可见的恒星都被看见了,因而这些恒星中的每一个都**自顾自地**填充了这整个范围,并不排斥其他恒星,后者同样在每个点上都填充了这个范围。人们自然是很少把握到,何以这些简单的反思甚至不足以像那些直接从透明性现象中得出的结论一样,早早便将单纯的经验论者们驱往更高的观点。针对那一推断,即由于一个透明物体在所有的点上都是或都只能是以同样的方式存在的,这样一个物体在所有方向上都是沿直线穿透了的,那么只要牛顿关于光

II, 108

的看法是有根据的，在这物体中就必定只有微孔，别无其他，即便小心谨慎的经验论者，除了说没有任何物体是绝对透明的，也提不出别的任何反驳了。这是完全正确的，只不过不完全透明的根据并不在于间隙不透明，而是由于物体一般说来具有的（或高或低的）透明性等级在每一个点上都是均衡的。如果光是以物质性光线的形态往外涌流，在特定距离之外的某个表面发光的减少便预设了一些地方是无光的，正如刚刚提到的情形下透明性等级的降低预设了间隙是不透明的，而那个平面上较弱的亮光毋宁完全是均衡的，因此之故，这里我们同样可以针对与发光点的距离构成某II, 109 个特定比例的亮光的均匀性减少，提一提康德在他的《自然科学的形而上学基础》的某处提过的话，虽然他就此给出的答案是肤浅而不充分的。

我不知道，是这些观察还是其他一些，就在本书初版出版前不久为关于光的**非物质性**的古老意见造就了一些拥护者。只不过非物质性这个术语根本没有说出任何东西；自然哲学的学说也绝不能与这一主张相混淆。非物质性是一种单纯否定性的规定，顺便提一下，**欧拉的**以太振动说或别的任何一种**所谓的**动力学的、并非远胜于此的假设都与这一点完全协调；撇开这一点不论，非物质论者[1]们的意见和预设是那样的，即现在反过来看，物质倒真正是物质性的。但事实恰恰并非如此；因为在那些物理学家的心目中，连物质也不是物质性的，然而就在和他们认为“光是非物质性的”**相同的**意义上说，光也是物质本身。因而要理解这种东西的本性，就

---

① 指主张光并非物质的人。——译者注

需要远远更为高级的一些规定。

依照将光规定为**在肯定的意义上**在观念东西的形态下是物质在实在东西的形态下所是的东西那种做法，如果我们现在对这些概念本身进行反思，那么从前面导论的附释里说过的话便可得出，即便观念东西也并不是某种纯粹观念性的东西，正如实在东西并不是某种纯粹实在性的东西。同一性，就其是观念东西移植到实在东西中而言，普遍且始终是实在的；这同一性就其是实在东西重新纳入观念东西中而言，是观念的。前者是物质中的情形，在那里被构形到形体之中的灵魂在颜色、光泽、声响中显示出来，后者是光中的情形，因此光作为在无限者中得到呈现的有限者，乃是所有物质的绝对图式。

此外就重力普遍表现为物体实存的**根据**和物体的受动性本原，光却表现为物体的能动性本原而言，我们可以将前者视为母性本原和大自然中的大自然，将后者视为生产性本原和大自然中的神性东西。 II, 110

3. 从此前的种种观察自动得出，我们并不承认光对物体有任何直接的作用，正如也不承认物体对光有任何直接的作用，比如通过吸引或在折射中的直接作用，双方的关系据说反而是通过第三方、通过那**自在体**而得到理解的，在自在体下它们合而为一，那自在体力图将它们综合起来，而它们仿佛进入了比重力更高的某个层级。

人们部分希望从光对物体的所谓化学作用中，部分希望从物体对光的反作用中，为光的物质性特征取来的那些理由，就这样自动瓦解了。在这里才刚脱离晦暗不明的状态，只是还不太完善的那个本原，就是在更高层级上也将灵魂与身体构成为一，且并不是物体和光的那个本原。

除此之外，在将前文中的结论运用到各种具体情况时必定还产生多少晦暗不明的地方，这一点我们在这里不能深入探讨了，深思熟虑的读者自会评估。

4. 最后，关于上一章中同样触及的那个问题，也就是将每个系统的核心物体也自动规定为该系统的光源的根据何在，我们暂时只提一点，即正好在核心中，这个系统的物质中的特殊东西因为重力而恢复原状，成了普遍东西，因而在核心那里，据说光也首先必定会作为有限者向无限者中构形时活生生的形式显示出来。

此外，关于各天体的产生及其相互关系，哲学的看法必定要高于上一章中从康德那里引用来的那种经验性表象方式。各天体从它们的核心产生，也都在那些核心中，正如各种理念产生于理念，也在它们中，同时既是依赖性的又是独立的。在这种隶属关系中，物质宇宙恰恰作为开显的理念世界呈现出来。这些紧邻所有理念之核心的天体，必然在其自身更具普遍性，那些远离该核心的天体则更具特殊性；这便是自身发亮的天体与黑暗天体的对立，虽然每一个天体都只在相对意义上是自身发亮的或黑暗的。前一部分天体在宇宙的有机身体中是绝对同一性较高的感觉中枢，后一部分则是遥远的、更外在的一些肢体。毫无疑问，有一种更高的秩序实存，它也将这种差别作为无差别状态涵括进来，而且在它之中，对于这个隶属性世界而言分裂为恒星与行星的东西，作为统一体存在着。

II, 111

下文中还会就关于光的自然哲学学说进行更多别的评论。

第三章　论气体与气体种类

包裹着我们地球的是一种透明的、有弹性的流体，我们称之为气体；没有它的出现，大自然就不可能发生任何反应过程，没有这种流体，动物和植物的生命就不可避免地会消亡——仿佛所有赋予生机的力量的普遍工具，仿佛一种不竭的源泉，有生命和无生命的大自然都从那里将它们的繁盛所必需的一切汲取到自身来。但大自然在其整个活动结构中根本不允许有任何东西自顾自地独立于事物的整体关联而实存，根本不允许任何力量不受与之对立的某种力量的限制，不是只在这种争执中才能持存，根本不允许任何产物不是仅仅通过作用与反作用才成其所是，不是不断交还它所接收到的东西，在新的形态下复又得到它交还的东西。这便是大自然的伟大诀窍，它只有通过这个诀窍才保障了使它得以持存的那种恒久的循环，由此也才保证了它自身的**永恒性**。倘若没有另一个东西同时存在或形成的话，没有任何存在的和形成的东西能存在或形成，而且即便一个自然产物的毁灭也无非是偿付了它对剩下的整个大自然背负的一笔债；因此在大自然内部没有任何原初性东西、任何绝对者、任何自身持存的东西。大自然的开端处处可见，又无处可寻，而从事研究的头脑在退化现象中就像在进展现

II, 112

象中一样都能发现它的现象的这同一种无穷性。要维持这种不断的更替，大自然必须将万物都算作**对立**，必须建立起**极点**来，只有在这些极点以内，大自然的现象的无穷多样性才是可能的。

现在看来，这些极点中的一个是活动性要素，即空气，只有通过它，所有活着的和生长着的[①]东西才被供应了它们由以延续下去的那些力量和材料，而这些东西本身主要是通过不断采获动物性和植物性的造物，才得以维持能促进生命与生长的状态。

大气每天都以最为多样的方式改变自身，而且只有这种种改变的持久性才赋予它某种特定的**普遍**性格，这种性格只有一般性地和整体性地来看才能归于它。随着季节的更替，如果大自然没有通过同时发生的种种变革，在地球表面和内部的某一方面补偿它在另一方面取走的东西，而且这样便不断阻止我们大气层发生某种全面灾难，大气必定也面临远比它实际遭受的更大的某种变化。

我们的空气是在地球表面和内部发生的千万次散发的结果。植物性造物散发出最纯净的空气，而动物性造物则呼出那种不适合于促进生命，而且成比例地降低了空气纯度的气体。物体的那 II, 113 种整体上保持均衡的传播，依照大气层的严格比例而不断馈赠它新材料，这种传播从不让事情发展到那样的地步，即让一种完全纯净的空气耗尽我们的生命力，或者让某种霉气窒息生命的一切萌芽。有一些材料，大自然不会将其交付给每一个土层，它们对于空

① 本段中的"活着"(lebt)、"生命"(Leben)和"生长着"(vegetirt)、"生长"(Vegetation)分别指动物和植物的生命形式，中译文无法准确传达。——译者注

气的不断更新也是必要的,大自然就通过风力和风暴将它们输送到遥远地区的大气层。大气层出借给植物的东西,植物将它们改良后交还给大气层。植物吸收的粗糙材料,作为生气从植物中散发出来。当植物凋谢,它们便将先前从它们最伟大的抚养者那里汲取到自身来的东西交还于它,而在地球貌似老去的同时,大气层则通过它使其免于普遍毁坏的那些材料而变年轻了。地球在一个方面被夺去了它的所有装饰,在另一个方面恰恰处在繁荣壮丽的顶峰。大气在一个方面由于必须为植物性造物有所开销而失去的东西,大气层则在另一个方面通过它从凋谢与腐烂的植物那里汲取到自身来的东西又赢回来了。因此随着秋季和春季而规则性地开始了一些大规模的运动,通过这些运动,包围我们地球的气团便与自身达到了平衡。只有这样才能理解,撇开大气中发生的无数变化不论,大气何以在整体上保持了同样的一些特性。

依据这些理念就很容易评判人们新近就大气的组成部分提出的主张了。难以理解的是,组成大气的这两种如此异质的气体,何以能像我们在大气中碰到的这般紧密地结合起来。脱离这窘境的最简单的法子无疑是假定,它们实际上并没有相互混合,而是在相互分离的情况下填充了大气层。至少依据**格尔坦纳**枢密官先生的主张[①],大气的成分中有两种气体根本没有精确而紧密地混合在一起。正如他所认为的,它们自动分离为相互盘旋的两层[②]:较轻的氮气飘在上方,较重的氧气沉到下方。 II, 114

① 可参见《反燃素化学基础》,第 65 页。——谢林原注

② 依据后文可知,这里并不是指整个大气分为两层,所有氮气在上,所有氧气在下,而是整个大气含有很多这样的"两层",相互交叠起来。——译者注

只要人们能理解下面这些问题，上述假定就非常受欢迎：为什么较轻的氮气**以分层的方式**位于较重的氧气之间，为什么它不是完全抬升到后者之上？[①]在这种情况下，空气的最下层区域必定充满了纯粹的氮气，最上层区域必定充满了纯粹的无生机气体，而这是不可能的。

在不假定二者之间某种更紧密的结合的情况下，人们儿也无法理解，为什么通常在某个地方不是一会儿只聚集氮气，一会儿聚集纯粹的生气。如果含氮的生气以分离的方式存在，那么它必定极其有害于生命；如果它不是那样，那么前者不再是氮气，后者不再是纯净的气体。[②]

因而人们似乎不得不将两种气体的某种内在混合，并且就此而言将大气当作这两者的某种现实的化学**产物**，关于这种产物人们所能说的只有：包围我们的气体基于那样一些比例关系，以致消除那些比例关系之后，它就可能成为生气或氮气，但只要那些比例关系存在，双方中的任何一方便都不存在，因为双方只有在其纯净状态才是其所是，而混合起来就不再是它们从前所是的东西了。

在我看来，这里人们无疑可以假定某种化学上的渗透。问题仅仅在于，大自然通过何种手段造就了这种紧密的混合。我相信在**光**中已经发现了这种手段，光依照其整个作用方式来看，必定在不断分解的过程中维持了气体，而这样一来，正如在植物中一样，

---

① 意指并非所有氮气全部位于氧气之上，而是氮气层与氧气层相互交叠为很多层。——译者注

② 正如下文表明的，这里说的是氮气和氧气实际上都是以内在地相互融合的方式存在的。——译者注

也很可能在它借以抵达我们这里的那种介质中造成混合形态的不断改变。实验无疑会证实这一猜想。

一般说来，不同种类的气体首先通过它们的各种成分在量上的比例区别开来。大自然或许在生气与氮气这两个极点那里达到了最完美的平衡。可称量部分的相对过量标志着那些气体发霉且不可燃，这正如热的相对过量反过来使得那些发霉的气体可燃。前一类气体也可以称为氧化气体，正如后一类气体可以称为脱氧化气体，通过这种称呼，它们的内在特性与它们的可燃性及不可燃性便同时被显明了。 II, 115

为了说明由可燃气与生气[①]组成水的那个著名实验，近世的化学假定了**氢**，即一种特别容易产生水的本原，这本原据说是所有可燃气体的基础。但问题在于它是否配得上这个名号。不可燃气体与生气一道所发生的燃烧，是与别的任何燃烧现象完全相同的反应过程。前者的元素夺走了后者自身的氧；大量的热释放出来；剩下的东西再也不能将较重的气体维持在气态了。因此它[②]必定或者转化为可见的雾气[③]，或者转化为滴状的流体。经验表明，后一种情况会发生。不过这个反应过程仅仅在等级上不同于别的任何一种发生了容量减少情形的反应过程。那么依据同一个规律，氮气由于与大气接触，就成了可见的**雾气**。即便在这里，依照下述一

① “可燃气”与“生气”都是当时流行的说法，带有直观体验的性质，此处大致可分别对应于当今化学中的氢气与氧气（但当时人们似乎还没有达到如此明确的认识，至少还没有达成普遍共识，仅处在部分人的猜想的阶段）。——译者注

② 指较重的气体。——译者注

③ 部分雾气虽然名为“气”，却是漂浮的固态物质。——译者注

般规律,也发生了容量的减少:若有大自然在先前的状态下未能**维持住**的东西,它便通过**改变**那东西的状态,即通过增多或减少它的容量而**维持住**。

唯一能使可燃气体的元素变为氢的,便是这元素在氧上表现出的那种化学作用。只有通过下面这种方式,即在这两种气体转变为滴状液态的过程中,它们的两种元素相互受到对方的束缚,这才产生**水**,即一种透明、无气味且无味道的流体。由此这种分解才与另一种区别开来,比如与氮气和生气通过电火花而发生的分解区别开来。这里凝聚起来的滴状流体具有某种**酸**的特征,那种酸的基础是氮气的元素,即氮。因而氢是作为化学结合手段对氧起作用的。这样一来就弄明白了,为什么一旦那两种气体中的一种不完全纯净,亦即除了它的元素之外还含有某些异质的成分,或者依照普里斯特利[①]的实验,如果被燃烧的氢气和在此被使用的生气之间在量上的合适比例没有得到遵循,从那个反应过程得到的水就表现出某种酸的特性。

II, 116

这里似乎还得为化学研究打开一片广阔的场地。当水蒸气被一根炽热的陶管导流而过时,人们从水蒸气中提炼出氮气,迄今为止这氮气的出现还没有得到足够的说明。从**普里斯特利**已经部分做过的那些最明显的实验中可以确定的是,外部的(大气)气体也对氮气的这种散发起了作用。但真正有助于此的是**什么**,这一点迄今为止还没有弄清楚。在此事上人们可以确定下来的东西,也

① 普里斯特利(Joseph Priestley, 1733—1804),英裔美国神学家、哲学家、化学家和物理学家,于1771年首次描述了氧的合成与作用,后来还描述了二氧化氮、一氧化碳等多种物质的合成方式。——译者注

无非是个假设而已。虽说下面这一点是**可能的**,即氮气**完全只是**从**外部**得到**探讨的**——它大概仅仅来自那被用于实验的燃烧着的炭分解了的大气;但问题始终在于,这场实验中的水蒸气是哪里来的。不管就此进行的进一步研究的成果会是什么,就这些研究尚未开始而言,能做的也不过是为研究提出一些可能性,这些可能性目前当然只不过是些可能性,别无其他,但理应得到研究,因为它们可以将许多现今还分离开来的现象关联起来,并通过它们的运用(用于气象学)本身而照亮一个远远更大的领域。

化学无论如何都不会满足于将可燃气体的基础仅仅认作氢,将氮气的基础仅仅认作氮。气象学也迟早必须回答下面的问题: II, 117 对于我们的大气层而言,水是否真的像人们迄今为止还乐于假定的那样完全无用。当然极为确定的是,纯粹水气(Wasserluft)如果存在的话,就像它所源出的水一样,并不以内在的、质上的特征为标志。但问题在于:如果水的两种元素的内部关系被消除,从水中能生成什么。在这个问题上我们迄今只有**一个**例子——从两种元素在化学上的彻底**分离**产生的可燃气。但还是可以想想水的其他一些化学反应过程,如果撇开它们可能还不为我们所知不说,大自然似乎并未让它们百无一用——这是对化学家们的一种紧急呼吁,即要尽可能地比此前更进一步研究水的元素。

一般而言,关于气体种类的理论有其特别的困难,只要人们对各种气体的**形成**还如迄今这般没有把握,即便他们就此做了许多研究。为了产生气体,热遇到各种气体的元素就必须进入某种**化合**,这一点虽然几乎广为接受,但根本没有弄清楚。人们认为主要原因在于水蒸气,它可被冷与压力毁坏,这证明热只是在机械力学的意义上使它膨胀了。现在看来,由于气体既不可能被冷,也不可能被压力毁坏,那么热就应当构成了气体的某种**化学的**、不因任何单纯机械手段而与气体相分离的**元素**。热是化学**手段**,这一点毋庸置疑。因而它可以在化学上**起作用**,而它本身不必因此便成为某种气体的化学**成分**。现在如果热在单纯产生蒸汽的时候,实际上只是在机械的意义上作为强大的力量起作用,然而在产生气体的时候,却彻底**分解**了气体的基本成分,那么它在后一种情况下是在化学意义上起作用的,而它本身不必因此便成为化学元素。在前一种情况下它是**在机械意义上**起作用,在后一种情况下则是**在动力学意义上**起作用。因此在前一种情况下它只不过对流体的**体积**起作用了。正因如此,比起大气来,雾气也轻得多,而且远没有那么密实。[①]如果没有像这样发生大规模的**膨胀**,雾气根本无法保持在不可见的形态中,而气体——在不考虑它远远更大的密度的情况下——永远保持这种形态。因而在前一种情况下,热明显仅仅通过气体的各种微小成分的相互**分离**而起作用,但在后一种情况下,它是通过分解而起作用,即通过**渗透**进气体的各种微小成分而起作用的。要说明一个物体如何能被加热,我们还必须假定热对固体也有一种类似的渗透。因为如果我们认为热仅仅分布到物体的微孔中,那么它很可能使物体**膨胀**,却不**加热**物体。[②]那么在这种情况下我们必须真正假定热对物体进行了某种**渗透**,而这种渗透永无**分解**伴随。

II, 118

① 读者须留意,这里以及下文中谢林将雾气与大气(die atmosphärische Luft)、气体(die Luft)进行对比了。——译者注

② 参见**康德**的《自然科学的形而上学基础》(*Metaphysische Anfangsgründe der Naturwissenschaft*),第99页。——谢林原注

水是热的这种作用的另一个例子。水仅仅为了成为**流动的**,就需要大量的热(这热根本没有提高它的温度),这是众所周知的。只不过水在液态下比在固态下的体积更小。这证明热在水中并未使水的成分膨胀,而是**渗透**了那些成分。反之,只要热从水中逸出,液态部分就逐渐结晶为固态,然而在这里,在停止以动力学的方式,或者人们愿意这样说的话,以化学的方式起作用之后,热至少还是作为**机械**—膨胀性力量在起作用。人们知道,盐在水中分解后,其结晶现象并不早于水挥发为雾态(以及因此挥发出热)。雪花的规则形态,以及冰在结晶时[①]折射出的光的规则形态,同样显示出水中有一种膨胀力在起作用,而且很明显,水在冰冻过程中的膨胀现象无非就是正在分离的热的最后作用——仿佛是它的最后一击。

附释 略说水的分解史[②]

II, 119

很难想象还有比想从少数实验中勾画出某种普遍的自然理论更荒谬的企图了;尽管如此,整个法国化学都无非是这样一种企图:然而也很难说更高的、以整体为导向的那些观点在基于个别案例的这些观点面前,最终就像那门学说的历史,尤其是像那门学说中涉及水的本性的那部分历史一样出色地证明了自身更有价值。

在1791年,**德吕克**在致富克鲁瓦的一封信中写了下面这番话:"如果基本命题被认可(即雨不是由单纯的雾气,而是由气体本身

① 严格说来应是水在结晶,而非冰在结晶。——译者注

② "水的分解史"指的是近代科学家们对水进行分解的历程。——译者注

构成的，进一步说，从氧与氢的某种聚集出发也说不清这种构成），那么随之而来的推论总是不可避免的（即大气以作为可称量实体的**水本身**为基础）。因此那个命题本身必定遭到驳斥，否则下面这一点总是确凿无疑的，即在您的实验室里经过好几天产生出来的**12盎司**水绝没有证明水的聚合。因为如此少量的水的产生与极为干旱的空气中突然产生**猛烈的倾盆大雨**，与早晚会淹死**新物理学**——倘若它不能反过来坚守自身的话——的那种雨水的任何现象都根本不可同日而语。”[①]

众所周知，**利希滕贝格**过去完全赞同这些原理；的确，他在他就近世化学自我辩白的那篇著名的序言中，已经在著名的阿姆斯特丹实验中看出了人们此后在用伏特电池[②]进行的实验中当然更易于觉察的相同现象。他以他那流行的说话方式要求：人们只应留意，是否电物质并未分解，以及是否它的一部分与**水蒸气**一道产生了不可燃气体，而另一部分同样与**水蒸气**一道产生了脱燃素化气体（参见同前书[③]，第 XXIX 页）。

II, 120

在《思辨物理学杂志》第 1 卷第 2 分册第 71 页上论**动力学反应过程**的那篇文章里有如下文句：“所有这些总括起来就表明，人们在多大程度上**能**说，负电就是氧，即**并非**所谓物质中**沉重的东西**，而是

① 参见格伦的《物理学杂志》1793 年第 7 卷第 1 分册第 134 页上刊载的整封引人瞩目的信。——谢林原注

② 原文为 “der Voltaischen Säule”，直译为 “伏特柱”，指伏特发明的电池，为标示其与现代电池的区别，统一译为 “伏特电池”。伏特（Alessandro Giuseppe Antonio Anastasio Volta，1745—1827），电池的发明者，电学的奠基人之一。——译者注

③ 指前述（本书中译本第 105 页脚注 1）利希滕贝格对埃克斯莱本自然学说的评论，原书名不详。——译者注

具有使物质(物质在其自身只是空间的填充物)成为材料[1]这种潜能的东西,才是负电。卓越的利希滕贝格曾坚持不懈地,而且仿佛是在除了类比之外并无某种进一步根据的情况下主张,两种气体化合为水的现象毋宁可以被称作两种电的某种化合。他完全有道理。在粗糙的化学现象背后真正进行化合的能动性东西只有正电和负电,因此中性水[2]只是对**一个**整体中包含的两种电的最原始描绘。因为,氢——再次**并非**所谓的物质中的**可称量东西**,而是使物质成为材料的东西——就是正电,氢有着和氧正好对立的功能,即(通过脱氧化)消除负电物体的引力,并由此使之进入正电状态;过去我将这些都当作颠扑不破的原理——因而具有潜能的吸引力和排斥力的坚固而普遍的代表,即氧和氢这两种材料,仿佛也是如此。"

此后在德国很快就有里特[3]先生用伏特电池做了一些实验,这些实验令人心生期盼,即甚至可以以经验的方式在所谓水分解的过程中让人生动地直观到这类过程。在这种情形下,下面这些已明白昭彰:

1. 绝大部分物理学家和化学家对于德吕克与利希滕贝格早先的那些命题,必定丝毫不理解。 II, 121

2. 大部分人到那时为止将他们对其所观察到的事实的种种叙

---

① 这里的"材料"(Stoff)系指构成事物的"元素"(Grundstoff)而言。当时化学界看待物质,与我们现今惯于以现成化方式设想的不一样,并不认为物质全都由一些已由科学验证的现成元素构成。当时有些化学家认为,除了构成事物的各种元素之外,还有以太(Aether)、物质(Materie)等背景性东西。——译者注

② 这里的"中性水"(das hermaphroditische Wasser)并非就酸碱度或其他性质而言,而是当时人认为就电而言同时既带有正电,又带有负电的水。——译者注

③ 里特(Johann Wilhelm Ritter, 1776—1810),德国物理学家,早期浪漫主义哲学家,1801年发现了紫外线,1802年发明了蓄电池。——译者注

述当作有关这些事实的**理论**,当作**对事情的内部进程的某种真正的认识**时是多么盲目和欠考虑啊！因为对于他们的那些实验,比如他们在某些情况下从水中提炼出可燃气,同时另一个物体又通过同一种水的中介而被氧化了,或者他们通过将那两种气体一起燃烧而得到一定量的水,他们完全不予置评(正如德吕克在前述文句中也并未否认 12 盎司水的事实);而这些在他们看来全新的理念仅仅涉及关心整个进程的那种**物理学**,但它们就意味着或者会让人认为,这样一来就有彻底改变**化学本身**的危险。法国人的那些空洞的化学实验麻痹人心的作用如此之大,以致人们对于可以处理这些现象的某个更高法庭根本没有丝毫概念。有一点根本不用怀疑,那就是哪怕只是一度提出过**化学中一切所谓的分解或聚合就事情本身而言究竟意味着什么或此事在物理上是如何发生的**这个问题的人,也会看到:将水的分解还原为**单一**实体在不同形式下的某种表现的做法,就**一切分解**而言都是有效的,而且只不过是将一般公式运用到特殊情形之上罢了;因而在水是单纯的这个意义上来说,它一般而言是一切物质,反之亦然;在人们一般可以说物质被分解又被聚合了这个(常见的)意义上,也可以就水说同样的话。

II, 122 鉴于上一章谈到有关氮与氧在大气中以何种方式化合起来的问题,我们还可以附带说明,这个问题只有在恒星系统中各行星之间关系的某种普遍构造中才能得到回答;鉴于这种普遍构造,我们请读者参看《新思辨物理学杂志》[①](图宾根:柯塔出版社)第 1 卷第 2 分册第 8 节的阐述。

---

①《新思辨物理学杂志》(*Neue Zeitschrift für spekulative Physik*),谢林继《思辨物理学杂志》之后在图宾根出版的杂志。——译者注

第四章 论电[1]

到现在为止,我们只识得大自然的**一种**力量,即光和热[2],这种力量在其效用方面只会受到僵死材料的对立趋势的阻碍;现在有一种全新的现象激发了我们的注意力,在这种现象里,似乎行动与行动、力量与力量在对抗。但这几乎也是我们对这种奇异现象的起源所知的唯一确定而可信的信息。有两分的(entzweite)力量在此存在和起作用,这一点我们相信已经看到了,而这种现象所许可的最精确的研究,几乎也毫无疑问开展了。但那两种力量的本性与特性究竟是什么,它们是同一种原初力量的显现(那种力量只是由于某个第三方原因才与自身两分了),还是有两种原本就相互对立的力量(它们在通常状态下受缚于某个第三方),它们在这里——人们不知道这是如何发生的——被激发起来,相互进入争执状态,对于这些问题,迄今为止还没有任何可靠的答案。

或许在大自然中根本就没有任何现象,在其具有的全部比例与措辞上像我们谈论的这种现象一样精确。电现象的快速消逝迫 II, 123

① 谁若敢于提出一个新假设,他必定不仅仅满足于得出**一些结果**。如果他盯住他的整个研究进程,直至除了他如今正好为研究设定的那个可能性之外,不再剩下任何别的可能性,那么这对于事情本身和他本人都是更有益的。——谢林原注

② 原文如此,在谢林看来光和热的实质是相通的。——译者注

使自然科学家们设想一些人造工具，那些工具使得他们能随心所愿**那般频繁地**，也能依照他们每次的目标而或**强**或**弱**地激发那些现象。人们几乎同样心怀感激地采纳了能激发尽可能多的电的那种机器和能产生最弱的可感电的半导片(der halbleitenden Platte)的发明；但它们的机理的胜利却表现在树脂渣上，通过特殊的装置树脂渣比别的所有工具都能更久地保留住电。这样一来，电的学说可以说更像是在列举人们因应对电的需求而发明的种种机器和工具，而不是在对电的种种现象进行某种说明。但随着这些发明产生的现象和观察越多，它们就越不适应此前的种种假设的限制，而且人们实际上可以宣称，在关于电的整个学说中，如果将这个学说中的**一个**伟大的主要原理和附属于该原理之下的一些原理排除在外，是找不到唯一的普遍原理的。

当人们不再将物体划分为带电物体和不带电物体，而代之以另一种划分方式，即分为导体、非导体和半导体之后，人们迄今为止却还没有发现物体成为导体或非导体的任何规律。被人们归入**一个**类别下的那些物体，经验扩展之后很快就使它们分为两个类别。量、温度等的变化也带来物体导流能力[①]的变化。炽热的玻璃能导电，干木头是一种半导体，完全干枯或完全新鲜的木头是一种导体。即便像玻璃这种最好的非导体，也能通过经常使用而成为导体。但人们更加知之甚少的是，物体的这种彻底的区别究竟从何而来，而且除了在这个问题上可能的那些表象方式之外，如今看来还有更多的表象方式。而这种现象的原因，人们一会到这些物

II, 124

① 导流能力(Leitungsfähigkeit)在这里指导电能力。——译者注

体对电物质或大或小的引力中，一会又到前者对后者或大或小的容量中去寻找。倘若人们将**双方**结合起来，情况或许更好些。是否存在一些物体，对电物质（只要我们依照现象表现于感官的那般接受现象，无论如何我们都必须这样表达）既不表现出引力，也不表现出容量？所有像玻璃那般不以任何内在的质为特征的物质都属于此列；玻璃的透明性已经表明了它是多么缺乏一切内在特性。难道这些物体或许正因此便最有助于积聚起电吗，而电并非从任何东西那里吸引来的，像是麻醉了一般在它们身上静养，直到另一个物体对它表现出引力，进入对它的作用范围为止？

难道除了这些物体之外还存在着另一些物体，它们强烈地吸引着那种物质，却并没有对它表现出某种成比例的容量？它们在每个单一的点上能接纳的电物质的极值很快就会达到，处处都同样强的引力会将那物质引离整个表面；如果它们接纳了电物质，它们同样也很容易在其他物体上失去这物质。

第三类物体是那样的物体，它们对电物质表现出同样强的容量，就像它们对其表现出引力一样，因此在它们内部，电物质同样很容易被激发出来，就像其被扣留住一样。属于这类的仿佛是所有那些很容易被热融化的物体（树脂、柏油等）。这无非是一些可能的情形，它们或许只有在与其他一些已证明的命题构成的整体关联下，才能获得似真性或确定性。

在电现象的**激发**方面，我们直到如今都还同样没有把握。在物体内部使电物质运动起来的，难道只是**摩擦装置**吗？抑或是同时通过摩擦激发出来的热才对那物质起了作用，使之更有弹性甚或使之分解？抑或是其他情形——然而我不愿意早早就穷尽我们 II, 125

在研究进行的过程中必定会碰到的全部可能性。

要确信我们在这些问题上还多么无知,人们可以读读**埃皮努斯**[①]用电气石做的最初那些最简单的实验。[②]这石头只要被加热,就会依照电的规律进行吸引和排斥,它在自身中结合了对立的电,经过不均衡加热后它就会——我暂且这样表达——变换它的电极,一般说来它与磁体似乎很相近,就像琥珀与磁体同源一样。

对于不同的电,迄今为止我们除了通过它们的相互吸引来区分之外,别无他法。起初人们希望依照它们在其中被激发出来的物体来区分它们。只不过对于似乎并没有能力产生两种电的物体,如今我们真正了解的只有**一个**。[③]即便玻璃,在被刮模糊了,或者表面粗糙,或者(依照**坎通**[④]的保证)被摩擦到失去光泽和透明度的情况下,也能产生负电。反之,永远很可靠的一点是,特定的物体在特定的物体上摩擦后总是带同一种电。但在这一点上只有个别的经验,而且就我所知,到此刻为止还不存在任何特定的陈述称得上是规定不同的电如何被激发的规律。我们知道的是,假设两个完全同类的非导体在整个表面上以同等强度相互摩擦,那么它们的电 =0。但这是一个很少能满足的假设;由此就得出,那个规则很少应验。然而这少量的经验已经足够得出一些结

---

① 埃皮努斯(Franz Ulrich Theodor Aepinus, 1724—1802),德国天文学家、数学家、物理学家和自然科学家。——译者注

② **埃皮努斯**的两部关于电力与磁力的相似性和关于电气石的特性的著作,德译本,格勒茨(Gräz), 1771年。在本书(指《一种自然哲学的理念》——译者按)中人们也能发现关于硫磺起电盘的报道,作者已经用过这种起电盘了。——谢林原注

③ 参见卡瓦略关于电的那张插图。德译本,第19页。——谢林原注

卡瓦略(Tiberius Cavallo, 1749—1809),意大利物理学家与自然科学家。——译者注

④ 坎通(John Canton, 1718—1772),英国物理学家。——译者注

论了。

目前我注意到,如果我们假设**原初**就有两种相互对立的电,那么规定此时一种电被激发出来,彼时另一种电被激发出来的**那些规律**,或许根本就无从构想。因为要设想两种电物质相安无事,我们必须使它们相互结合起来。据此看来,在每个物体中它们双方都必须被激发出来。现在看来,我们如今了解的每一个物体实际上都能产生两种电;然而人们是通过何种手段才获得**不同的**电的呢?比如被摩擦物体有平滑的或粗糙的表面,这一点就不可能对**不同质的**电(即不是在量上、在**多**或**少**上,而是在其内在的**质**上相互不同的电)的不同的应激性产生任何影响。这表面最多只能影响到在这种情况下伴随以更强的冲突而发生的摩擦机理。然而由此最多只会产生激发的**轻易程度**上的某种区别。而激发的这种或大或小的轻易程度是否产生了电本身的某种区别?我想再举几个例子。同一个物体,在我**强烈**或**微弱**地摩擦它之后,为什么它的电常常**不同**?为什么不同程度的干燥产生不同的**电**?潮湿物体是导体,这就是说,它们对电表现出强烈的引力;但它们**以同等强度**为**两种**电导流;因而正如表面看到的,这里能够说明潮湿与干燥物体中所激发的电的差异的,除了电在**后一类**物体中更**容易**被激发出来之外,别无其他。因而这里似乎还是激发的轻易程度上的区别产生了电的区别。但问题在于,又是什么产生了激发的轻易程度上的区别呢?带着这个问题,我们或许会离事情更近一步。 II, 126

在通常状态下,电在物体中是宁静的。人们以不同方式说明这种宁静。那时电物质到处都均匀地传播,因而与其自身达成了

II, 127 平衡,**富兰克林**[①]如是说。依据这个假设,所有电现象都只有当两个相互摩擦的物体得到了比日常状态下具有的更多或更少的电时,才会开始。在这种情况下唯一能动的东西是**正**电,即在一个物体中积累起来的电物质。只不过存在着那样一些现象,在其中即便负电也似乎并非不能动。基于此便有了**西默尔**[②]关于**在肯定性的意义上**相互对立的两种电物质的假设。只不过这种理论所依据的那些经验并不必然预设了,这些电**原初**就是相互对立的。它们很可能是由于我们用来激发出它们的那些手段才两分的,然而双方似乎都是**正的**,即**能动的**。

这样一个假设将把富兰克林和西默尔的假设的长处集于一身,同时又避免了两者的困难。如果我们假定,各种电现象的原因——力,或者如我们希望就此表达的那样,在各种电现象中似乎陷入争执的那种能动性,是**一种**原本宁静的力,那种力在与其自身的统一中或许只以机械的方式起作用,而且仅当它出于特殊的需要而使大自然与它自身分离时,才产生某种更高的效用,那么大自然的体系也就明显变得更单纯了。如果造成各种电现象的原本只是**一种**力量或**一种**物质(因为这两种说法目前都只能说是假设性的),那么由此也就不难理解,为什么两种对立的电会发生合流,为什么已经两分的力会努力结合起来。很明显,双方都只有在它们发生**争执**时才现实存在,只有相互寻求统一的那种努力才将各自

① 富兰克林(Benjamin Franklin, 1706—1790),美国作家、自然科学家、出版商、发明家和政治家。——译者注

② 西默尔(Robert Symmer, 1707—1763),苏格兰哲学家与物理学家,以电的流体理论闻名。——译者注

独有的、分离的某种实存赋予双方。

如果这一假设为真，那么人们就只能通过预设某个**第三者**才能理解前两者的对立状态，通过这第三者，前两者才起了争执，这第三者也阻碍了它们的结合。这个第三者现在只能在物体本身中被寻求。现在那些相互摩擦后激发出不同的电的物体表现出何种差别？ II, 128

一瞥之下就能吸引我们的一点，便是这些物体带有不同的**电**。由于人们可以用同一种力量的**不同激发方式**来说明对立的电现象，所以就不难理解，为什么电在弹性较小的物体中被激发得弱一些（负电），在弹性较大的物体中被激发得强一些（正电）。实际上这类比还可以大大拓展。人们知道，一般说来摩擦依照其发生时合乎比例或不合乎比例，便能增大或减小弹性。所有增大或减小弹性的东西，似乎也会促进或阻碍电的激发。一个物体如果由于热而过度膨胀，就会失去它的弹性。炽热的玻璃就是这样成了导体的。一个物体变湿之后便会减损其弹性。电也会如此这般减损。当物体变湿，电便被激发得弱一些，而不同程度的干燥也会产生不同的电。正如表面看到的那样，抛光的玻璃和刮花了的玻璃、纯净的玻璃和不纯净的玻璃仅仅通过弹性的大小相区别，而且还产生两种不同的电。要得出下述结论，人们也不用，比如说，只从**迪费**[1]那里听说过树脂电和玻璃电：易碎的玻璃比树脂更易带电，如此等等。

---

① 迪费（Charles François de Cisternay du Fay，1698—1739），法国自然科学家和新教牧师，对电现象多有探讨。——译者注

人们很可能感到惊讶莫名的是，还没有任何自然科学家想到过，电物质可能，比如说，是流体，一些物理学家为了说明电物质的弹性而让这流体在物体内部流通。当然这似乎意味着通过某种更不确定的东西来说明某种不确定的东西；然而这种做法似乎并非前无古人。

因而这整个表象方式目前仅仅有助于人们普遍注意到，我们通过研究物体与电的不同比例，或者电与物体的不同比例，或许就能逐渐得到关于这些现象的本性的一个可靠结论。同时这也是对抗某种**懒惰的自然哲学**的最可靠手段，那种自然哲学在物体中预先将种种现象的原因作为元素设定下来，就认为已经说明了一切，然而只有当人们需要它以最方便和最简要的方式说明任何一种现象时，这些现象才从这些元素中冒出来（像是救急神）[①]。

II, 129

因而我们如果比迄今为止既有的做法更深入地考察电与不同物体的比例，那就更好了。在两种电的差别上我们得到的任何启发，也都会对一般意义上的电的问题带来某种启发。因而问题在于：凭着何种特性，在两个相互摩擦的物体中那个带正电的特异于那个带负电的（反之亦然）？

如果人们在那些物体中选出那些**端项**来，比如玻璃与硫磺、玻璃与金属、硫磺与金属等等，他们无疑就会最快达到目的。

因而：玻璃与硫磺相互摩擦后，就赋予前者正电，赋予后者负

① 括号中原文为拉丁文。“救急神”原文为‘Deus ex machina’，是西文中一个有名的成语，源自古希腊戏剧中（最早见于埃斯库罗斯戏剧）为解决剧情冲突而利用机械装置使某个神（由演员扮演）突然出现的做法，后衍生出以突然的甚或不合逻辑的人为办法摆脱困境的意思。这里谢林是在讽刺同时代懒惰的自然哲学预设结论为原因的自欺欺人之举。——译者注

电。这两种物体通过何种质区别开来？正如表面看到的那样，玻璃在许多质的关系上对外显得是僵死的。[①] 光由此得以畅通无阻地继续向前，而它在玻璃那里受到的折射仅仅以玻璃的**密度**比例为准。水蒸气经过炽热的玻璃管导流后并未改变其本性，因为玻璃未能吸引它的任何元素，也没有能力造成水的任何分解。玻璃在火中只不过可融化，而不是可燃烧。反之，硫磺则是那样一种物体，它通过颜色、气味、味道表明，它具有种种内在的质。通过它的可燃性，通过它对生气中的氧表现出来的强大引力，它便与玻璃更加不同了。——玻璃与火漆、玻璃与树脂等之间的关系也同样如此。

II, 130

但如果我们比较可燃物体与可燃物体，比如比较毛发与火漆、木头与硫磺等等，结果怎样？——毛发与火漆相互摩擦后，前者带正电，后者带负电。木头与硫磺摩擦后，前者显示出正电，后者显示出负电。这些物体如何相区别，尤其就它们的可燃性而言？（我们已经通过最初的经验让人们留意到了这种关系。）答案是：双方都是可燃的，双方都表现出对氧的吸引——但那些变得带**负**电的东西更易燃，也表现出对氧更强的吸引。根据富兰克林已公开的理论，电的多少与物体中可燃东西的多少成反比例（为了简洁起见，我就这样说了）。

如果我们比较迄今为止**相互**比较过的所有物体与**金属**，那么火漆与硫磺（它们此前与其他物体摩擦后带负电）与金属摩擦后带**正**电。——如果我们比较玻璃与金属，那么即便在这里，玻璃也总是带正电，金属带负电。但金属与众不同的特征尤其在于它与氧

① 第一版中为：彻底被剥夺了所有内在的质。——原编者注

的亲缘关系，这种亲缘关系大到足够使它能够发生某种钙化（就此可参见第一章）。

因而我们有理由引出的结论是：**使物体带负电的东西，同时也使之可燃**，或者换句话说，**在两个物体中总是那个与氧有最大亲缘性的物体变得带负电**。[①] 因而（如果人们同样在一般意义上假定一种电**物质**，但还不想随意将这种物质弄成某种与所有已知物质绝对不同的物质，那么下面这个结论直接从前一个结论得出）：**负电物质的基础或者是氧本身，或者是另一种与它完全异质的元素**。[②]

II, 131

现在人们如果留意一下电被激发的方式，就会发现这里除了两个摩擦物体之外就只剩下周围的空气，此外再没有任何东西出现。从那些物体中是根本不能产生氧的——那么是从**空气**中产生的吗？但从空气中只能通过分解得到氧。**那么空气，比如说，在通电过程中也被分解了吗**？但要是那样，我们由此必定引发燃烧现象。那么通电如何与燃烧相区分？后者的发生从来不会没有空气

① 我并不否认，一旦人们，比如说，将导体与非导体摩擦，就有一些表面上的例外，因为依照被激发起冲突的两个物体属于同一个类别还是属于不同类别，同一个规律当然可以按照不同方式进行修改。但一般说来，只要测定可燃性与氧的标准还没有确定下来，**可燃性**概念就还允许与氧的亲缘性的等级存在巨大的模糊性。——谢林原注

该注释在第一版中为：我并不否认，一旦人们，比如说，将导体与非导体摩擦，就有一些表面上的例外。比如金属很明显就比一条丝带与氧有更大的亲缘性，然而丝带与金属摩擦后显示**负**电。只不过在这种情形下，金属**根本不**显示电，这就证明，金属在这里仅仅充当了**导体**，这导体带走正电物质要比带走负电物质更容易，因此负电物质就在非导体上沉积下来。——原编者注

② 这样一来，下面这种经验就极其引人瞩目了，即假设别的所有条件都相同，物体的**颜色**就决定了电的区别。依据西默尔的实验（见于《哲学学报》第51期，第1部分，第36号），比如说，黑带子与白带子相互摩擦后，前者带负电，后者带正电。要说明这一点，人们可以回想一下物体的颜色和这些物体与氧的比例关系构成的整体关联。——谢林原注

的**化学**分解相伴随。而空气的化学分解在通电的情况下总归是不会发生的。此外,电通常至少会被单纯的摩擦,即被某种单纯**机械性的**手段激发出来。

因而:**正如生气的某种化学分解造成燃烧现象,生气的某种机械的分解**(这一般指所有非化学的分解)**造成电现象**——或者说,燃烧在**化学**方面之所是,正是通电在**机械**方面之所是。众所周知,摩擦不仅激发出电,它还总是激发出热,在某些情况下甚至激发出火。野蛮人很少用别样的办法生火,而且在从前的野蛮民族和部分现在还保持野蛮状态的民族(比如阿拉伯人)的语言里,现在还有那样的一些词汇,他们用那些词汇表示两块木头。[①] 但正如表面看来的那样,那整个区别,亦即被激发的是热与电,还是也有火,这并非由较强或较弱的摩擦造成的。如果通过摩擦,造成了空气的某种**彻底的、就此而言也是化学性的**分解,那就必然形成火;某种**较微弱的——就此而言**也**仅仅机械的**——分解造成**热**,而如果两个物体都是非导体或被隔离开来,而且(**这是重点**)与氧有**不同的**比例关系(因为同类物体与同类物体摩擦产生的电为0),那就造成**电**。因而我并不否认,即便通过某种单纯的摩擦,也可能造成空气的某种化学分解。当物体被摩擦时,无论以何种方式,物体都可能进入那样一种状态,在那种状态下它更强劲地吸引氧并能形成火。但我要否认的是这种情形在电身上也会发生,虽说在某些情况下摩擦仅仅通过空气的机械分解便明显能造成热。

II, 132

我本可以在这里得出结论,而将对该结论的进一步运用留给别

① 即用来摩擦生火的两块木头。——译者注

人去做。我也没有宣称,通过接下来的种种说明就穷尽了一切问题。很可能还有更多的物质(如氮气?)协同造成了电现象。必定有一些实验能确定这一点,我得将这些实验留给另一些更幸运的人去做了。因而下文所要求的,除了假定的有效性,别无其他。因为下文基于如下预设,即生气的电现象的根源**仅仅**归功于我认为自己还不能**证明**(而不是仅仅作为**可能的**东西加以呈现)的东西。

那么依据那预设使得电现象得以产生的那种生气的机械分解II, 133究竟何在? 依据上文,这分解不可能是**完全的**,这就是说,热与可称量物质根本不可能彻底分离开。因而如果两个不同类的物体被相互摩擦,那么居于两个物体之间且遭受了摩擦的整个压力的空气,就使它们的可称量元素中大多还从未完全挣脱热的部分脱离了这两个物体中那个对氧表现出更大引力的物体。空气中剩余的部分由于这种损失而更加活跃,更具弹性,便作为正电在另一个物体上聚集,直至这剩余部分受到某个第三者更强的吸引而离弃那个物体。如此看来,如果机器[①]是个玻璃柱,空气将在锉刀那里脱离它的大部分氧。由此便有了混合物的,尤其是汞合金的那种优点,锉刀就是包上了汞合金的。但分解后的空气的剩余部分却依附于玻璃柱上保持静止,差不多是被吸引住的,直至另一个物体来到近旁,将它引开。如果锉刀接触玻璃柱,或者后者与第一个导体相连接,人们就会看见**光**,这显然证明,这里空气发生了某种分解。——如果机器由一个树脂柱制成,那么发生的就恰恰是反向的反应过程了(问题在于,锉刀的哪种特性在这种情况下是最有益的)。

---

① 这里可能指早期通过摩擦生电的电机(Elektrisirmaschine)。——译者注

周围空气的压力似乎对电物质的种种现象产生了巨大的影响,那压力是电物质不得不承受的。那压力要分解空气,就显得太弱了,然而如果压力被从空气那里吸收了,那么电物质在聚集于其上的那个固体上停留的时间就长久得多了。如果电物质从一个物体向另一个物体摆荡,它即便在这里也会遭受空气的阻抗,然而它克服了那种阻抗。正因此,它以不可思议的速度穿过了一个空气在其中被稀释了的空间,并瞬间分解被囊括于这个空间中的全部空气。如果人们让电火苗蹿进一个带有已稀释空气的玻璃管中,那么整个空间瞬间就充满了光;一个穿过这玻璃管的火花会表现出类似闪电的现象。如果这个玻璃管从外部被摩擦,那么被激发出的正电就从外部袭入,整个空间也就亮了。 II, 134

人们在气泵罩下可以激发出电[①],这根本没有反驳已接受的假设,其原因部分在于,人们根本没有能力产生**真空的**空间,部分在于,过去依照当时的电概念而就此进行的那些实验很有可能做得并不谨慎,而如果它们要,比如说,反对上述假设,这种谨慎似乎还是必要的。[②] 在纯生气中进行的一场实验必定远远更具权威性。

---

① **埃克斯莱本**的《自然学说基础》,第 487 页。——谢林原注

② 依据**皮克泰**先生的经验,通过同样的摩擦,比起在通常的空气中来,在稀释的空气中被激发的热量要多得多(《火的实验》[*Versuch über das Feuer*],德译本,图宾根,1790 年,第 184 页及其后几页)。这里人们不可忘记,如果被囊括进反应过程中的物体之间的无差别状态成了通过摩擦激发出热的最主要条件,那么稀释的空气作为本身有差别的东西和作为差异化的手段,就远远不像较密实的空气那样容易阻碍上述激发。反之,电的激发的条件则是上文规定的情形的反面,那位学者(指皮克泰——译者按)的另一些观察也非常符合这一点。比如第 189 页就提到,稀释的空气中的摩擦根本不产生火花,而是只在两个物体的接触点上产生某种磷火般的光亮,那假象类似于在硬石头于黑暗处相互撞击时人们看到的光亮。皮克泰先生的装置极容易被用于检验上文阐述的假设。——谢林原注

空气的阻抗很有可能也对电的吸引和排斥产生了巨大的影响（在稀释的空气中也发生这种事，这根本不能反驳上述结论）。电物质的运行速度将大得多，如果它能克服空气的阻抗。因此它努力穿过空气，为自己开辟**道路**，而如果它遇到的阻抗极小，它将以更自然的方式被引导这样做。但如果它碰到姊妹电[①]，那么它遇到的阻抗远小于它不得不凭自身力量战胜空气各部分的整体关联之时所遇的阻抗。但同样容易理解的是，**同类的**电相互施加的阻抗，要多于空气能对它们施加的阻抗，而且它们**因此**而相互排斥。但不同类的电**在弹性上**也**不同**，因而它们也可能使其弹性相互混同起来，因此也就相互吸引了。此时所有相反的电便都消失了；只不过这种努力和与之相反的努力都会将其分离的存在扩展为一些环节。[②]

II, 135

现在看来，由此就得出了电的**分布**与**电的作用范围**的伟大规律，单是这个规律几乎就能解释所有电现象了。正电在临近的空气成分中造成了某种分离，并依照它对结合的追求而吸引空气的那些可称量部分；负电在吸引那些富有弹性的成分到自身这里时，也在做同样的事情。由此看来，如果一个未通电物体进入一个正电物体周围的大气中，就总会有负电和正电同时产生；负电转向带正电的部分，正电转向对立面，反之亦然；而且原先的电越强，它的作用范围也就越大，那么这种分布便越是进一步扩大。由此便有了**埃皮努斯**首先注意到的那些带电区域。

① 姊妹电（die schwesterlichen Elektricität）是当时用来表示性质相反的电的一个说法，这里指正电物质碰到负电，或负电物质碰到正电。——译者注

② 意即原本相互分离的努力与反向努力会融合到一个更大的整体中，成为那个整体的一些环节。——译者注

因而没有任何电是在没有另一种电[1]的情况下存在的;因为每一种电都只是在与另一种相对立而言才是其所是,没有任何一种是在没有另一种一道被产生的情况下产生的。[2]莱顿瓶[3]、起电盘和电容器的整个机理都仅基于此。

人们由以区别负电和正电的另一个标志是两者带有不同的光,负电的固有现象是亮点,正电的现象则是绒毛状的光。然而这种绒毛状的光只有当人们把一个尖头伸向通电物体时,才会出现。众所周知,人们在尖头的导电能力上的看法还不一致。**德吕克**先生(在他的《气象学的理念》[4]中)曾指出,电物质会围绕圆形导体兜圈子。因此人们希望从中引出某个火花的那个导体的圆环形状会对火花的激发造成极大的障碍。因此这样一个导体会被某个钝物夺去它的电,这样一来,电就强烈地以某个火花的形态爆发出来。但如果有个尖头对着这导体,或者有个尖头在它的表面树立起来,那么电物质的循环就更容易被打断,它几乎无声无息地随着某一次轻微的飘荡就从那个树立起来的尖头涌流而出,或者涌向那个刺过来的尖头——假设那个物体带正电;因为如果它带负电,那么在它这方面,在光锥的对立尖头上的那个点就会显示出来。从我们的预设出发,电光的这种区别可以得到极好的说明。因为不难理解的是,更自由的电(正电)更容易(在光线中)涌流,而对立

II, 136

① 即与之相反的电,下文同此。——译者注

② 在电的分布现象上人们最无法置疑的一点是,所有电都来自空气,因为这些现象在**进行导流的**物体(因而它们**本身**也最难带电)那里往往最常见,也最显著。——谢林原注

③ 早期的电容器,因在荷兰城市莱顿发明而得名。——译者注

④《气象学的理念》(*Idées sur la metéorologie*)为德吕克 1786年的著作。——译者注

的电——它的可称量部分远远更为强劲地被物体吸引了——只有**很费劲**才能脱离这物体,**永远**作为一个**点**显现,因此它也像正电那样,只有当某个尖头刺向它时,亦即只有当它极其**容易**被导流时,才在光线中涌流。——**利希滕贝格的示意图**似乎就是基于这一规律之上的,在表示正电时,这些示意图就显示出径直前伸的射线,但在相反的情形下[1]则是钝角线和弧线。

关于物体与电的不同比例关系,现在再无任何疑问了。对于正电的聚集最有利的是那样一个物体,它对生气的元素很少或根本不表现出引力。然而有相反情形发生的一个物体也可能带正电,假设与它摩擦的另一个物体与氧**还有更大的**亲缘关系。

由于电物质无非就是某种被分解的生气,因此所有对热与氧表现出了引力的物体都对它表现出引力。[2]

II, 137 但在那些吸引电物质的物体之间,可能在容量方面发生第二种区别。那些虽然对电物质表现出巨大引力,却对它表现出微小容量的物体,还会继续为电物质导流,而在其他一些物体那里则发生了相反的情况。因而从各种物体对电表现出的引力和容量的组合比例中就产生了**导体**、**半导体**与**非导体**的区别,上文中已经谈过这个区别了。

现在电现象的起源使人们得以理解,电如何以及为何是最强

---

① 即在表示负电时。——译者注

② 参见《论电的产生和效应与热的产生和效应的类比关系,以及电导体特质和热导体特质的类比关系》(*Memoire sur l'analogie, qui se trouve entre la production et les effêts de l'électricité et de la chaleur de même qu'entre la propriété des corps, de conduire le fluide électrique et de recevoir la chaleur*),阿哈德(Achard)先生著(罗齐耶出版社,第22卷, 1785年4月)。——谢林原注

的分解手段之一，大自然或许在总体上同样非常频繁地利用这种分解手段，正如我们在局部利用它一般。电物质抛弃了一个化合物，只是为了进入另一个化合物。它自由地——但还不习惯于自由——寻求将相反力量结合起来的东西分离开，在这种寻求本身中却通常又遭到毁灭。更精确的观察教导人们，电在其采取的路径方面遵循的是光所遵循的同一些规律，即它在不同的物体中搜寻的，或者是能使之最快就继续导流的东西，或者是**最可分解的**东西，而只有当在这方面所有物体都均等的情况下，它才会急速奔向**更密实的**物体。由此就可以理解它在猛烈地将先前结合着的东西分离开或将先前四散的东西结合起来时，在物体内部造成的那种毁坏了——就可以理解它对动物身体产生的那种暴烈的作用了，它袭入这身体最深处，不断急速奔向肌肉这一动物收缩能力的所在，以便到处都将一个活体的活动结构中本应该永远分离开的东西结合起来——由此也就可以理解它对重新唤醒整个身体或其个别部分中已消失的生命力的巨大作用了，因为它，至少在瞬间，又将生命始于其分离的那种东西分离开了——我们的种种研究在后文中还会回到这种现象上来，而这些研究也会在这里提出的假设中发现说清楚这种现象的路子。 II, 138

同样可以理解的是，电火花使金属钙化和恢复[①]，使其他一些根本不**能**钙化且只在燃点的高温下挥发的金属转化为雾气；后一种现象（虽然要注意，这种现象发生于其中的**生气是没有减少的**）证明，这里单是电就能做到人们通常只能期待于生气的某种分解

① **问题**：这里没有显示出正电与负电的任何区别吗？——谢林原注

的事情。毫不奇怪,即便那些发霉的气体(依据**马伦**[1],在氮气、可燃气、碳酸气中便有),也是这种分解的结果。这就证明,电物质同样能将对于金属的钙化而言必不可少的那种元素产生出来,正如通常由生气产生那种元素一样。

普里斯特利发现,大气也被火花**减少**了。因为用来封闭钟形罩的石蕊染料(至少在表面上)变色了,因而这里很明显发生了两种气体(生气与氮气)的某种分解,而且恰恰就像(依据**卡文迪什**[2]实验)从氮气与纯生气的某种人为混合中发生的那样,从大气中沉淀出硝酸。——从石灰水中穿透而出的电火花会使石灰沉淀。——荷兰物理学家们借助电火花成功地使水分解了。[3]

但至少在这些实验的某一些中(比如在发霉气体中金属通过电火花而发生钙化现象时)很明显的是,电在这里并非仅仅**以机械的方式**起作用,因而相当可信的是,在所有这些实验本身中它都**以化学的方式**在协同起作用。我不知道,在两者——电与生气——如此相似的作用面前人们是否还要求提供它们的同一性的更明确证据。不难理解,电的分解能力必定是双倍强烈的,因为它既是**力量**又是**手段**,原因在于,它一方面与火,另一方面与空气的元素(这元素必定在所有分解中都协同起作用了)具有同样近的亲缘性。

II, 139

如果电是如此强大的一种分解手段,那么总体而言它不可能

---

① 马伦(Martinus van Marum, 1750—1837),荷兰医生、自然科学家、化学家,他监督建成了那个时代最大的发电机。——译者注

② 卡文迪什(Henry Cavendish, 1731—1810),英国自然科学家,氢元素的发现者。——译者注

③ 或许从已提出的假设出发很容易说明通常不那么容易说明的事情(参见**格伦**杂志第3卷第1分册第14页),即为什么通过电火花分解水时有**不含生气的**可燃气产生。——谢林原注

永远不被利用。当大自然最活跃地起作用时,经常重复的雷暴奇观就开始了。一旦我们的大地摆脱了冬天的束缚,电流本身无疑就渗透了它。因此似乎随着春日的第一缕光线一道渗透进所有动植物的那些生命力活动,似乎使有机体王国中迅捷、广泛的胚芽,使新生命,仿佛在瞬息之间就使大自然中的一切,都变得年轻了。电物质在天上的空旷地方越强劲地聚集,地球内部的那些运动就越可感知到,而且此时似乎真的出现了那样的现象,即不[再]只有重力规律,而是还有种种活跃的电力,在将我们引向太阳。雷暴频繁的年份并非地动幅度大的罕见年份,无论怎么说它们都是最有益的年份。——相距遥远的火山同时爆发的现象并不罕见,而地球表面和内部的水或许就是电流最迅捷的传输工具。由于大规模电爆炸而产生的地动,似乎不仅仅是以机械的方式在起作用。[①]它无疑至少不仅仅在植物王国中,也在地球内部造成了一些有益的化学变化。

大气中的电是如何产生的,依照此前的所有研究来看,这始终还是个谜。依照我们据以激发出它来的那同一个规律,它也在大气的高层被激发出来,这一点大概是没有疑问的。但问题在于,大自然是通过何种手段造成空气的这种普遍的机械分解的。**可能**存在着许多带有这些手段的东西,这一点同样非常可信。但问题在于,依照我们从**我们的**观点出发能得到的经验,大自然**实际上**利用了哪些手段。 II, 140

① 甚至沉闷的大地……也在旋转(贺拉斯)。——谢林原注
该注释原文为拉丁文。——译者注

确定无疑的是，有雾气和蒸汽产生的地方，也有电产生。如果我们没留意到它们，那就是它们太微弱了，或者应归咎于我们的仪器。**卡瓦略**发现，如果向一个绝缘金属物中的炽热木炭浇水，这个物体就会表现出负电的迹象；**索绪尔**先生发现，正电产生的情形并不鲜见。**伏特**先生基于类似的一些经验假定，在大气中发生了相反的反应过程；当蒸汽再变为水时，电就释放出来了，如此等等。**德吕克**先生[①]对他[②]提出异议说，要是那样，这一点将**普遍**有效，而如果蒸汽频繁凝聚为水，也必定有电显示出来。**伏特**可以承认这个异议，因为事实上很少有降雨是不带电的；我们的电表偶尔不显示这种电，这根本算不得什么反证。

这些评论现在或许足以在总体上对电的产生带来一些启发了。当雾气和水气产生或凝结时，空气的某种分解就会发生，这一点不难理解，因为在前一种情形下热的某种消耗是必需的，在后一种情形下热释放出来了。但人们同样也理解了，这种分解根本不是**总体的**化学分解。因而空气中通过雾气而发生的这种分解，大概至少与我们通常通过摩擦激发的那种分解，即某种仅仅局部的，就此而言也是机械的分解，是同一种分解。这种分解当然也远比我们所想象的发生得更频繁。从维苏威火山的烟云中突现闪电，如果那里被激发出的电不是太弱，我们会在每一团烟云里都发现某种类似的现象。在每一团雾气里都有电产生，只不过那电的声势与由扩展笼罩到广阔地区之上的巨大云层产生的那种电的声势

II, 141

①《气象学的理念》，第2卷，§644。——谢林原注

② 指伏特。——译者注

不可同日而语。事实上没有任何雷暴是无云的，至少一有雷声被听到，就有云在产生，而常见的情形是，雷暴与云层是在**同一个**瞬间出现的。那么当水气凝结为云时，不仅在它们发生凝结的那个空域里，也在它们落向的那个底层空域里，都可能有电产生，因为在两个空域里都发生了空气的分解，这样也就可以说清楚大气中相反的电的产生了。

然而我们根本无需局限在这唯一的可能性上。在空气根本没有**全部**分解的地方（如在火那里），电到处都可能产生，而自然科学家们由于得到一些新发明的仪器的支援而一度活跃起来的注意力，很快就能用比迄今为人所知的更多的一些例子，来证实那个命题。

大型电爆炸对于我们的大气的有益作用无疑是它在大气中造成的那种分解。最底层大气中的气体充满了大量种类各异的可称量成分，这些成分逐渐将更纯净的气体推向高处。至少大体上而言，由此便有了每次雷暴之前发生的那种不安之感，以及万物似乎都陷入其中的沉闷状态。在夏天，生气更频繁的散发或许即使对于雷暴的产生也是产生了巨大影响的。一场雷暴的结果就是，空气中各种异质的部分被沉淀下来，构成大气的那两种气体更密切地混合起来。雷暴过后那种令人神清气爽的凉意部分是空气被稀释的某种后果，光对这种空气的作用比不上对较密实空气的作用了；部分是热被消耗的某种后果，而这种消耗又是因大量降雨而发生的，因此常见的情形是，一场长时间持续的降雨才会成全一场雷暴对我们大气层的整个作用。

此前提出有关电现象的原因的假设不能称为全新的。人们在 II, 142

早期自然科学家那里已经发现了它的一些征兆，要发现那个假设在他们那里的萌芽，人们只需将他们的语言转译成当今化学和物理学的语言即可。因此**普里斯特利**博士声称通过他用不同种类的气体做的那些电学实验发现了，这些实验中的电火花造成了某种燃素反应过程。因此，他依据他的体系猜测，电或者是燃素本身，或者至少包含了燃素。他更认为他通过下述评论支持了自己的假设，即所有导电物体，甚至包括水（普里斯特利却将其排除在外）所共同具有的东西，便是燃素。但他们得出“它们的导流特性仅仅归功于燃素”这一结论的依据是，它们的这一特性是随着燃素一道保留，也随着燃素一道失去的。[①] **普里斯特利**尝试通过某种更不为人所知又棘手的本原——燃素——说清楚电这种在根本上还不为人所知的现象，这当然不是下面这种局面的主要原因，即他那个虽然在四下里被重申，却很少被人公开接受，甚或被人辩护的假设，不再得到赞成。普里斯特利的评论，即所有导流物体的共同成分是燃素，无论如何还是有其价值的，因为**事情**是真确的，只不过对它的**说明**是错误的。只不过这个假设的缺陷在于，人们甚至凭着对下面这一点的最确定的信心，也久久未能说清楚各种电现象，即电物质或者就是燃素本身，或者是燃素的一种成分。

许多人费心劳力要证明火与电如何以完全不同的方式起作

---

①《对不同种类空气的观察》(*Observations on different Kinds of air*)，第2卷第12—13节。卡瓦略，前引书，第2—3章。——谢林原注

谢林所引书名不完整，原书名为《对不同种类空气的实验与观察》(*Experiments and Observations on different kinds of Air*，1774—1780)。另外，书名原文中各单词首字母大写的情形与谢林所引以及当今正字法均有所不同，译者照录原书写法。——译者注

用，却是徒劳一场。每一个曾见过或听过这两者的共同现象的人，都知道这一点。但我们的精神努力追求它的种种认识的体系的**统一**，它无法忍受的是眼见人们为每个特殊的现象配备一个特殊的本原；而它认为，只有当它在最为多样的各种现象中发现了最简单的规律，同时又在最大规模的作用中发现了最俭省的手段，它才能看见**大自然**。因而每一种思想，即便到如今为止还很粗疏且不精致的思想，一旦致力于对各种本原进行简化，也就值得留意；而如果说它毫无用处，至少它促进了对自身的考察和对大自然隐蔽的进程的探究。

II, 143

人们也不可相信，那个思想从未被进一步追索或塑造到比普里斯特利所塑造的更进一步的程度。**亨雷**[①]（我们将著名的静电计归功于他）依据他所做的各种实验假定，电物质既不是燃素，也不是火本身，而是两者的某种与它们不同的变体——所有的那些现象[②]都无非是同一种本原经历的种种不同的状态，而且在这些状态中那本原表现出新颖而各异的现象。他尤其仰赖下述这些观察：包含了与金属同样多的燃素的那些物体相互摩擦之后，很少表现出，甚或根本不表现出任何电；**一定程度**的摩擦产生电，更有力的摩擦却产生**火**，而**根本不**产生**任何电**；包含较多燃素的那些物体与包含较少燃素的物体摩擦后带负电，因为它们（正如他依照他的预设对事情所做的说明——当然是**错误的**——那样）使它们的过量电物质转到其他物体上了。因此比如说，他这样说，植物性物体，尤

① 亨雷（William Henley），法国物理学家，生平不详。他于1770年制成了带内刻度的简单静电计，后者便被称为“亨雷静电计”。——译者注

② 指前文提到的种种电现象。——译者注

其是芳香族的植物,在织物上摩擦之后带负电,动物性物体这样摩擦后则带正电,因为前者包含的燃素远多于后者,因而将电物质**分给**其他物体了,而其他物体则接受了电物质。亨雷现在从这些观察得出结论:燃素、电和火只是同一种要素的不同状态,燃素是它的**静止**状态,电是它的效应的**第一个**等级,而火则是它**强烈运动**的状态。[①]

II, 144 现在我不追索这些假设的历史了(反正每个人都可以从格勒尔词典[②]这类著作中自行了解这个历史),我已经达到了自己的目的,如果人们一方面在这些事例上留意到将大自然的种种本原加以简化的普遍努力,另一方面也留意到,自从有关火、光、热的本性的新发现慢慢变得愈发确定和可靠,我们也更有理由凭着我们更可靠的本原重新发起人们先前凭着不完善的本原冒险发起过的同一种尝试了。

电实验中光的出现实际上是大自然在向人示意,让人寻找两种现象的本原的统一性。因此**德吕克**先生在他的《气象学的理念》中就电提出的那个假设,就与他关于光的那个假设完全类似。他在这里也将电的导流体[③](光)与电物质区别开来,而且如果我没有弄错的话,他是将前者当成**正**电的原因,将后者当成**负**电的原因

---

① 参见**卡瓦略**前引书,第2章。

② 格勒尔(Johann Samuel Traugott Gehler, 1751—1795),德国物理学家和法学家,编有《物理学词典》(全名为 *Physikalisches Wörterbuch, oder Versuch einer Erklärung der vornehmsten Begriffe und Kunstwörter der Naturlehre, mit kurzen Nachrichten von der Geschichte der Erfindungen und Beschreibungen der Werkzeuge begleitet*),以批判的方式相当可信地呈现了当时的整个物理学知识。该词典共5卷,于1787—1795年出版。——译者注

③ 原文中“导流体”为拉丁文与法文形式:fluidum deferens (fluide déferant)。——译者注

了。此外，通电时在一个房间里散发开来的那种特殊的气味，以及人们让电光锥照到舌头上时，尝到的那种酸得让舌头抽紧的味道，早就使人留意到，在电那里有分解发生，或者说电物质在被激发出来之前就开始或已经与某种可称量元素化合了。——或许这样一来，**克拉岑斯坦**[①] 先生就有理由主张，电物质是由燃素和某种酸构成的了。利希滕贝格枢密官先生——我要把这条笔记归功于他——不久前**建议**将电物质看作由氧、氢与热素构成的。[②] 更早之前**梅瑟利**[③]已宣称过，电物质无非就是某种可燃气。**索绪尔**先生也曾表现得倾向于将电流视作火的要素与别的某种未知本原化合的结果。他说，这结果是与可燃气类似，但远远更细腻的某种流体。[④] 我们的假设，至少就其认为正电是由于**氧**在**一个**物体上发生某种**沉积**而从生气中产生的而言，与这种假设是一致的。

II, 145

在这方面更加引人瞩目的是，**马伦**先生所做的实验证明，在电流中有热素存在。[⑤] 由此就明白了：温度计的球部[⑥] 置于电流中时会升高刻度，这种现象的根据不可能是大气的某种分解；此外，一些无弹性的流体会被电转化为有弹性的气状物（比如水、酒精、弱

---

① 克拉岑斯坦（Christian Gottlieb Kratzenstein，1723—1795），德国医生、物理学家和工程师。从1753年起担任哥本哈根大学的教授，曾四次担任该校的校长。他因在医学中应用电而闻名，并撰写了丹麦—挪威联合王国首部实验物理学教材。——译者注

② 埃克斯莱本《自然学说基础》第6版序言，第XXXI页。——谢林原注

③ 梅瑟利（Jean-Claude Delamétherie，亦写作 de La Métherie 或 de Lamétherie，1743—1817），法国化学家、矿物学家、地质学家和古生物学家。——译者注

④《阿尔卑斯山游记》（*Voyages dans les Alpes*），第3卷，§222。——谢林原注

⑤ 格伦的新物理学杂志（疑指《物理学编年》——译者按），第3卷第1分册，第1页及其后几页。——谢林原注。

⑥ 温度计装水银的地方。——译者注

碱),如此等等。重要的是这些实验的结果,这结果与已提出的假设完全一致:“非常明显(马伦先生如此结束对他的实验的叙述[①]),电流不是热素本身;因为如果我们看见电流作为火花从一个物体转移到另一个物体中时,电流只是通过摩擦被释放出来的热素,那么它必定会将它流经的物体加热。但由于已描述的种种实验表明,即便物体接纳的电流的量相比物体的质量而言极为可观,物体也根本没被加热,这说明人们看见其以火花形式从一个物体进入另一个物体的那种电流并非**仅仅**是热素。因而这些实验允许人们假定,存在于电流中的热素在那里就与另一个实体化合起来了,那个实体阻止了热素在某些电现象那里自由地起作用,而且由此看来,电流只有当热素从它与之化合的那个实体那里分离开,并由此可以自由地起作用的时候,才将物体加热。”

II, 146

“如果从前述种种实验中推导出的结论是有根据的,像我实际看到的那样,那么它们也就证明了,电流并非单纯的,也不完全与所有别的流体相区别,像多数人想象的那样,毋宁说**它是一种聚合的流体,热素与另一种尚不为人所知的实体在这流体中化合起来**。”

因此如果说权威是有效的,那么人们就会看到,上文提出的说明既有那些知名自然科学家的种种假设的优点,也有他们的种种实验的优点,而且毫无疑问的是,那些为了**验证**它们而做的实验很快就会证实它们,正如它们已经被上文提到的**马伦**先生的实验(尤其是金属在发霉的气体中通过电火花而钙化的实验)**证实**一样。

---

① 第16—17页。——谢林原注

附释 论自然哲学中电的构造

毫无疑问,下面这些要点是一种电的理论或构造必须顾及的:电本身的本性,这种作用方式的激发类型,正电与负电的根据以及它们与物体的质的比例关系,导流类型以及导体与非导体的区别。电的那些令人喜悦的现象,以及它的所有作用,都是从这些已得到澄清的要点自动产生的。现在看来,依据同一些要点,自然哲学中电的构造也应当得到简短的呈现。

* * *

由于宇宙中主观—客观化的形式自行分化以至于无穷,那么这里即便物质看似在最外层边界上使其实在性失落到纯粹的客观性和形体性中去了,这物质也还是不能被设想为无灵魂的。对物质的赋灵(Beseelung),是通过无限者最初向有限者——物质是这有限者的最外层环节——构形的行动而被分有的。通过这般赋灵,物质除了作为有限者而处在无限者中,并服从于普遍的同一性之外,(在重力中)也**于自身中**具有那样的能力,即让**其自身**成为**等同的**[1],并将自身维持在这种同一性中。所有动力学现象都直截了当地要从这些原理出发来理解,而完全不用假定某些特殊的、精微的,甚至很可能不可称量的物质,那些物质不仅在其自身纯粹是假定的,而且完全不足以构造这些现象。

II, 147

现在我们可以作为普遍原理提出来的是,每一个物体,在没有

① 意指成为与无限者相等同的,亦即处在上述"同一性"中。——译者注

改变它与它外部另一个物体的比例关系的情况下，永远保持与其自身同一的状态，反之那类比例关系的任何改变都在它内部造成一种趋势，即不顾这种改变而维护自身等同的趋势。这种改变普遍成为空间格局的某种改变，因而成为近或远的某种改变，而一个物体向另一个物体的每一次靠近或远离都必定会在两者内部造成动力学上的改变。双方的边界靠近，直至融合，就是接触：那么尤有甚者，**在接触时**发生的那些改变会**转移到在空间上不同的两个**（相互外在的）**物体上**。

但这里可能发生两种情形。相互接触的可能是两个在质上漠无差别的（相类同的）物体，却也可能是两个在质上不同的、有差别的物体。

现在我们必须留意到，使得一个物体与其自身为一的那个东西，必然也是能使它与另一个物体为一的东西，假设这另一个东西能对它形成补充；这就是说，因为每个物体都有自顾自地成为一个整体、一个总体的倾向，而且只有通过与另一个物体接触才被设定为非整体（Nicht-Ganzes），所以就像这另一个物体一样，它在与这另一个物体的接触时致力于共同呈现一个总体。但这就要求，双方相互之间的关系实际上就像一个统一体的两个不同方面之间一样，因而在这两个物体中的每一个内部，都有某种规定或规定性，是另一个物体所不具备的，因为只有就此而言，一个物体方能成为补充另一个物体的手段。

II, 148

现在看来，事实并不是前一种情形，即漠无差别的、在质上类同的物体相互接触。因而在这种情形下，每一个物体相互寻求侵入另一个物体的个体性之中的趋势，只会造成那样的后果，即每一个物体在其自身中更多地聚合起来,也越发致力于维护与其自身的同一性。这里我们必须提到的是,与其自身的那种相对的类同在物体上是通过僵硬性、凝聚性表现出来的,那种僵硬性、凝聚性正如人们在缺乏证据的情况下也能看到的,正是物体在自身内的存在(In-sich-selbst-seyn),是个体化本原,是从各种物体构成的总体中分离开来的行动。因而我们可以这样来表达上文指出的那个规律:**漠无差别的物体的接触在这些物体的每一个中都自顾自地设定了那样的趋势,即在并未与另一个物体相整合的情况下,在其自身**[①]**中整体关联起来**。但现在看来,就凝聚性是活跃的而言,它的形式一般而言就是**磁**,对于这个命题,我们在这里暂时只希望通过下面这一点来加以论证,即磁的最大值,也恰恰是与活跃的凝聚性的最大值一道出现的,反之亦然。但在没有物体在对立方向上发生某种差异化的情况下,磁是不会存在的,以致在一个方面是同一(普遍东西)占上风,在另一个方面是差别(特殊东西)占上风(这种现象在磁体上通过两极表现出来),同时就整体而言两者又完全是势均力敌的。此外,差异化中的这种无差别状态可以进至无穷,而且在相同的形式下既在物体的单个部分中,也在整个物体中发生。现在看来,为了在眼前的情形下运用这一点,在同质物体的接触中也是如此;虽然每一个物体都有自顾自地成为总体的趋势,但是由于每一个物体在成为这个物体的同时也必须与另一个物体保持平衡,所以每一个在有必要的情况下都必定会规定另一个,由此它们——撇开它们各自在自身内部的统一性不看——也就维持了 II, 149

① 即上文中说到的"每一个"物体。——译者注

相互平衡；这就意味着，它们除了相互设定对方**在其自身内**具有活跃的凝聚性之外，它们**相互之间**也要设定活跃的凝聚性（那么这两个物体中的每一个假定它的哪一极代表与另一个物体的这种凝聚性，这一点取决于我们在此无法深究的一些规定根据）。

漠无差别的物体之间的这种凝聚状态便是人们惯常所谓的"附着性"，因为这种整体关联通常发生于两个物体在量上的类同关系[①]中，而且最同质的东西会最强烈地相互附着。

现在人们以摩擦代替接触，而摩擦只不过是连续而反复的接触，这里接触本身和接触点就不断被改变；这样一来，因为在这样接触时两个物体之间根本不可能产生永久的平衡状态，那么每个物体在自身内设定的能动凝聚性便被提升得越来越高，那么正如在一个物体从较小凝聚性的状态过渡到较大凝聚性的状态时发生的那样，就会有可感的热产生；这热越来越多，因为使得物体冷却（而且本身又是该物体与其他物体共同出现于其中的一个凝聚反应过程）的那个导流反应过程由于接触点的不断改变而被扰乱，使得那样一个点必然被纳入这个反应过程的进展之中，在那个点上，能动凝聚性由于过渡为相对凝聚性，它先前的峰值状态便自行消散了，而（依据第一章附释中指出过的要点）物体便过渡到燃烧反应过程中了。就此而言，**热**源于摩擦的说法也要辅以下面这一点才能建构起来，即恰恰是一些**漠无差别的**物体交互产生最大的热。

要将第二种情形的后果更加纯粹地保持下来，我们首先必须追索前文假定的两种情形中的第一种的后果。就第一种情形而

① 指同质的东西在量上相互叠加、融合。——译者注

言，如果我们仅限于最普泛的表述，就可以这样说：漠无差别的一些物体在接触时使自身**磁化**了。

前文假定的两种情形中的另一种的后果有所不同，在那种情形下**两个不同的物体相互接触**。 II, 150

也就是说，因为每个物体与另一个物体都处在那样一种比例关系中，使得它补充了另一个物体，所以它们就会有共同呈现出一个总体、一个封闭世界的趋势；而由于这一般而言是可证明的，那么即便在这里，也无非只是在凝聚性的形式下才成为可能，而这样一来，就使得一个物体中有了与另一个物体中的规定相对立的规定，**因此它们双方会相互改变对方内部的凝聚性，这就使得一个物体提高凝聚性**（特殊东西的因素在它内部占上风）**的比例，便是另一个物体降低凝聚性**（普遍东西的因素在它内部占上风）**的比例**。

现在看来，这种相互改变凝聚性的现象或者只在接触的那一刻，或者只在取消接触的那一刻才能**如其本然地**表现出来，这一点不言自明，因为处在静止接触状态下的两个物体，正如人们说的，是一个封闭的世界，而且两个物体中的任何一个，要通过另一个恢复其状态并与这另一个进入同一个反应过程，都无需向外努力。但此外却产生了一个区别，即接触的物体是否有能力使设定于它们内部的凝聚性的改变扩散到它的整个表面上（以这种现象如今发生的那种方式）；归根结底，那种改变会仅限于接触点上，而要将它扩散到整体上，就需要双方在所有的点上不断进行接触，即不断摩擦。此外不言而喻的是，如果在前一种情形下，**漠无差别的**物体相接触，在它们内部和它们之间就要设定活跃的，因而绝对的凝聚性，众所周知，那凝聚性是经度的一种功能；在**有差别的**物体相接触的情形下，就必须设定**相对的**凝聚性，同样众所周知的是，那凝聚性是**纬度**的纯粹功能。因此也就得出，如果说前一种情形下的作用方式的形式是纯粹经度，那么第二种情形下的作用方式的形式就是纬度。

II, 151 但如果要证明下面这一点，我们也无需再添加任何东西了：在前文假定的第二种情形的条件下，物体的作用方式是**电**，因为无论前者（那些条件），还是后者（作用方式）的种种规定，都只在电上同时发生。在这种关联下，我们只举出了电局限于物体表面的现象，甚至还举出了电的规定性，比如就不同物体之间由于表面的类同性与相似性而产生的量上的分布而言，因为下文中还会广泛提及更多的例子。

现在我们可以逐一简要讨论上文规定的要点。

1)**电自身的本性**。很明显，电是两个不同的、相互之间进入了相对凝聚性的物体的动力学趋势或寻求同一性的趋势。将所有电和电的所有现象都归结到**凝聚性**这个本原上，这完全是自然哲学所特有的一个成果。因为即便唯一称得上提出了**不同**物体接触的原理的**伏特**，也必定会让"那么这些物体**如何**能相互在对方中激发出电？"这个终极问题付诸阙如，也很可能无法回答这个问题，只要他也在某种流体的涌动中寻求电现象的根据。支撑这种意见的，除了电的某些作用（后文会谈到这些作用）之外，无疑就是就光而言的那同一种意见了；光作为电导流的现象，会将电的经验性因素涵括在内，甚至必定被算作电物质的成分。我们也必须就此给出说明，或者毋宁说，我们在上文（第一章附释）探讨过的东西中已经给出了说明。在磁中，同一被纳入差别之中，这里光不可能显现出来。光的显现就是将差别涵括到同一之中（参见同前引）的表现；它恰恰也会出现在电中，而电与磁的区别在于，在电中某种差别成了同一，而不是像在磁中那样，同一成了差别。 II, 152

由此我们也看到，磁与电从另一方面来看又合而为一了，即成了动力学意义上的同一种活动，这种活动在彼处只在第一个维度的形式下**刺激**物体，在此处则在**第二个维度**的形式下**刺激**物体。

2)**电的激发的种类**。我们从前文的讨论看出，电的根据仅仅在凝聚性每一次的改变中，而那些改变是不同的物体仅仅通过接触，同时又没有另一个动因居间起任何作用的情况下而产生的。大体而言，依照电的普遍一面（作为**纬度—极性**）来看，电的激发方式在前文（第一章附释）已探讨过的地球与太阳的关系中，可能不再显得可疑了。

3)**正电的根据以及正电与物体的质的比例关系**。当两个漠无差别的物体接触时，形成了磁体的无差别之点[①]，当然那也只是在差别中恢复的无差别之点；两个物体在邻接(Kontiguität)状态下表现得就像磁体的两端一样；现在看来磁体（大体上就像地球与行星系统一样）多么确定地从一方面来看必定处在凝聚性减弱的状态，从另一方面来看必定处在凝聚性增强的状态，两个相互通电的物体也必定多么确定地如此。那个膨胀了的物体（膨胀状态通过迸发出来的火花束呈现）将处在**正**电状态，那个收缩的物体（收缩状态也表现出光点现象）将处在**负**电状态。

据此我们可以这样来表述物体带电比例关系的规律：**两个相**

① 指在磁性方面的无差别之点。——译者注

互对立的物体中那个增强了凝聚性的物体成为带负电的，那个减弱了凝聚性的物体必定会显现为带正电的。由此就表明了，每II, 153 一个物体的电何以不仅仅受到它的质的规定，还同样受到另一个物体的质的规定。人们就理解了前面那一章中——尽管极不完备——指出过的那种关联，即物体在电方面的比例关系与它们的可氧化性方面的比例关系之间的关联，因为可氧化性恰恰还受到凝聚性格局的规定（第一章附释）。人们只需物理学家们就这一对象拟定的那些表格，便可确信这一规律的普遍有效性。玻璃如果被置于它在其中作为摩擦工具可以碰到某种可轻易氧化的物体的那个比例关系中，就会带正电；众所周知，汞合金在通电反应过程中也被氧化，这意味着在它那相对的凝聚性方面有所增强。在电实验中，正电总是出现在物体具有更小凝聚性的那一面，比如锌对着金、银、铜的那一面。但即便最顽强地表现得带负电的那些金属，比如铂，在与其他金属一同加热的状态下，往往也可能带正电，甚至在与那种金属的一个其他方面都同质、唯独没有被加热的部分一道时，也带正电（参见卡瓦略著作，最新版，第2部分）。由此人们就理解了表面、粗糙（这样一来，比如说，磨花了的玻璃在其他物体于其中带正电的那种比例关系中会带负电）、颜色等产生的巨大影响。现在看来，就相对地增强或减弱凝聚性的能力也规定了物体在化学与其他方面的一切性质而言，由此人们便很容易进一步追索**一个**比例关系（只不过总是在不同的形式下再现，然而总还是同一个比例关系）的各种分支了。

4）**导流的机理以及导体与非导体的区别**。这里首先出现的原理是，导流机理完全基于像最初的激发现象的根据那样的一些根据之上。因为当一个物体通过与另一个物体接触而在某个点上通电时,它也同样因此而与紧邻的那个点有所不同;由此便有了电的反应过程的条件,而且由于头一个点必然具有重建同一性的趋势, II, 154 如果它以另一个点为代价而在凝聚性方面有所增强或减弱,便会使那另一个点带负电或正电,但似乎也必然把自己的电传给那另一个点。但在两个不同的物体之间也会发生同样的事情,以致我们绝不会承认,仿佛通过输液能实现电的某种真正而本己的传播,而只承认通过不断在发生的激发而实现某种传播。

现在谈到导体与非导体的区别,人们就会承认,在这种关系的问题上物理学家们迄今为止还茫然无知,而且不可能就那个区别的根据提供丝毫教益。

依据"所有导体都在凝聚性和磁的形式下发生"这一原理,处在普遍凝聚性序列的边界上,因而或者紧邻收缩的那一极或者紧邻膨胀的那一极的所有物体,由于它们在自身中具有的某个凝聚性因素大大过量了,所以必然只**与另一些物体一道**才能产生凝聚性,必然没有能力**在其自身中**导流。在与一个通电物体接触时,它们固然在与每个其他的物体导流相同的意义上导流了,亦即它们与那个通电物体处在凝聚性反应过程中了,但它们的导流不会超出接触点之外,因为它们**在其自身**并非导体。人们甚至很容易就发现,所有可能的绝缘体都属于这两类物体中的一类或另一类,比如金属性玻璃、土[1]等属于单纯相对性凝聚性占优势的物体的范畴,如硫磺等另一些绝缘体则已属于膨胀力占优势的那个阵营了。

---

① 指干燥的黏土。——译者注

因而绝对导流力的基点只会处在活跃的凝聚性占支配地位的层面,即金属的层面,尽管出于这里似乎必须广泛追索的一些理由,恰恰并不是那些具有最高等级凝聚性的物体具有最完备的导流力。具有活跃凝聚性的无差别之点,作为具有相对凝聚性的无差别之点,与其相应的是水。因为水完全以无差别的方式对待外部事物,采纳了外来的一切规定,即便在自身中也**同样**是**一体的**,因此在每一次导流反应过程中它都作为**一个**因素出现,而且将凝聚性的改变传遍了自身,这意味着它并不绝缘,如果不是因此在自身中不再成为一个仅仅相对的导体的话。然而众所周知的是,在沸腾状态下它就像添加了如矿物酸一类更具凝聚性的流体一样,在导流能力方面有了可观的增加。

II, 155

5)**伴生现象以及电的作用**。毫无疑问,从前文的讨论来看,伴生现象自然就不难明白了,比如吸引和排斥的现象就是如此。前文中第一点[①]已经谈到了光现象。就那里已说过的东西而言,还值得注意的是,物体中含有导流介质或通电物体的内容在多大程度上减少,因而它的表面积在多大程度上被相对增大,电就能在多大程度上以闪烁的形态被呈现出来。由此便有了被稀释的气体中的那些电现象。

电的种种作用,就其通过氧化而化解凝聚性,而将绝对凝聚性化为或变为相对凝聚性而言,无需任何进一步的阐释。关于伏特电池的电极的种种作用,尚需提醒的是,即便在这里,电也作为它的两种化学形式的呈现——氧与氢(第一与第三章的附释)——中

① 指原文 151 页第三自然段开始的第一个要点。——译者注

的纬度极性(Breitepolarität)表现出来;而且人们必定或者是完全不理解水的这种潜能阶次化(Potenzirung)进程,或者是被对原创性的某种可悲的嗜好侵袭了,如果人们由于将水呈现为氧的是出自正电极的规定,将水呈现为氢的是出自负电极的规定,便希望将正电称为氧电,将负电称为氢电的话。在伏特电池系统中,每一极都永远且必定设定与之对立的另一极,因而锌极(Zinkpols)的增加就设定了水的减少或水的**否定性**形式,正如相反那一极的减少就设定了水的增加或水的**肯定性**形式。那种称呼似乎同样是依据粗略的表面现象被选定的,这就像人们由于一个磁体的北极在铁中激发了南极,就希望将磁体的北极称作南极一样,反之亦然。否则唯独能作为正电的化学代表的氢这一方面、唯独能作为负电的同一类代表的氧这一方面就与别的所有比例关系相协调了。 II, 156

由于电对有机体,尤其对动物有机体的种种作用,这里已经足以发现,一般而言神经与肌肉也处在正电与负电的那种比例关系中,这正如反过来说的,水在肌肉和神经中也被分化了,尽管不知以何种方式;神经自然就有以肌肉为代价而增强自身凝聚性的趋势,正如肌肉通过收缩而消除减弱凝聚性的一切规定。因此外部的电在有机体本身中已经找到了最完备的、这里只待发展为更高潜能阶次的电比例。

第五章　论磁体

到此为止我们成功证明了，要说清楚种种物理学现象，我们根本无需未知的、在特殊物体本身中隐藏着的种种力量，大自然毋宁必定是通过最简单的手段来维持这些现象的多样性的，即通过以某种流体介质包围种种固体做到这一点；大自然不仅仅将这介质规定为元素的一般储藏所，这储藏所仿佛成了所有局部引力的中点，也将这介质规定为更高力量的工具；那些更高力量单凭自身就能造成伴随着物体的各种元素的比例关系更替的所有现象。

II, 157　现在还剩下一种现象在威胁我们离开迄今一直伴随着我们的那个本原，威胁我们最终至少得在个别物体中假定那样一种东西，它是我们坚决不允许进入所有物体中的东西——一种内在的、并非普遍起作用的、个别物体**本身**所特有的基本力量。可以说，根本没人想到**种种磁现象**还有什么原因。——因而这里似乎就到了我们的物理学说明的终点了——这原因原本就在某个物体中起作用，无需被激发，而这物体要维持它的力量，是无需被隔绝开来的，这物体也并未由于传播①而减损分毫，或者说只有极少减损——这显然证明在物体的内部有一种力量，它似乎附着在物体最初的那

① 指磁的传播。——译者注

些基本成分上；只有穿透了各种物体的一些力量，比如热和电，而非仅仅到达物体表面的那些力量，比如水之类（这类东西能损害电），才能减弱这种力量[1]——这再一次证明，我们至少**在这里**显得完全离开了我们迄今为止的那个本原。只不过人们必定会顾虑的一点是，从一切方面来看，磁（为了简便起见，我就这样称呼磁体的全部特性）根本不是什么**原初性东西**，不仅它可以彻底通过人为的方式被**激发**出来，甚至**磁体**也可以通过人工**产生**出来。

单是留意到这一点，就已令人心生盼望，即我们根本没有理由对从物理学上说清楚磁的种种现象感到绝望，而且我们迟早必定会成功探究这些现象真正的（而不仅仅是虚构的）原因。

此外，留意到这一点，无疑也确定了，在磁体中自然有某种力量在起作用，那种力量当然可以叫作某种**内在的**力量，这并不是说它原本且依其本性就是这样一种力量，而是因为它恰恰只有在**这种**比例关系中才能产生**这类**现象；此外还确定了，这种力量虽然是磁体**自己的**，却不是磁体**特有的**，因而原本也很可能根本不是任何特殊的（就这个术语的真正意义而言）、**仅具磁性的**力量；最后还确定了，这种力量是磁体**偶然**具有的，而且不能被视为它的必然的，亦即属于它的本质本身的力量。 II, 158

虽然我们并不了解，磁体在地球的内部是如何构成的；但据我们所知，它就像全部金属一样，并非某种**原初的**自然产物，它在成为磁体之前似乎必须经历构形的更多层次，而且在它构形的过程中，大自然的那些伟大、有效且进行构形的力量，即火与热，似乎也

① 指磁力。——译者注

并非多余的。我们知道,磁体(一种铁矿)在所有富含铁矿的地方都被发现了;我们还知道,铁本身遭受了地球内部不断发生的种种改变的作用,在此前根本没有发现铁的地方,却连续多个世纪都有铁在产生,而在通常会找到铁矿的地方,它却消失了——这些观察使所有人都留意到,磁的种种特性的根据很可能要到铁与磁体原初的构形过程中去寻找,留意到磁体很可能无非就是某种**不完备的铁**,这铁在地球内部**以不均衡的方式**被构成,在那里或许有一些在**铁**中会**归于宁静**的元素或力量,此时尚未归于宁静,如此等等。

磁体的这个方面得到将磁的种种特性赋予铁本身的那种人工方式的证实,多过得到别的一切因素的证实。

这里我们谈的并不是通过拿磁体刮擦而激发磁。这种激发方式就其他方面而言很重要,因为它表明了磁现象与电现象巨大的相似性。如果我拿磁体的某一极刮过一根铁棒的某个半头,这里就会激发出相反的力;从现在开始磁体和铁棒就有了和睦相处的两极。如果我搞混了这两极,拿磁体的另一极刮擦铁棒的同一端,

II, 159 或者用同一极刮擦另一端,结果不会有任何不同。但如果我用相反的一极刮擦铁棒的另外半头,这两极便会和谐地产生,而且铁的两极与磁体的两极是相同的。**这**方面更引人瞩目的是,在磁体上的**分布**现象[①]的发生与电那里一般无二。[②]的确,磁的一切作用都可以被回溯到**分布**上。毫不奇怪的是,磁体就像带电物体一样,并不失去其力量。但电也能通过**传播**而被激发,而磁力由于有**局限**,

---

① 指两极的分布。——译者注

② **利希滕贝格**评埃克斯莱本,第551页。——谢林原注

是不可能发生这种事情的。磁力从本性上而言是**有局限的**，从这一点几乎就可以说清电现象与磁现象[1]的所有差别了。因此**埃皮努斯**[2]就已正确地认识到，对于每一种磁现象，人们虽然都可以拿一种电现象与之对抗，但反过来说，对于每一种电现象，却不能拿一种磁现象与之对抗——这就证明，两种现象在其**规律**上是完全相似的，只不过它们在**局限**方面有所不同。——由此还不能推出，两种现象的**原因**是同一个，但很可以推出，两种现象归于**一类**原因。

更切近且更直接与我的目的相关的是，人们在没有一个磁体协同作用的情况下，就可以使铁磁化。下面这些经验就属于此类。

当铁与钢被加热到炽烈的程度时，如果在冷水中快速被冷却，它们就有了磁性。如果一根被弄得炽热的铁棒被直立起来并被冷却，也会发生同样的事情。在这两种情形下，冷却是**不均衡的**。不仅**表面**会比**内部**更快被冷却，而且在两种情形下，很可能一**端**也比另一端更快被冷却。至于人们在这个经验的基础上可以建立哪些猜想，我的读者们可以自行判断。

II, 160

此外，铁（包括被硫化的铁矿）[3]遇到闪电或被某种强烈的电火花（大自然最强劲的**分解手段**）撼动后，就带有磁性，**富兰克林**也证实了这一经验。

---

① 可参见上面这位作者的同一部书，第554页。——谢林原注

② 参见前文（第四章）已经引用过的**两部著作**，其中一部探讨**电物质与磁物质的相似性**。——谢林原注

③ 参见**贝卡立亚**致**德罗齐耶**的一封信，第9卷，1777年5月。——谢林原注

贝卡立亚（Giambatista Beccaria，亦写作 Giovanni Battista Beccaria，1716—1781），意大利物理学家，对18世纪电学在意大利的传播有巨大贡献。德罗齐耶（Jean-François Pilâtre de Rozier，1754—1785），法国物理学家。——译者注

虽然铁的某种纯机械的、强烈的震动也会造成同样的结果，但还是有个问题：这里是震动直接造成了某种**分解**，还是某种**分解间接地**通过震动被造成，而这分解现在又成了铁中被激发的磁的真正原因？

反过来说，恰恰通过磁在铁中由以被激发出来的那同一种手段，磁体可能被消除。

用磁力计做的那些实验以某种引人瞩目的方式证明了，单纯的热已经使磁力减弱了。[①] 如果磁体被弄得炽热后**逐渐**且**均衡地**被冷却，磁力便完全被消除。即便单纯暴露在空气中——那时磁体就生锈了（把氧吸引到自身上）——的做法，也会夺走磁体的力。

电造成的震动能使磁体完全失去其磁力。即便通过**马伦**的那些实验立马会令人怀疑磁极是否真的能通过电的作用而被颠倒（正如**奈特**[②] 也基于一些实验，在《哲学学报》上主张的那样），那里引用的关于航海家的种种报道总还是真实的，那些航海家看到，罗盘遇到一道闪电时，它的磁极突然颠倒了。

一种纯机械的——但很强烈的——震动会和电造成的某种震动一样夺去磁体的力量，因此下面这个命题很可能可以充当普遍规律：**使铁磁化的东西，也使磁体本身失去磁性**。

---

① **普雷沃**：《论磁力的起源》，**布尔盖特**德译本，附有**格伦**的一篇序言，第165页。——谢林原注
普雷沃（Pierre Prévost，谢林写作 Prevost，1751—1839），法国—瑞士哲学家与物理学家，著有《论磁力的起源》（*De l'origine des forces magnétiques*，日内瓦，1788年）。布尔盖特（Louis Bourguet，1678—1742），瑞士博物学家，因对地质学与古生物学的贡献而闻名。——译者注

② 奈特（James Knight，1640—1720），英国航海家。但这里提到的也可能是另一位奈特（Gowin Knight，1713—1772，英国科学家与发明家），译者无法确证，阙疑以待方家指正。——译者注

这些经验证明,人们根本没有理由假定有某种**特殊的**磁力,甚或有一种或两种**磁物质**存在。对后者的假定是很好的,只要人们将它们仅仅视作某种(**科学上的**)**虚构**,将这虚构作为他的**实验**与**观察**的基础(作为**范导**),而不是作为他们的**说明**与**假定**的基础(作为**本原**)。因为如果人们谈论某种磁物质,他们以此说出的无非就是人们本来就知道的东西,即必定有**某种东西**存在,它使得磁体带有磁性。但如果人们更进一步,那就必定或者走向**笛卡尔式的**漩涡[①],或者走向**欧拉**[②]的磁通道和磁阀门,诸如此类。当**埃皮努斯**——这位自然科学家的种种实验和假设都带有简朴的印迹,这种印迹处处都显示出创造性精神——暂时**在假设的意义上**将富兰克林关于电现象的理论运用到磁现象上,而且依据这种假设并没有说清楚什么,而是进行**观察**和**实验**时,他使事情有了不一样的局面。 II, 161

如果说——比如——**阿维**[③](普雷沃先生引用过他[④])讲过,"极有可能的是,人们在这些现象的本性更好地为人所知时才会发现,它们依赖于**两种流体**同时起作用,**那两种流体的特性是,其中每一个的基本团块都自相排斥,同时又吸引另一个的基本团块**",那么我要问的是,凭着这些**更深入的消息**,我们在磁现象的本性问题上究竟有什么收获?很显然,收获的无非就是"**流体**"这个词罢了。

---

① 笛卡尔关于太阳系起源于太阳周围的大漩涡的理论。——译者注

② 欧拉(Leonhard Euler,拉丁文写作 Leonhardus Eulerus, 1707—1783),瑞士数学家与物理学家。——译者注

③ 阿维(René Just Haüy,亦写作 Abbé Haüy,谢林写作 Häuy,1743—1822),法国矿物学家。——译者注

④ 同上书(指《论磁力的起源》——译者按),序言第 X 页。——谢林原注

因为假定这些流体**在自身内部**排斥着，而**相互之间**又吸引着，这并不等于说清了现象本身，这只不过是将问题**推移**了而已。我们早前并非必须研究，为什么磁极同性相斥，异性相吸，我们现在就要追问，为什么这种现象发生在所假定的种种流体身上——而且对这个问题的回答明显并没有因为问题的这种**改变**而容易分毫。因而对**本性**的这些所谓的说明无非就是自我欺骗，因为人们通过改变事情的**称呼**，就以为更靠近事情本身了，而且口惠而实不至。

II, 162

普雷沃先生看到，凭着这些预设，人们在自然科学中实际上是没有根底的。因而他打算通过他的著作证明阿维先生仅仅感觉到了的东西，即那些预设在这些现象的**起源**上，即在**主要的事情**上，还是说**不清任何东西**，而且要想满足于这些说明，人们开展研究时必定更困难。

因而通过**普雷沃**先生，关于他视之为磁现象的原因的那两种基本流体的假定当然就获得了完全不同于他的大部分前辈那里的某种形态。当他将它们置于雷萨吉先生的机械物理学的那些本原的基础上时，他不仅一般性地赋予他的假定以某种支架，更赋予它**实在的**内容与含义。众所周知，一般而言老派的物理学过去对于弹性物质是极为宽容的，仿佛它们会到处扩展，这样一来在每一种现象那里它们都立即触手可及。通过气体的本性与特性方面的种种新发现，这种虚构就不再仅仅是一种**虚构**了。普雷沃先生同样利用了它。但在他的体系中，它实际上是具备**整体关联**和**必然性**的，因为那些基本流体在他为之辩护的那种机械物理学中实际上是**必然的**。因而人们要想驳斥他的假定，就必须亲自拆毁那个体系以及他主张那些基本流体时所处的整体关联。在这个体系中后来也一直并非**没有说清楚**的是,为什么两种基本流体的基本成分(分子[①])**相互**吸引,而且使得**异质**流体比**同质**流体的基本成分更猛烈地寻求结合。一旦人们(像普雷沃先生所做的那样)预设了,这种相互吸引可以在机械的意义上说清楚,一旦人们至少尝试将它说清楚,那么这种主张的任意之处就消失了,而且只要这个体系没有被驳倒,人们至少都感到自己是立足于坚固的基础之上的。——因而直到我们能使这个体系服从我们的研究为止,我们也必须将普雷沃先生关于磁力的起源的假设存而不论。 II, 163

普雷沃先生将对组合磁流体(das combinirte magnetische Fluidum)的某种**亲和力**赋予铁。因为在机械物理学中,亲和力也能在机械的意义上说清楚,所以我们也必定首先期待它启发我们了解磁的这个特定种类的亲和力。

直到发生此事为止,或者只要人们尚未确信某种自然科学在**这条思辨**物理学之路上一般而言是可能的(因为我将**证明**,机械物理学不过尔尔),那么上文中提出的那个命题(将铁磁化的东西会将磁体本身消磁,反之亦然)至少给出了能引导人们在通常的、迄今为止还算唯一可靠的道路上探寻这种亲和力的根据的一个原则。自然科学家们首先会留意看清,铁与磁体的关系的改变是与铁的哪方面的改变一道发生的。属于此类的一种主要的改变就是铁的钙化,钙化使铁不再像从前那样强烈地受到磁体吸引。在铁本身中或许发生了像在磁体内部一样的某种**分布**[②],这一点可以从

① 原文为法文。——译者注

② 指磁性的分布。——译者注

下面这种现象中得出：即便其他一些金属物体也被它吸引，比如依矿工看来**最纯净的**尼贝尔王矿石[①]就是如此。那些或者本身就表现出磁的特性[②]，或者被磁体吸引的新型金属物体或金属类物体的II, 164 发现，必定对这个问题有更多的启发。

从磁体对着极点的方向以及它偏离这个方向的现象就能看出来，磁现象的原因必定与大自然最初起作用的那些原因有亲缘性，或者看出来，这些现象与其有亲缘性的，而且可能包含了它们的所有个别亲缘关系（比如与铁的亲缘关系）的根据的那种未知因素，必定扩展于整个地球上了。大自然中几乎没有任何现象是不对磁针产生影响的。磁针显示出某种**日常的**偏离，这种偏离很可能归因于空气的单纯变化。地震和火山爆发对它有影响。北极光以及黄道光对它产生影响，但借助如今已得到延展的工具[③]，新近发起的关于磁针如今的以及从前的偏离现象研究，或许很容易为最终探究所有磁现象的原因开辟道路。

附释　磁的自然哲学学说

由于在前一章的附释中，磁的学说有极多要点已被顺带触及，所以我们这里仅限于指明该学说最主要的一些因素：

---

① "尼贝尔王矿石"(Nibelkönig)应为当时矿工们为一种特殊矿石取的绰号，具体不详，暂取音译，阙疑以待方家指正。——译者注

② 因此像**洪堡**先生不久前在《文汇报》上报道过的那类发现必定格外受自然科学家的欢迎。（参见《文汇报》1797年第38号，信息广告版。）——谢林原注

③ 意指科学仪器精密化，延展了人的感官的范围。——译者注

1. 磁是统一性向多样性之中、概念向差异之中进行赋灵(Beseelung)、灌输(Einpflanzung)的普遍行动。主观东西向客观东西中的这同一种构形(它在作为潜能阶次被直观时,在观念东西中便成了自我意识),在这里似乎被表现于存在中,尽管即便这种存在,在其自身看来也是思维与存在的某种相对的统一。统一性向多样性中的相对构形的一般形式便是**线**,即**纯粹经度**;因此磁就是**规定纯粹经度的东西**,而且由于经度在物体中通过绝对凝聚性表现出来,磁就是规定**绝对凝聚性**的东西。 II, 165

通过磁,每个物体都成为自相关联的总体,而它的两极就其在存在的最深层级上同时既显现为有差别的,又显现为无差别的而言,乃是特殊东西与普遍东西的两种统一体的必然显现方式。由于有重力,物体便与其他万物统一起来,通过磁,它凸显出来,在其自身中包含了作为特殊统一体的自身:照此看来,磁便是个别东西在其自身中存在的一般形式。

2. 从这个观点自动就得出,磁是物质的一种**一般的**规定和范畴,因而它必定不是某一个物体所独有的,而是一切正在个体化的和已个体化的物体所同有的。这便是自然哲学最初的那些学说中的一个,在这门科学的《体系草稿》(第301页)[①]中表达如下:"磁在一般的大自然中如此普遍,就像敏感性在有机自然中一样,即便植物也具有敏感性。在个别实体中它只是就**现象**而言被消除

① 这并非《谢林全集》中某一卷的页码。谢林现有著作中名为"体系初稿"或"体系初稿导论"的两部作品均为后出(1799年出版),因而未知谢林这里的《体系草稿》所指何书。这里的页码很可能是这些作品在《谢林全集》出现之前的初版页码,或谢林手头尚未发表的草稿的页码。——译者注

了;在磁性实体中仍作为磁而被区别开来的东西,到了所谓的非磁性实体中,在接触时就消失于电中了,这就如同在动物中仍作为感觉而被区别开来的东西,到了植物中就直接消失于收缩活动中了。因而要识别出所谓非磁性实体的磁,诸如此类,缺的只是一些手段。”

如今这些手段也被发现了;库仑[①]最先突破了哪怕现象方面的这些局限。十分有趣的是,有一些人针对将磁与磁的构造作为物质的必然范畴的这种一般观点[②],提出了如下异议:依据这一观点,

II, 166 一切固体必然全都具有磁性,然而**经验**与此相悖。通过库仑之手,同样的经验反而与“**并非**所有固体都具有磁性”的观点相悖了。

依照他的保证,此前研究过的物体中还没有任何一个避开了大磁棒的作用,只不过一些物体那里的作用极为微小,以致迄今为止都逃脱了物理学家们的眼睛。库仑将他研究的每一个物体都做成小圆柱棒的形象,再将这种状态下的物体水平地挂在一根生丝织成的绳子上,然后将其置于两个钢磁体的对立两极之间。结果(如果这些小棒长7−8毫米、直径0.75毫米)在非金属性物体那里(因为在金属物体那里,效果减弱约3倍),如果对立的两个磁极的相互距离比本应在它们之间摆荡的磁针的长度还长5−6毫米,那么那些磁针,无论是什么材料做成的,都正好指向两个磁棒的方

---

① 库仑(Charles-Augustin de Coulomb, 1736—1806),法国物理学家,静力学与静磁学的奠基人。——译者注

② 见《自然哲学草稿导论》(指《自然哲学体系初稿导论》——译者按)第75页,以及发表于《杂志》(指《思辨物理学杂志》——译者按)第1卷第1、2分册的文章《动力学反应过程或物理学范畴的一般演绎》。——谢林原注

向,而后由于更频繁的摆动(每分钟超过30次)而摆脱这个方向,重回以前的方向。

3. 由于使一个物体的磁在地磁的作用下被强化的所有原因,与它的磁可能被消除的那些原因同样,可以很明显且毫不费力地被还原为那些影响凝聚性的原因,所以似乎没有必要就此再特别讲什么。

4. 与此相反,磁针的偏离以及它的种种运动的其他特性或许只有在关于行星系统、绕轴运转和其他更普遍运动的更普遍观点的整体关联中才能看到了。

II, 167

第六章 作为前述研究的结果的一些一般性考察

能使惰性物质运动起来，使僵死材料也失去平衡的东西，**光**和**热**，这两者来自**一个**源泉，而且人类早就将两者收集起来了——其中一个作为原因，另一个作为结果。但光这个来自天空的要素被传播得太广泛，它的效用也太广泛，以致被束缚于地上的凡人的眼睛为了有意识地享受**视觉的乐趣**，还曾**寻求**它。[①] 光本身是只有更富精神特性的器官才能触及的——而且就它是**光**而言，我们归之于它的乃是将感官转向大地的那种人无力承受的一些场景。随着春日更富足的光一道，我们地表上以繁复的方式相互融贯的各种色彩的那场总在更替的游戏重又出现了；这地表先前披上的几乎全是冬天单调的长袍；而这些颜色的升降、产生、更替与消失便是普遍临在且伴随我们进入大自然本身的中心的某种计时方式的尺度。在更远的地方，星体强烈的光芒照向我们，并将我们的存在关联到那样一个世界的实存之上，那个世界虽然是想象力不可通达的，却并未彻底向眼睛锁闭起来。

但光为我们提供的所有那些繁复的场景，与我们的**利益**都没

① 意谓光无处不在，反而让人忽视它，以为要特意寻求才能找到。——译者注

有直接的关系:它们是在某种较高贵的感官上被计议的。更切近于较低贱的感官——更切近于人类那些蛮横需求的,已经有热了;毫不奇怪的是,热对于直接接触到它的一切作用的人而言乃是第一位的东西,这东西使他迷狂,不禁礼拜太阳。已经有过一种极为精致化的宗教,它教导人们将那个令人欢喜的星体[1]作为**光**这个我们所知最纯粹、最清澈的要素的起源,加以礼拜,却不顾各民族早就有了在大地上广为传播的一种年轻的信仰,那种信仰在古代任何民族中都没有彻底消失过,它在**火**的符号下敬拜大自然最初的力量。日夜的更替,以及与那个星体的重现和消隐息息相关的,有生命自然与无生命自然[2]中的种种变化,已经教导人们,光和热是宇宙中仅有的赋予生机的力量;季节的更替更是教导了人们,在这种更替中太阳一旦将其光线直射下来,似乎就使大自然本身脱离了沉沉昏睡的状态,也唤回了先前被束缚于僵死状态的生命;然而教导人们最多的还是那样一些区域的可悲光景,那里在山崖和危岩上硬化且从未融化的冰层下永恒的封冻似乎扼杀了生命力的一切活动。

II, 168

造成僵死物质的散发、构形、膨胀的一切,在人类看来似乎都是生命力。粗糙物质因为遇到热而在外部膨胀的现象,似乎只是内部的那种活跃的热的一个阴影;那种热使蓓蕾张大,保护、继续构形和组织着胚胎中正在成型的人。被热的作用催生出来的植物,一旦它由以滋养自身的光与热停止散发,便重归枯萎;至少它

---

① 指太阳。下文中“那个星体”同此。——译者注

② 正如译者为后文所作注释说明的,在本书中有无生命往往是以动物进行划界的。——译者注

的叶片失去了色泽，这就证明，它不用再归还什么了，因为它不再接收什么。然而一旦生命的火花落入有机体中，有机体就一直在自身中具有内部的热的某种源泉，这源泉只有随着生命本身的终结才会枯竭，而且根本不依赖于外部的热，以致物体外部的一切都冻僵时，它恰恰在物体中更强地涌流。大自然本身所做的一切，都是为了使内部的热与天带的气候和温度达到最精确的比例。当它不能在不导致危害的情况下违背那与气候的寒冷成比例的内部温度的尺度时，它便压缩有机体的空间，以便在更小的范围内将原本在更大范围内会消散掉的东西聚拢起来，只不过作用力没有那么

II, 169 充分而已。最灵活又最生机勃勃的那些动物（比如鸟）也就有了按比例而言最热的血，而冷血动物则处在有生命自然[①]的边界上。无论空气温度如何，动物体内的热总是相同的，而如果体内的热消散了，体外的热也只会加速僵死有机体的分解。

但大自然本身在这种力上遵循了**一些等级**，它若逾越这些等级，总会给有生命的和有机的大自然带来损害。总是有大量植物与动物被从热带以及寒带排除出去，而温带则只对少量动物而言是**完全**陌生的；无需多说的是，只有在温带，最高贵的人类才繁盛、发展和构形出来。在温带本身中，一旦热的自然尺度被逾越，大自然就不得不通过一些变革恢复平衡。光本身在其通达我们这里的路途上处处遇到阻抗，而大自然也不允许任何力量完全越出它的界限之外。此外，热本身根本不是**原初的东西**，只有当光遇到阻抗

① “有生命自然”(die lebendige Natur)在这里应指动物界，而不包括植物界，因为当时人们认为动物才具有典型意义上的生命。——译者注

时它才出现,而这样一来,即便大自然中那些活跃的力,也只有在遇到阻抗力时才表现出它们整个的强度,后者一旦毫无限制,就会消灭它能表现于其上的一切,因此也会消灭其自身。毫不奇怪的是,光与热总是依照它们的量与对立者的比例关系而努力化合,因为它们只有在这种限制中才成其所是——膨胀性的、排斥性的、赋予生机的力量。

因此即便对于这些力量的维持而言,惰性的、僵死的材料对它们进行抵制都是很必要的。因而对于其自身而言,地球似乎只会依照其惯性而静止和运动;在它封闭于自身内的种种力量和结果中,似乎并不像出自某种更高秩序那般,翻涌着一些赋予生机的活动;这些活动展现地球的统一性,唤醒内在的生命和地球内部的种种力量;那些力量抵制重力规律,引导僵死的团块本身服从不同于万有引力规律的另一些规律。[①] 因为受到高等力量支配的一切事物的特征都在于,惯性与重力的规律对它们再没有像对其他一切事物那样的效力了。一切低贱事物都倾向于地面,一切高贵事物自然都超越其上。不算活跃的植物已经在努力远离地面了;如果说它往上的生长本身还不懂得保持笔直,至少它努力长到其他植物上方去,迎向太阳;一且那些驱使它向上的力量离开了它,它就可怜地低下头。[②] 通过热的作用,最固定的形体都改变其状态,它 II, 170

① 最后一句在第一版中为:因而坚固的大地仅仅依照它的惯性在下方静止和运动;它本身除了包含一些僵死的力量之外,不包含任何别的力量,而且只有从上方,仿佛从另一个世界,才有一些赋予生机的力量涌流到大地上,并渗透进它内部;那些力量……规律。——原编者注

② 更有生气的有机体的行藏从不与它包含的团块的大小构成比例关系,而正在老化的机体并不成比例地失去重量,尽管它在团块上有所损失(该句为第二版所无。——原编者按)。——谢林原注

们大部分成为液态,热将它们中的许多都完全蒸发了,只有少数的一些还在抵制热的力量,而即便这些在抵制的物体,似乎也只是为了供养更高贵的形体才存在的。

在地球的内部以及表面起作用的首先仅仅是种种吸引力。某种隐秘的亲缘关系将各种材料结合起来,或者说一旦某种更高等的力量(比如火与热)将它们先前的结合瓦解了,它们就相互吸引。所有这些亲缘关系看起来有一个共同的中点。大自然为了使得现象最繁复的多样性成为可能,到处都使异质东西与异质东西相对抗。但为了使统一性在那种多样性中起支配作用,使和谐在这种争执中起支配作用,大自然想要的便是,异质东西努力与异质东西相结合,而且只有在异质东西的结合中才会产生某种**整体**。因此大自然到处都在传播多种多样的材料,这些材料全都仅仅通过一同追求与某个第三方相结合,才具有亲缘性。即便那些不再显示出任何亲缘关系的僵死材料,或许也只不过是早就完成了前述结合,而且由此已使它们的吸引力归于宁静。因而大自然的窍门似乎早就是**这样的**:将那些依其本性而言同质的材料分离开来,并尽可能地维持其分离,因为它们一旦结合起来,就再也无法分离了,就不过是僵死、惰性的物质罢了。——但那个凭一己之力将物体的所有这些亲缘关系都纳入自身之下的中项在哪里?它必定到处都在场,而且作为各种局部性引力的普遍本原而被扩展到整个大自然之上。我们除了在我们本身就生活于其中且围绕、渗透万物,在万物中在场的那种介质中,还应当到哪里去寻找它呢?

II, 171

空气每天都以新的面貌包围我们的地球;它本身作为持续不断的各种变化的舞台,不仅是将各种高等力量(光和热)引向大地的介质,由此使各种化合物被分开,各种引力也被造就,而且同时也成了那样一种引人瞩目的元素的母体,该元素作为物体与物体之间所有亲缘关系的普遍中项,间接或直接介入了每一个化学反应过程。而这样一来,大自然通过最简单的手段,即通过使流体和固体这两个序列相互对抗,而使得它的绝大部分现象成为可能。如果没有某种流体在场,任何化学反应过程都不可能发动。当固体提供化学反应过程所需要的那些可称量元素时,流体通常将力量与手段这两者提供给了反应过程,因为它们一样是传播作为化学反应过程所需元素的光或热的工具。

因此一旦各种不同的弹性流体的本性被发现,人们就很有理由期待这些发现最有助于我们认识的拓展了。大自然本身通过再分明不过的边界线,将这两类物体分离开了,以致人们甚至不期待在这种对立中发现,能通过最简单手段在它们那里造成最大效果的奥妙何在。人们会徒劳地费力使这些边界相互融合,并宣称流体不断在向固体过渡。大自然当然绝不会进行跳跃;但在我看来,这个原则似乎遭到了极大的误解,如果人们试图将大自然不仅分离开,甚至还相互对立起来的各种事物归入**一个**种类的话。这个原则要说的只有这么多:在大自然中**生成**的一切,都不是通过某种跳跃**生成**的,一切**生成**都发生于某个连续的序列中。但由此也还远不能推出,因此一切存在者就连续地关联起来了,在**存在**者之间也不应当有任何跳跃。因而如果没有连续的进展,没有从某一状态向另一状态的连续过渡,一切存在者中就都没有任何东西**生成了**。但如今既然存在者**存在着**,在它自身的边界之内它就作为某个特殊种类的事物成立了,这事物通过种种分明的规定而与其他 II, 172

事物区别开来。

固体与流体之间最分明的界线便是流体独具的规定,即能充当种种**肯定性**原因的工具。反之,固体或者仅仅遵循重力规律,或者如果它们遵循高等(化学)规律,那便是依循(质的)引力规律而发生的,即通过种种**否定性**力量而发生的。

此外还有那样一种奇特的流体(生气)与其余的所有固体或流体区别开来,这种流体在我们看来似乎是光的唯一源泉。因为别的所有物体都只包含具有能发生化学吸引的**个别**元素,而前述流体在其自身中却具有那样一种**普遍的**本原,该本原是**一切**化学吸引的**共同**根据。

因为这种流体在自身中将最异质的东西结合起来了,所以由此已经可以理解下面这一点了,即它能够以最为多样的形式显现出来。由此就有了电方面的种种吸引和排斥,就有了那种气体的分解现象和各种物体的燃烧现象,就有了光的显现;如果我们将光的现象(它对我们的器官的作用)与它对于知性而言是和必定是的东西区别开来,光便越发容易理解了。而如果整个大自然,甚至连动物身体的活动结构都应当基于种种吸引和排斥之上,那么我们就理解了,为什么大自然到处都在传播那种流体,以及为什么它在那种流体出现时不仅促成了许多化学反应过程的成功,甚至还促成了植物与动物生命的延续。

II, 173

大自然在这种流体中结合起来的种种异质的本原,我们只**能**从它们对感官的作用而得知,而这种作用在我们内部产生的感觉,其本身则附着于我们采用的种种表达上。光与热只是我们的感觉的表达,而不是表示对我们起作用的东西的名称。光与热在完全不同的意义上,以完全不同的方式起作用,从这种现象我们已经可以推出,我们用它们表示的仅仅是我们感官的一些变种。我们的头部神经和视神经的某种不同寻常的振荡,某种突如其来的惊恐、突如其来的惊讶,或者对我们眼睛的某种别的扰动,都会使得我们看见实际上根本不存在的光。即便视觉完全毁了的那些人,在夜里或在突发震动时也能看见光。甚至各种颜色构成的层级序列也不是光线划分的序列,而是我们的眼睛所产生的,而且是感官在疲劳时常常会自动体验到的一个层级序列。至少大家知道有那样一些人,他们能睁眼看东西,却完全不能靠眼睛区分各种颜色。

这就是产生全部化学吸引的那种本原的情形,晚近的化学以**氧**[①]这个名称表示它。这个名称取自于对我们的感官的某种作用,这材料从不自顾自地,而是仅仅在与其他物体结合起来时,才会发挥这种作用,而这个名称就像光和热一样,根本不表示这个本原**在其自身**是什么。但我们可以毫无疑虑地保留这个术语,一旦我们哪怕只是一度习惯于就此想到比**味神经收缩**更普遍的某种东西。——由于这个本原属于**否定性的**一类,所以甚至下面这一点也很可疑,即人们对于自顾自地和个别地呈现它的那种期待,是否能得到满足。然而对于我们而言了解下面这一点就够了,即大自然知道如何在局部和整体上通过对立的吸引力和排斥力而达到它的种种现象的全部多样性。

现在我们的视野在扩展。我们从各种从属性力量据以在较低微层面维持大自然的永恒更替的那些个别规律,上升到了那样一　II, 174

① 原文为 Sauerstoff,直译为"酸性材料",与下文所谈问题具有词源关联。——译者注

些规律,它们支配宇宙,将一些行星驱向另一些行星,并不断防止物体撞向物体,星系撞向星系。

附释 动力学反应过程中的普遍东西

人们仿佛徒劳地相信,大自然多种多样的作用或它在其中透露出它最内在因素的各种绝妙产物,要从对物质的各种单纯外在的作用出发去理解了;而这类作用在那些将物质当成绝对僵死无灵魂东西的系统中,在根本上而言全都是那样的作用,人们从它们对物质的影响出发去说明更有生机的现象和更高级的产物。生命的那种尚且封闭着的萌芽在团块中已经有了,而如果说大自然中纯形体的部分在物体序列中,精神的或普遍的灵魂在光中似乎分别被离析出来,那么这两者还是又在有机组织中出现了,在那里灵魂或形式抓住了物质并与物质结合起来,以致在有机东西的整体以及个别行动中,形式就是整个材料,材料就是整个形式。

如果说在绝对者(在那里普遍东西成了某种特殊东西)的两个统一体中有一个是大自然的统一体,而大自然由此就成为自为存在的普遍王国,那么世界构造就是无限者向有限者中的整个构形,因而本身又是包含了在大自然中重现的万物的那种统一体。因此物质宇宙和每一个天体自顾自地来看根本就不是从物质宇宙中产生的特殊统一体中的一个,根本不是无机团块,不是植物或动物,而是所有这些东西的那种可被共同之眼(dem gemeinen Auge)把握的同一性。只有在每一个天体的统一性内部(即在每一个那样的整体内部,它作为显现着的形体和同样也出现于现象中的理念,就是为其自身的宇宙），那样一种构形行动才重现了；通过该行动，绝对的同一性才进入天体的种种特殊状态中，天体的同一性才生长进各种特殊物体的序列中；这些特殊物体在这里不能作为大全(Universa)，而只能作为一些个别统一体显现出来，因为它们服从于那个支配性的统一体[①]。 II, 175

在每一个天体物质最初的同一性状态下，天体中的全部差别尚未传播开来，尚未展开，但使得天体能在其特殊性中显现出来的那同一种永恒行动，也在天体本身中继续起作用。构形到天体中的每一个理念都像天体一样，本身成了形式，而且通过某一个现实事物显现出来。

正如已经说过的，同一性的这种展现的第一个潜能阶次是统一性向多样性中的构形，这种构形的绝对形式是绝对空间，正如相对的形式是线。因此，使得各种事物能在这个潜能阶次上分离开来的所有形式，就只不过是空间的形式，因为即便空间在其作为绝对者之摹本的同一性中，也仅仅包含了三种统一性，它们是空间的三种统一性或维度。[②] 现在看来，物体的所有差别一般而言必定仅仅回溯到与空间的三个维度的比例关系上，而各种物体在其所有的质上都依照那三个类别发生分疏，它们或者表现出第一个维度和绝对凝聚性的过量，或者表现出另一个维度和相对关联的过量，或者最终在流体中表现出双方或大或小的无差别状态，这个结论

① 指最高统一体。——译者注

② 这里所说的空间三维度并非几何学意义上抽象的长、宽、高，而应联系下文中谈到的第一个维度（绝对凝聚性）、第二个维度（相对关联）、流体，以及前文中常说的经度、纬度等来理解。——译者注

已经从一般的证据得出,但也能通过完备的归纳被证明。

一门错误的物理学在种种所谓的元素中确定下来并加以永久化,物质所有绝对属于质的方面的差别,就此消除了:所有物质在内部都是一体的,在本质上是纯粹的同一;所有差别都仅仅是形式上的,因而也只是观念上的和量上的。

与努力将一切特殊性归结为普遍性,将差别归结为同一的做法相反,而且由于同一性在这里作为光显现出来,存在于**光**中,无限者向有限者中的绝对构形便在第一个潜能阶次上将光构形到非同一状态中,并使光在非同一状态中暗淡下来了;这种构形内部的另一种统一体,我要说的是,就像第一种统一体一样,又将所有形式包含在自身中了,只不过将所有形式都当作**行动**的形式罢了,就像第一种统一体将它们当作存在的形式一样。一个个事物重又回向光中的那种构形,便普遍地作为动力学反应过程显现出来,而这个动力学反应过程的所有形式正如第一个潜能阶次的种种形式一样,必定与空间的三个维度相应。

II, 176

前文中已证明,磁作为反应过程,作为行动的形式,是经度上的反应过程,电是纬度上的反应过程,正如化学反应过程反之是唯一在所有维度上,因而在第三个维度上刺激凝聚性或形式的反应过程。

即便在这里,通过构造本身,特殊物质在质上的所有固定的对立都被消除了,长久以来,人们都企图用那些对立的作用来理解上文中的那些现象,却徒劳无功:那些现象的根据和源泉在于物体本身的形式和内在生命,虽然光作为普遍的东西,必然引领所有动力学反应过程。动力学反应过程在形式上的差别,仅仅基于同一种行动与三个维度的不同比例关系，而这样一来，我们又可以反过来使第一个潜能阶次上物体在质上的所有差别基于它们与动力学反应过程的三个维度的不同比例关系。

凭着这种构造也就弄明白了，化学反应过程作为总体，将最初的两种形式都包含在自身中了。

绝对统一性的实体、本质，在表现第三个潜能阶次的有机组织中完全呈现出来。普遍东西与特殊东西这里完全被弄得漠无差别了，以致材料完全就是光，光完全就是材料；这一点在外部被看出来，比如在颜色中就被看出来，颜色不再像处于第一个潜能阶次上的物体的光那样是僵死、静止的，而是一种有生命的、活跃的、内在的光；这一点在内部通过下面这一点被看出来，即整个存在在这里都是行动，而行动也是存在。而即便在物质与形式的这种最高等的联姻中，那最初的原型也在一切有机生命的三种形式中重现了。 II, 177

当观念性本原**在第一个维度上**融入材料中之后，在第一个和第二个潜能阶次上曾作为凝聚性和磁出现的东西，在这里作为构形本能(Bildungstrieb)、再生(Reproduktion)重现了。在那里曾作为相对凝聚性或电呈现出来的东西，这里形式与物质**在第二个维度上**的绝对同一化中被提升为应激性(Irritabilität)，被提升为活跃的收缩能力。最后，当光完全代替材料，袭入**第三个维度**中时，本质与形式在这个意义上就完全合为一体，低等潜能阶次上的化学反应过程在敏感性(Sensibilitt)中就过渡为内在的绝对构形能力。

这样一来，每一个天体的整个难题，即它如何将曾经作为同一而封闭于自身内的东西再作为差别呈现出来的难题，才得到解决。

在天体中,第三种统一性乃是首要的和绝对的统一性。但这种统一性如果不是作为前两种对立的统一性的无差别状态出现,便不能作为**特殊的**统一性出现,反之亦然。

随着实在世界中实在的无差别之点的产生,无差别之点在这个世界中也直接在观念的意义上出现于理性、统一性、万物真正的观念性原始材料中了。

如果人们在不同的潜能阶次内部再次进行对比,那就会看出,第一个潜能阶次在整体上服从于第一个维度,第二个潜能阶次服从于第二个维度,但在有机组织中才达到货真价实的第三个维度,而在无潜能阶次的理性中,在绝对同一性这面宁静的镜子中,正如在绝对同一性的映像中,即在深不见底的空间(它成了在无限者向着有限者中构形的相对性格局内部进行突破的同一性)中一样,所有维度都漠无差别,成为一体了。

这就是宇宙一般性的分节表达,而自然哲学的本职工作就在于证明它在大自然的所有潜能阶次上都是相同的。

第二卷

II, 178

一种严格科学的形式不会许可的做法,我们的研究的更自由形式曾许可过,即不是从各种纯粹的本原逐渐下降到经验事物,而是反过来从经验和经验规律逐渐上升到纯粹的、先行于一切经验的那些本原。

长久以来人们已将普遍的吸引[①]和均衡视作宇宙的规律,而允许整个大自然在各种从属性系统中也依照它在整体系统中据以行动的那同一些规律而行动的每一种尝试,从今往后或许将被视作丰功伟绩。

如今我们的目标如下:澄清局部的吸引和排斥的规律如何能与普遍的吸引和排斥的规律发生整体关联,是否双方可能并未由**一个**共同的本原结合起来,是否双方在我们的知识体系中并非同等必要的。——回答这些问题,或许就是接下来的种种研究的价值所在。

① 即万有引力。——译者注

第一章　论一般的吸引与排斥作为一个自然系统的本原

在此期间我们预设交互吸引与排斥的规律为**普遍的**自然规律，并追问从这个预设必然推论出什么。

如果这两者是**普遍的自然规律**，那么它们必定是一个大自然的可能性条件。但就它们是我们的**一般**认识的对象而言，我们首先只将它们与**物质**关联起来考察，而将它们所有特殊的和质上的差别撇开不论。因而它们首先必须被视为一般物质的可能性条件，而且如果在一物质和另一物质之间没有发生吸引和排斥，那么最初任何物质都是不可设想的。 II, 179

我们先将这一点预设下来。至于是否以及为何事情必须如此，这一点留待后面研究。

目前在我们看来，物质一般而言无非就是向三个维度延展的东西，即**充实**空间的东西。

现在如果我们在两个**原初的**团块之间设定吸引和排斥，那是因为这是我们能预设的最少的东西；我们可以随意将这些团块设想为极小或极大的，但有一个限定条件，即我们得假定两者是**同样**大小的（因为迄今为止我们还没有任何理由将它们假定为大小不等的，所以就有了下面这一点：它们的吸引力和排斥力必定相互**抵消**——相互**耗尽**）；它们的吸引力和排斥力只是一种**共同的**力量，而且由于它们在空间中仅仅通过那些力量才展示出它们的定在，所以它们之间产生差别的理由也就消失了，它们不被看成对立者，而只能被看成一个团块。

但任何物质都只是且只能是通过吸引力和排斥力的作用与反作用而存在的；因而如果在那两个基本团块 A 和 B 之外并没有某个第三者 C，前两者共同的作用指向第三者，那么由于 A 和 B 的力量相互抵消，而且**现在**只表现出**一个**共同力量，所以 A 和 B 相加实际上 =0[①]，因为它们并没有在任何东西内部起作用，也没有任何东西能在它们内部起作用；但如果我们设定第三个团块（还总与前两个团块保持同样大小），那么这将是最纯粹、最美且最原初的比例关系。

II, 180 因为两个同样大小的团块本身并不相互分离，因而也并不相互区别，如果不是在某个第三团块中又合而为一和相互内在，而且如果不是这样就使得它们在这第三个团块中并未加合起来，或者说一方并未增益另一方的话：因为否则的话，它们又只能存在于那第三个团块中，而且并不相互外在，而是这样就使得它们两个相互合一，也与那第三个团块合一，并使得前两个中的每一个都同时既是整个第三团块，也是那第三个团块的一个部分。因为一般而言，正如柏拉图在《蒂迈欧篇》中所说，两个事物要是没有第三者，是不

① 谢林常将数学算式直接置入文字表述中，这与中文表述习惯颇为不同。为尊重原文，我们原样照录，读者只需将“=”置换为“等于”，即可阅读无碍，下文中其他数学符号可依此类推。——译者注

能持存的,而且最漂亮的纽带是那样的,它使其本身与被结合者最好地合而为一,这就使得第一项与第二项的关系类同于第二项与这个中项的关系。[①]

但如果我们不是假定两个**同样**大小的基本团块A和B,而是假定两个大小**不同**的团块,那么虽然它们双方施加的力量不是**交互的**,但一方(比如A)的力量却会完全抵消另一方(B)的力量;而这样一来,我们又总是只有**一个**团块,它的力量是过剩的,那种过剩我们是不可设想的,如果不立即再赋予它一个客体,使它可以在那客体上加以释放的话。

因而在这两种情形下,我们要设想两个基本团块之间的比例关系,都必定已经联想到了这两个团块与某个第三方之间的第二种比例关系;而且这一点适用于最小的团块,正如适用于最大的团块。

如果我们考察一下最初的三个同等大小又全都相互吸引和相互排斥的团块,那么虽然它们中的任何一个都没有在其他团块那里耗尽其力量,因为每一种力量都时时刻刻在扰乱一方对另一方的作用,那里(依照前述预设)在同样的意义上,每一方的核心都在另外每一方中,也是在同样的意义上,每一方都外在于另外每一方。依据与A或B必定经受C的某种作用同样的理由, II, 181

① 第一版中代替这一段的是:但如果我们设定第三个(与前两个团块总是保持同样大小的)团块,会得出什么?
这个团块由于其原初的吸引力和排斥力,将迫使A和B现在就将它们共同的力量对准它,每一方的力量都按照共同的方式对准另外两方,而且每一方现在都在防止另两方相互在对方身上耗尽它们原初的力量。——原编者注

C 也经受了 A 和 B 的同样的作用，反之亦然；因而在规定根据(Bestimmungsgründe)相类同的这种局面下，哪里都没有发生任何作用，而且因为在形体世界中作用是作为运动表现出来的，哪里也都没有发生任何运动。在假定的那些团块中，运动仿佛只有在下面这种情形下才是可以设想的，即 A 和 B 就以与 C 在它们中分解相同的意义上，又在别的团块中分解了，而且这就使得它们与第三者的等同性仅仅整体地，而非个别地实存：运动仿佛只落于这些次级团块中，因为只有前两者中的每一个都自顾自，才与第三者不等同，纵使它们在整体上呈现出与第三者最完满的统一。[①]

因而如果在某个系统中产生**运动**，那么各团块就**必须**被假定为**不等同的**。仅仅由此就已经可以推出，最原初的运动得益于动力学意义上的各种力量，根本不可能是直线运动。假使一个物体**系统**要成为可能，情况也必定是这样。原因在于，既然**系统**概念的应有之义便是一个自身封闭着的整体，那么系统内部的运动也必定只能设想为**相对的**，与现成存在于系统之外的任何东西都没有

II, 182 关联。但这将是不可能的，如果该系统的所有物体都沿着一条直线运动。反之，那样的一个系统，在其中各个从属性物体围绕一个

① 第一版中这一段为：如果我们考察三个原初的、同样大小的、全都相互吸引和相互排斥的团块，那么它们中的任何一个都没有在其他团块那里耗尽其力量，因为每一种力量都在时刻干扰一个团块对另一个团块的作用。只不过依照，比如说，C 干扰 B 对 A 的作用时所遵循的那同一个规律，A 又干扰了 C 对 B 的作用。但在这一刻，A 对 C 的作用被 B 干扰了，而这种更替就这样无穷进展下去，因为它进至无穷地恢复自身。因而每一个团块对另两个团块的作用虽然必定会不断进展下去，因为它总是得到恢复，但这种作用必须在每一刻都被设想为无穷小的，因为它总是又遭到干扰；而且由于物质的种种原初力量只能作为**推动力**起作用，所以每一个团块在另两个团块中造成的运动就被想象为无穷小的了。因而在一些全都被假定为**相同**的物体构成的某个系统中，根本没有任何运动发生。——原编者注

共同的固定中点划出一些或多或少接近于圆周的线条,该系统就可能的经验而言在它外部永远不需要一个现成的经验性空间(这样一来,这系统的运动就可以被设想为相对的了)。因为实际上(正如**牛顿**和**康德**指出的)这样一个系统中的运动,若是与该系统外部现成的某个经验性空间没有任何关联,就根本不可能是绝对的运动,而是**相对的**运动;"相对"即相对于系统本身,在这个系统中,属于它的那些物体不断改变它们相互之间的关系格局,但总是相对于它们本身通过它们(围绕共同中点)的运动而包含在内的那个空间而言的。相对于其他任何一个可能的系统而言,这里预设的系统直截了当是**一个**。

因而如果再假定,这个系统隶属于一个更高的系统,那么后者**在自身内部**并不会改变作为一个自身封闭的整体的前一个系统的关系格局。这前一个系统**内部**的所有运动都仅仅相对于该系统本身而言才发生。因而它那里相对于另一个系统而言发生的一切运动,都必然是**整个系统**(被视作统一体)的**某种**运动。**整个系统**的这样**一种**运动(相对于该系统外部的某个系统而言),就其相对于该系统本身而言,是**绝对的**运动,亦即根本不是运动(而如果该系统要成为一个**系统**,情况就必定如此)。而且无论这个整体在太空中走向何方,该系统在其自身之内总是保持为同一个,它的各种物体永远划着同样的轨迹,而且它的内部关系格局,比如单个天体上的时节、气候等的更替所依据的那种关系格局,也是沿着几千年都不足以成为其尺度[①] 的那条轨道,与该系统相伴相生的。

---

① 即以多于千年的时段为衡量单位。——译者注

那么由于从属性系统相对于高级系统而言形同**一个**天体，而且由于人们可以设想整个系统的种种吸引力在中点内部结合为一

II, 183 体，那么核心天体（作为将其他天体当作卫星携带着的行星）必定也隶属于一个更高的系统，而这种关系却根本没有对次级系统的内部关系格局产生影响。因为使得核心天体被另一个系统的中点吸引的那种力量，同时也是这个核心天体吸引**它的**系统中的各行星的力量。因此行星体系依据的规律也是单个体系依据的那些规律，而且随着"一般物质**最初**是何以可能的？"这个难题的解决，关于一个可能的宇宙的难题也得到了解决。

如果人们考究过万有引力的诸本原的整个高度[①]，那么现在就可以再下降到系统的单个天体上了。在这天体上的一切都必定依照将它维持在其轨道上的那同一个规律，而趋向中点。朝向较大天体中点的这种运动叫作**动力学**运动，因为这运动是凭借动力学意义上的种种力量发生的。但每一种运动都只是**相对**运动，而一个命题的间接证据，即从该命题的反面情形出发必定发生某种**绝对**运动，到处都同样明显有效。每一种运动都是相对的，这意味着：为了感知运动，我必须在被推动的物体外部设定另一个物体，那个物体至少相对于**这种**运动而言**静止着**，无论它是否立即又相对于第三个物体而言（**就此而言静止着的**物体本身又能成为运动的），如此以至于无穷。因此对于经验的可能性而言必然的那些感性错觉，比如地球的静止和天体的运动，知性虽然可以揭露它们，

① 一个行星系统**终究**是可能的，这一现象的根据不是别的，只是吸引和排斥这两种本原。然而，行星系统是**这个特定的**系统，这一点能够和必须仅仅从万有引力的那些规律说清楚，这是为什么？——后文会进一步涉及这一点。——谢林原注

却永远不能消除它们。

这还不够;在自行**运动**的那种物体**本身**中,必定发生**相对的静止**,这就是说,该物体的各部分在全都改变它们与其他物体的空间比例关系时,必定没有改变它们**内部**的比例关系;而**如果**它们改变后一种比例关系,那么要能感知到这一点,就必须有另一些**并未**改变它的物体存在,这就是说,即便物体并不处在**固定状态**下,它至少也必须是**持存着的**。 II, 184

物质(本身)根本不能改变其状态,如果没有外部原因起作用的话。这是物质的**惯性**规律,该规律对于静止状态和运动状态完全同等适用。只不过物质不能被外部原因推动,除非物质以能动的推动力(不可入性)与之对抗。因而物体被外部力量驱动后,便静止或运动了(因为就这方面而言,两种状态完全是无差别的),因此它**特有的**推动力必须被设想为**无穷小的**;在前一种情形下,是因为它**坚守**其状态,在另一种情形下,是因为它明显会被**外部**原因推动起来。因而物体**相对于其自身而言的相对**静止产生了,它相对于它外部的物体而言便可以被设想为静止的或运动的了。

只不过正如我不能设想无运动的静止,我也无法设想无静止的运动。所有静止的东西仅就另一个东西运动着而言,才是静止的。天界的普遍运动,仅就我将大地看作静止的而言,我才能感知到。因此我甚至将**普遍的运动**关联到**局部的静止**上。只不过正如普遍的运动预设了局部的静止,局部的静止也预设了某种更为局部的运动,后者又预设了某种更为局部的静止,如此以至于无穷。我无法设想大地相对于天界而言是**静止的**,除非在大地本身上又有局部的运动发生,而这种局部的运动,比如空气、河流、固体的运动，要是没有在它们本身内部预设局部的静止，又是不可设想的，如此等等。

因而在每一个运动着的物体中，我都设想**内部的**静止，即内部种种力量的某种平衡；因为仅就它是**特定边界内部**的物质而言，它才运动。但特定的边界只能被设想成一些对立的、交互限制的力量的产物。

II, 185 只不过各种力量的这种平衡，物体的这种局部的静止，我是无法相对于它的反面——被消除的平衡和局部的运动——去设想的。但**如今**在物体自行**运动**时，这个反面据说是不会发生的，因为物体据说会作为物体，即作为（团块中的）特定界限内部的物质而自行运动。因而我也不能将那种被扰乱的平衡（运动物体中的局部运动）设想为**现实的**，但我必须将它设想为**可能的**。但这种可能性绝不应当仅仅是**想象中的**可能性，它应当是某种**实在的**可能性，后者在物质本身中有其根据。

但物质是**惰性的**。没有外部原因，物质是不可能运动的。因而没有外部原因，那种**局部的**运动也不可能出现。但现在看来，据我们迄今所知，只有一个**运动**物体才能将运动**传给**另一个物体。但我们所说的那种**局部**运动，据说与通过撞击、通过传导而造成的那种运动是完全不同的——据说它甚至与后者相对立。因而它绝不可能是一个运动物体传给另一个物体的那种运动——因而（这是必然可以得出的）它必定是那样一种运动，即便静止物体也能将它传给静止物体。现在每一个由**撞击**造成的运动都叫作**机械的**，但**静止**物体在**静止**物体中造成的运动则叫作**化学的**；因而我们似乎有了各种运动构成的一个层级序列，亦即：

原初的、**动力学的**（仅仅通过吸引力和排斥力便成为可能的）运动必然**先于**其他所有运动。因为即便**机械**运动，即通过撞击传导的运动，若是没有物体内部吸引力和排斥力的作用与反作用，也不可能发生。没有任何物体能被撞击，如果其本身没有表现出**排拒性**力量；也没有任何物体能**以团块形式**运动，如果在它内部没有**吸引**力起作用。一种**化学**运动就更不可能发生了，如果没有了动力学意义上的各种力量的自由游戏。

化学运动与**机械**运动恰成对立。机械运动通过**外部力量**传给一个物体，化学运动虽然通过**外部原因**，然而正如事情显现的那样，却是通过内部**力量**，在物体内部被造成的。机械运动在**运动**物体内部预设了**局部的静止**，化学运动恰恰相反，在**非运动**物体内部预设了**局部的运动**。 II, 186

化学运动与**一般的**动力学运动的关系如何，这一点一时难以弄清。有一点是确定的，即双方都只有通过吸引力和排斥力才成为可能。但一般的吸引力和排斥力就其一般是某种物质的可能性条件而言[①]，超越了所有经验。反之化学上的吸引力和排斥力则已经预设了物质，因而除非通过经验，否则根本不可能被认识。前一类力量由于先行于所有经验，便被设想为绝对**必然的**，后一类力量被设想为**偶然的**。

但动力学意义上的种种力量除非仅就其同时也在其**偶然状态**下**显现**之外，是不能在其**必然状态**下被**设想**的。在所有物体中吸引力和排斥力都**必然**保持**平衡**。但这种必然性仅仅在与**可能性**，

① 这一点在上文中明显被预设了。——谢林原注

即这种平衡被扰乱的可能性相对立的情况下才被**感觉到**。现在我们必须在物质本身中寻求这种可能性。这一点的理由甚至可以被设想为物质的某种**趋势**,即走出平衡之外,并投身于它的各种力量的自由游戏中。如果我们在物质内部根本不预设任何这类可能性(化学上的任何操作都无法激发这种可能性),这物质至少该叫作**僵死的**——在这个词的特殊意义上——物质。

但惰性物质要脱离它的种种基本力量的平衡状态,需要某种外部作用。一旦这外部作用停止,物质便恢复它先前的静止,而整个化学现象与其说是一种脱离平衡的趋势,不如说是维持平衡的趋势。但由于物质的本质就在于它的种种力量的平衡,所以大自然必须先超出这个层级,才能攀升到更高层级。

II, 187

因为一旦从必然东西走向偶然东西的第一步迈出了,那么确定无疑的一点是,大自然如果能进展到某个更高的层面,就不可能停留在任何较低的层面不动。但以下现象就足以证明这一点了,即大自然**一度**允许物质中的各种力量进行某种自由的游戏;因为一旦物质打破维持它的那种平衡,那么任何一个第三者(无论这第三者现在是什么)都不可能使各种自由力量的这种争执**永续**,而且这样一来,物质(如今它是**大自然的**一件**作品**)也不可能在这种争执中得以延续。因而在物质的种种化学特性中实际上已经蕴藏着未来的某个自然系统的最初的、尽管尚未完全展开的种子了,那个自然系统能在多种多样的形式与构形中逐步展开,直到创生的自然显得又回到其自身之中为止。这同时也为进一步的种种研究勾画出了路径,直到大自然中必然东西与偶然东西、机械东西与自由东西相分离为止。种种化学现象便构成了这双方之间的中项。

一旦人们将吸引和排斥这两种本原视为一个**一般自然系统**的本原，它们事实上就可以通往极远的地方。那么更重要的事情就是要更深切地探究我们无限制地运用这些本原的根据和理由。

因为**万有**引力到处都与物质的**量**成比例，所以这种力量今后也可以称为**量的**引力，如同**局部的**（化学的）引力由于看起来是基于物体的质，便可以称为**质的**引力。

附释 对世界系统的一般观点

古人以及他们之后的近代人将实在的世界称作 natura rerum[①]或**事物**的诞生，这是极为重要的：因为它是永恒事物或理念在其中达到定在的那个部分。这不是通过某种材料或物质出现在双方之间，而是通过绝对者永恒的主体—客体化而发生的；由于这种主体—客体化，绝对者才使人们得以了解它的主体性，以及客体性和有限性中隐藏着的那种不可知的无限性，才使它们成为**某种东西**。正如我们可以从前文中了解的，在自在体中这种行动与它的对立面不分离，而且一般而言仅仅对于下面这种东西而言才**作为这种行动**而存在，这东西本身就在这行动中，而且并不通过对立的统一体而被整合起来，而它过去是通过那统一体才在它的自在体或绝对定在中得以重构起来的。 II, 188

通过那样一种行动本身（绝对者在该行动中使人们得以了解

① 通常译作“物性”，如卢克莱修著有《物性论》(*De Natura Rerum*)，谢林依据字面直译为“事物的诞生”(die Geburt der Dinge)。——译者注

它那处在可区别状态的统一体),每一种向特殊东西中构形的统一体都必然倾向于**在其自身中**存在,也倾向于在它的同一性本身所处的那种特殊形态或**类别**中使得本质为人所知。那么正如整个宇宙一样,大自然中的每一个事物也只是从它的**某一个**方面,即从它的本质向形式中构形的方面,而为人所知的。

现在由于事物如果不是在其特殊形态存在的话,便不能在**为**其自身且**在**其自身存在的层面**本身**上实存,但这种特殊形态又只能在仅仅相对的和不完备的同一性中才能被认识(因为在绝对的形式中万物归一),所以事物必然凭着无限者与有限者的仅仅相对的同一性而出现,而且由于这种仅仅相对的同一性始终且必然只是绝对的同一性(即理念)的一部分,事物便**在时间中**出现;因为时间性就每一个事物而言恰恰是那样才被设定下来的,即那个事物事实上并不是它依照它的本质或理念而能是的一切,而是依照形式或现实存在的。

现在看来,无限者在有限者中客观化的形式,作为**自在体**或**本质**的显现形式,在可区别状态下纯粹如其本然地被接纳时,是一般身体性或形体性。因此在有限性客观化的那个过程中被构形的各种理念在多大程度上显现,它们便在多大程度上成为形体性的;但就此而言整体还是在作为形式的这种相对的同一性中给出了自身的摹本,使得各种理念即便在现象中也还是理念,还是那样一些形体,那些形体同时也是一些世界,亦即**天体**。[1] 因此天体系统无非

II, 189

① 这里"天体"的原文(Weltkörper)可直译为"世界形体",与文中的"形体""世界"有词源关联。——译者注

就是可见的、在有限性状态下可认识的理念王国。

各种理念相互之间的关系是,它们相互交错,然而每一个自顾自地又是绝对的,因而它们同时既是依赖性的,又是独立的;我们只能通过生产的象征来表述这种关系。因此在各天体内部,正如在各理念内部一样,发生了某种从属关系,亦即在其自身中并未消除其绝对性的那种从属关系。对于每一个理念而言,它处于其中的那个理念便是核心:一切理念的核心是绝对者。同样的关系在现象中表现出来。整个物质宇宙从最上层的那些统一体出发,开枝散叶为各特殊宇宙,因为每一个可能的统一体又都分解为其他一些统一体,那些统一体中的每一个**作为特殊统一体**,只能通过不断得到延伸的差异化而显现。但在各天体内部必须理解最初的同一性,在那同一性中尚未发生任何分化,尽管与作为有限者的天体的最初分化一道被设定的还有天体中的东西的进一步分化,使得这个本身有限的天体也不可能孕育作为有限果实的其他任何天体。因为正如这个天体本身是一个通过作为特殊形式的其本身而显现的理念,所以对于这天体而言已被构形的且由这天体从其自身中产生出来的其他一切理念,也并非在它们的**自在体**中,而是仅仅通过个别现实事物才成为客观的。因此从那最初的同一性来看,我们称为有机物质和无机物质的东西,本身又仅仅是一些潜能阶次了。就此而言,天体在其最初的同一性中并非无机的,因为它同时也是有机的;它并非在如下意义上是有机的,即它在其自身中并非同时具有无机东西,或并非同时具有有机东西的外部材料。我们将动物仅仅称为相对的动物,对于相对的动物而言,它赖以持存的材料属于无机材料;但天体是绝对的动物,绝对的动物在其自

II, 190 身就具备它所需要的一切，因而也具备对于相对的动物而言乃是身外的无机材料的东西。

现在一切天体的存在和生命（它在现象中类似于各种理念的存在和生命），在一切理念的双重统一体中，即这些理念由以在其自身中存在的那个统一体和它们由以在绝对者中存在的那个统一体中，归于宁静。但这两个统一体又是同一个统一体。在第一个统一体中，无限者在那些理念的特殊性中**扩张**自身，在另一个统一体中，它们的特殊性**回转**到绝对性之中，通过前一种统一体，它们得以在其自身中并在核心之外存在，通过后一种统一体，它们得以在核心中存在。

现在这两种统一体在多大程度上可以与膨胀力和吸引力的那些统一体（此前的物理学将它们作为一个自然系统的普遍本原，当成它的种种理论的基础了）相比，这个问题将在下面的几篇附释中得到更准确的回答。当此之时，我们提醒那些希望进一步了解依照自然哲学学说而来的世界系统的各种规律的读者参阅《布鲁诺》[①] 这篇对话，以及《来自哲学体系的进一步阐述》§ VII。[②]

---

① 全名为《布鲁诺——论事物的神圣本原与自然本原》(*Bruno oder über das göttliche und natürliche Princip der Dinge*, Berlin bei Unger, 1802)。——译者注

② 载于《新思辨物理学杂志》，第1卷第2分册。——谢林原注

第二章　论那两个本原的误用

如果说即便**牛顿**也在表述他自己提出的万有引力本原的含义时显得前后不一致，那么他的拥趸们却很快就不再将天体的相互吸引看作仅仅表面上的吸引，而是看作某种**动力学意义上的**、物质原初便具有的吸引。“**表面上的**”是指那样的吸引，它由于使这些天体相互迫近和相互远离的第三种物质的作用（比如以太的作用）而产生。因而如果说牛顿实际上如其在某些地方表述的那样（尽管他在其他一些地方明确主张相反的观点），对于“吸引的**动力因**”是什么，对于吸引是否可能并非通过一次撞击或通过我们所不了解的其他方式而形成，感到狐疑，那么他将那个本原用于建立一个世界系统，事实上不过就是一种**误用**，或者毋宁说吸引力本身对于他而言就是科学上的一种虚构，他只是为了将全部**现象**还原为**规律**才利用这个虚构，而并不希望以此**说明**现象。 II, 191

但牛顿极有可能希望同样借此避免对那个本原的另一种可能的误用，而他的追随者中很大一部分人随后就陷入那种误用之中了。为了避免那样的误会，即仿佛他真的希望通过那种基本力量**在物理上说明**万有引力，他时而宁愿假定整个吸引现象是虚假的，因此又试图在某种他称为**以太**的假设性流体的机械作用中寻求某种**物理上的**说明；但他很快又坚决反驳了这种假定，正如他先前坚决主张过这种假定一样——这就更显豁地证明,对他而言这**两种**说法都不令人满意,而且认为第三种情形是可能的。

如果说万有引力本原能**说明**什么,那么它不多不少就充当了经院主义者的某种隐秘的质(qualitas occulta)——充当了真空恐惧(fuga vacui)[1],以及更多诸如此类的东西。但那本原本身却处在一切物理学说明的边界上——如果说一般而言只有它才使得对原因和结果的某种探究成为可能,那么人们必须停止再为它寻求某种原因,或者将它本身作为原因(亦即作为只有在自然现象的**整体关联**中才成为可能的东西)提出来。

II, 192 如果说即便牛顿也谈过吸引力,无论那吸引力是**物质固有的力**(*materiae vis insita*)、先天东西(innata)还是别的什么,他都在关于物质的思想中赋予了一种独立于吸引力之外的实存。照此说来,物质仿佛**真的**能在没有任何吸引力的情况下存在;而它具有这类吸引力,比如像牛顿的一些学生说的那样,一只更高级的手将这种趋势按压到物质中,**这**就物质本身的实存而言,乃是某种**偶然的事情**。

但如果吸引力和排斥力本身是物质的**可能性**条件,或者毋宁说,如果物质本身被设想为无非就是这些力量的争执,那么在所有自然科学的顶端,假如物理学的说明一般而言要成为可能的话,这些本原或者是来自一门更高的科学的前提,或者是在一切步骤之前就必须被预设下来的公理。

但由于人们在**反思**中可能将吸引力和排斥力设想为不同于物

---

① 拉丁文,字面意思为"飞离真空",此处意指为了避免理论解释的漏洞而设计出来的说法。——译者注

质的，所以人们就认为（依据一种并不鲜见的错觉），**在思想中**能被分离的东西**在事情**本身**中**也被分离了。倘若人们沉湎于这种错觉，那么物质即便没有任何吸引力和排斥力也存在。

倘若如此，那么这些力量再也不能索回最初本原的尊位，它们现在甚至厕身于大自然的原因与结果之列——但如果被设想成**原因**，它们呈现给知性的无非就是物质的一些隐秘的质，这些隐秘的质不仅不能促进自然研究，反而妨碍了它。

在这些本原的问题上引人误入歧途的同一种反思的假象，将其影响扩展到了所有科学之上。**莱布尼茨**摈弃了牛顿的吸引力，因为他认为那是一种懒惰哲学的幻想，这种幻想不是努力探究物理原因，倒宁愿立即到种种隐秘而不为人知的力量（一切自然认识的目标）那里去寻求庇护。只不过当牛顿从被移植到物质本身中的某种力量出发说明万有引力时，他所做的无非就是莱布尼茨本人——如果他被完整理解了的话——在另一个领域所做的事情，那时莱布尼茨从**天赋的**力量出发说明人类精神的种种原初且必然的行动。正如牛顿将物质与其种种力量分离，仿佛一方没有另一方还能持存，或者仿佛物质是不同于它的种种力量的某种东西，莱布尼茨主义者也将人类精神（作为某种物自体）与它原初的种种力量和行动分离，仿佛精神除了通过它的种种力量和在它的种种行动中之外，还真能以其他方式存在。——在牛顿之前很久，**开普勒**[①]这位极富创造性的才智之士就凭借一些诗性的形象，说出了 II, 193

① 开普勒（Johannes Kepler，1571—1630），德国自然哲学家、数学家、天文学家、占星学家、光学家和新教神学家。——译者注

牛顿此后以更富散文气的方式表达出的东西。开普勒最初谈的是物质对物质的渴慕，而牛顿谈的则是物质与物质之间的吸引，两者中的任何一位都没有想过这些表述在他们本身或其他人看来应该充当什么**说明**。因为物质和吸引力、排斥力在他们看来就是一体的——双方只是对同一个事物的两个具有同等效力的表述，一方对于感官有效，另一方对于知性有效。

即便当牛顿审视这两个选项，将万有引力或者视为隐秘的质(qualitas occulta)（这是他所不愿也不能做的），或者仅仅视为表面假象，即视为某种陌生原因的结果时，他似乎也从未阐明使他在两种相互矛盾的主张之间犹犹豫豫摇摆不定的理由。他有什么必要这样做呢？过去那理由仅仅涉及各种本原的可能性；在其自身确定无疑的那种体系对此是没有任何兴趣的。

我们的时代不仅本身在从事发明，也在研究先前的种种发明的**可能性**，它使那种渗透了所有科学的反思的错觉大白于天下。对于故步自封的自然学说而言，这可能根本就无关紧要。那种学说即便在各种本原上没有达成一致，却还是老调重弹。那种发现对于哲学愈发重要了，而其他科学在稳稳地信赖它们的种种概念清楚易懂或信赖它们时刻握在手中的经验的试金石时，不愿意掺混夹杂的所有那些争论，都必须在哲学的法庭前得到裁决。——现在看来，即便哲学的各种本原与正当的感官普遍认清和预设下来的一切相一致，哲学本身迄今为止都还没有成功地抑制住那暧昧的经院主义，经院主义将仅仅在某个绝对的领地上，即仅仅在理性的领地上有效的东西转移到感性事物上，将理念降格为物理原因，而且当经院主义——这是实情——根本没有超迈于经验世界

II, 194

之上时,却还洋洋自夸对于超感性事物具有实在的认识。[①] 人们大都还没有看出,事物的观念东西也是唯一实在的东西,反而满脑子幻想着那样一些事物,它们在感性事物之外还具有种种特性。[②] 由于对于反思而言,将在其自身从不分离的东西分离开是可能的,由于幻想能将客体与其特性,将现实东西与其作用分离开并固定下来,人们就认为,即便撇开幻想,这些现实的客体也可以没有特性,事物也可以没有作用而存在,却没有想到,撇开反思不论,**对于我们而言**每一个客体都是通过它的特性,每一个事物也都仅仅是通过它的作用才存在的。——哲学教导人们,**自我**在我们内部(抽离它的种种行动后)**什么也不**是;尽管如此,还是有一些哲学家老是抱着从众的心态认为,灵魂是一个事物(他们甚至不知道那是什么种类的事物),这个事物即便在既没有感觉,也没有思维,也没有意愿,也没有行动的情况下,还很可能**存在**。他们这样表达这个意思:灵魂是某种**在其自身**实存的东西。现在看来,它如果思维、意愿、行动,这些现象恰恰是**偶然的**,而且没有构成它的**本质**,反而只是移植到它那里去的:而如果某个人问它为何思维、意愿和行动,人们会对他说,它就是如此的,而且也很可能**不**如此。 II, 195

如今在关于物质**内部**的吸引力和排斥力的日常观念中起支配

① 第一版中为:抑制住那暧昧的经院主义,经院主义在对经验与各门经验科学向哲学提出的挑战一无所知的情况下,迄今还沉湎于它的思辨幻想之中,而且在洋洋自夸具有它误以为的**实在的**认识的情况下,傲慢地藐视将我们的知识仅仅限制在经验世界上的种种尝试。——原编者注

② 第一版中为:没有看出,事物与其作用是不可分的,反而迄今还幻想着那样一些事物,据说它们在事物本身之外还能现成存在。——原编者注

这个注释中最后一个“事物”当指现实事物。——译者注

作用的，是同一种精神。因为人们想说的是，这些力量不是物质本身，而只是**在**物质**中**存在。一旦人们赋予它们不依赖于物质的实存，人们还会进一步追问，它们**在其自身**可能是什么，而不再问，它们**对于我们**而言是什么，而且这里恰恰蕴藏着一切**独断论**的错误前提(πρῶτον φεῦδος)。人们忘记了，它们是**我们的认识**的最初条件，而我们却徒劳地盼望**从**我们的认识**出发**(在物理的或机械的意义上)说明它们；它们就其本性而言已经超出一切认识之外；一旦人们追问它们的根据，我们必定离开**预设**了那些力量的经验领地之外；而且我们只有在我们的**一般**认识活动的本性中，在我们的知识最早的、最原初的可能性中才能发现将这些力量当作本原(这些本原在其自身是绝对不可证明的)而置于所有自然科学之前的根据。

因而物质与物体本身不是别的，只是种种对立力量的产物，或者毋宁说，它们本身无非就是这些力量。然而我们是如何开始使用力量概念的，这概念不可在任何直观中呈现出来，而且由此已经显示出，它表达了其起源超出一切意识之外的某种东西——它依据因果律才使得一切意识、认识活动，因而也使得一切说明活动成为可能？在这些力量本身据说又构成对种种自然现象的**说明**或者构成某种物理学说明的**对象**的情况下，我们虽有知识，为什么最终还是不得不固守这些**力量**不放？

因而存在着对那些本原的双重**误用**。

一种误用是当人们为了事后才让吸引力和排斥力移植到物质之中(人们不知道这是何以发生的)，便首先在思想中，然后也在现实中独立地预设物质时。因为当这些力量仅仅作为物质的**可能性**

条件才具有实在性时，如果物质实际上依赖于它们（在它们只是被移植到物质中的情况下），它们在这个名称下就不再回避我们的物理学研究了；但在大自然的因果序列中，它们所能呈现的，无非就是人们在任何健全的自然科学中都无法容忍的一些隐秘的质。 II, 196

因而在这种情况下更聪明的做法是宣布整个引力现象是**虚假的**。然而这种假定与先前的做法有共同之处，那就是为了事后**说明**物质，必须先**预设**物质。因为一般而言如果不**预先**假定点什么东西（那东西作为基质，是接下来的一切说明的基础），一切说明都是不可能的。因而机械物理学就将空的空间、原子及其更精细的物质（该物质驱使原子相互冲撞，又将它们相互推离）作为它进行说明的材料预设下来了。

关于这些预设，这里注意到下面这一点就够了，即当机械物理学企图用机械规律说明有形世界时，就不得不违逆自身的意志，将物体，因此也将吸引力和排斥力预设下来。原因在于，为了能不依赖那些力量，机械物理学将原初小物体（corpuscula）视为绝对无法穿透的和绝对不可分割的，这种做法无非就是懒惰哲学的逃避手段；那种哲学由于希望使它必定带来的某种东西不出现，一旦投入种种研究中去，便宁愿通过某种绝对命令预先切断一切研究，而这样它就迫使抗拒它的理性承认后者依其本性绝不会承认的那些界限。

因而原子论者如果没有对那两种本原进行**误用**，也是不可能起步的，尽管他慎加提防，不愿承认这种误用，因为如果他承认了这种误用，他的整个工作便是徒劳。原因在于，他为了能将它们设想为多余的，便在有必要的情况下（违背他的知识）预设了那些本原，事后又为了消除那些本原的高贵地位，使用了这些本原本身。这些本原只不过为他提供了要抹除它们就必须在其上安放杠杆的那个支点，而且当他希望表明它们对于说明世界系统实属**多余**时，他表明它们至少在他的学说体系中是**必不可少的**。

II, 197

由于如今人们还在期待某种新的尝试，通过这种尝试机械物理学应当（至少由于它历史久远而令人崇敬地）完全无可置疑，并被宣告为宇宙唯一可能的体系，所以看一看人们预先就这样一种尝试（在人们迄今为止可以对其下判断的范围内）可以说些什么，并非不相宜的。

附释　论一般力量概念（尤其在牛顿学说中）

由于我们这里希望在一般意义上说明力量概念，所以我们立即注意到（这也是为了未来的研究起见），依照康德的看法，如果说物质可以从吸引和排斥这两种相互对抗的力量中构造出来，那么正如我们不承认有什么纯粹有限者或纯粹无限者（因为这是些纯形式要素，而**同一性**则是绝对的**一**，是最初的实在东西），同样也不能承认有什么纯粹膨胀力或纯粹吸引力；我们也注意到，在被假定的这种情形下，我们所刻画的第一种统一体必须被设想为我们的两种统一体中的第一种，它是同一性向差别中的扩张，另一种必须被设想为我们的两种统一体中的另一种，它是差别向同一性中的回撤，因而两种对立力量中的每一种都包含了另一种。

只不过正因此力量概念本身仿佛已经被取消了，因为这概念的应有之义还包括，它们被设想为**单纯的**，因而被设想为纯粹观念性的要素，但我们会称为膨胀力的东西，毋宁已经是一个整体，或者说已经是膨胀力和吸引力构成的某种同一性了（两种力都在形式的意义上被构想），正如我们所谓的吸引力的情形一样。

因而这两种力量的概念，如其在康德那里被规定的，是一种纯形式的、由反思产生的概念。 II, 198

牛顿学说用被关联到核心上的吸引力和逃逸力说明天体的公转运动时，赋予这同一个概念[1]更高的运用，如果我们在这种更高的运用上考察该概念，那么实际上这些力量在这番说明中除了具有一种假设的意义之外，根本没有更高的意义；而如果说开普勒用离心力和向心力这些词汇表示的实际上无非就是纯粹现象，那么与此相反，无可否认的便是，在牛顿学说中这两种力实际上具有物理学原因和说明根据（Erklärungsgründe）的含义。

必须注意的是，力量概念不仅在一般意义上，也在特殊意义上，在刚刚提到的系统中表示某种片面的因果关系，这种关系对于哲学自身而言是无足轻重的。这并不意味着，仿佛牛顿并没有教导过，即便被吸引的物体也向吸引的物体表现出了吸引，而且在同一种关系中作用与反作用又是相等的，而是因为他还是让前一个物体**在它的"被吸引"这一性质中**仅仅成为被动的，并在动力学的假象下隐藏了纯机械的说明方式。依据牛顿的看法，被吸引物体的向心运动的原因本身就在进行吸引的物体中，因为这种运动毋宁是被吸引的物体本身所固有的某种本原；而当被吸引的物体在其自身为绝对的之时，它也必然处在核心之中。离心力作为说明

① 指上文中提到的两种力量的概念。——译者注

根据，也是货真价实的假设；但在产生公转时的两种原因的关系又被设想为某种纯形式的关系，并消除了那里的一切绝对性。

我们简要勾画了一些主要的理念，对事物的高等关系的一切所谓物理上的说明都必须依照这些理念来评价。

在纯粹有限性本身的层面上，每一个东西都受到另一个东西规定，如此以至无穷，每一个在其自身中都没有生命；这是单纯机械论的地盘，对于哲学而言它根本无从存在，而且哲学在这个地盘中根本无从理解它一般而言理解了的任何东西。

II, 199

在哲学唯在其中方才知晓万物的那个层面上，机械的线索完全脱落了，在这里依赖性同时也是绝对性，绝对性同时也是依赖性。在这个层面上，没有任何东西是只被规定或只进行规定的，因为一切都是绝对的**一体**，而且一切行动都直接从绝对的同一性涌流而出。实体、统一体不是由于瓦解为多样性才被分割的；原因在于，它们不是通过对多样性的否定，而是由于它们的本质或理念才成为**一体**，而且这一体状态在多样性中并不停止。因而如果未分割的和不可分割的实体寓于每一个事物之中（这实体依据它的形式的种种局限而直接从自身中，且无需外来的作用，产生出在这个事物中被设定的一切，仿佛在这事物外部空无一物似的），那么每个事物都极为确定地自顾自存在于绝对性中，也都在除了实体的中介之外别无其他中介的情况下，极为确定地与其他所有事物合而为一。因而这个事物（比如在重力中）就不是通过某种外部原因（某种牵引力），而是通过普遍的先定和谐，与另一个事物结合在一起的，通过这先定和谐万物合而为一，一也成为万物。因此在宇宙中没有任何东西是受压制的、纯粹依赖性的或受奴役的，反而万物在其自身都是绝对的,而且因此在绝对者中——而且由于绝对者是大全一体——同时也在别的万物中了。地球当其显得有朝向太阳或另一个天体运动的某种趋势时,并非受到引力作用朝向太阳或另一个星体的**形体**在运动,而是仅仅朝向实体在运动;而这种现象也不是由于因果关系,而是由于普遍同一性才发生的。

运用到所谓离心倾向上而言,那么这种倾向便是天体的那种与向心倾向相同的固有本原或本质;也就是说,通过离心倾向,天体在其自身成为绝对的,在其特殊状态下成为一个宇宙,通过向心倾向,它存在于绝对者之中:正如我们看见过的,宇宙和绝对者本身为一。因而那两种错误地被如此这般刻画的力量真正说来只是各种理念的两个统一体,正如由它们产生的种种运动的节奏与和谐反映出万物的绝对生命。因而知性对于认识这类高等关系完全是无用的,那种认识只向理性开放;然而从上帝的作用出发仅仅在机械的意义上把握这些比例关系,正如牛顿把握离心力那样,真正说来恰如——我们与斯宾诺莎一道借用某位古人的话来说——凭着知性在咆哮。 II, 200

第三章　对雷萨吉先生的机械物理学的若干评论

迄今为止，对于**雷萨吉**先生的**机械物理学**，人们部分是从它的首倡者的一些论文，从《牛顿式的卢克莱修》[①] 和他的有奖应征论文《试论一种机械化学》[②] 了解到，部分是从他的一些朋友就此得知的东西中，比如从**德吕克**先生在他**论大气**的两部作品中，以及远远更具关联性和体系性的**普雷沃**先生在他的作品《论磁力的起源》[③] 所说的东西中了解到的。最后提到的这部著作是下文中所有评论的基础。

看起来最引人瞩目的是，机械物理学从**一些公设**开始，在这些公设之上才举出**一些可能性**，最后还认为建立起了一个超越于所有怀疑之上的体系。

---

① 全名为《牛顿式的卢克莱修——柏林皇家科学院回忆录》(*Lucrèce newtonien. Mémoires de l'académie royale des sciences et belles-lettres de Berlin*, 1784)。另外，柏林科学院的全称为"柏林普鲁士皇家科学院"(die Königlich Preußische Akdemie der Wissenschaften zu Berlin)。——译者注

② 谢林直接将该文标题译成德文了。法文为：'Essai de Chymie Méchanique'(1758)。——译者注

③《论磁力的起源》(*De l'origine des forces magnétiques*)，日内瓦，1788年。德译本，哈勒，1794年。——谢林原注

它的第一个公设是,有许多**最初的物体**(corpuscules)[①]分布于某个特定空间,它们全都具有相同的质量,然而又足够小,小到它们相互接触时都不能明显地相互区别开,此外它们还具有那样的特性,即它们中的每一个吸引同类的小物体不如吸引异类的小物体那么多。[②] II, 201

因而机械物理学是将**最初的小物体**设想为**一些点**了,然而那却是一些**充实的**(物质性的、物理性的)点。但如果这些点仍然是物质性的,那么问题就在于,是什么理由使得原子论者在这些点那里止步不前。数学因此还基于**空间**的无穷可分性而得以持存,而哲学,无论它是否立刻对"**物质**(在其自身来看)由无穷多的部**分组成**"这样的话保持警惕,都不会因此而不再主张某种无穷的**可分性**,即某种**彻底的**划分的**不可能性**。那么如果机械物理学预设了最初的(或最终的)一些小物体,它就可能不是从数学中或从哲学中为这个预设寻找理由的。因而那根据可能只是某种**物理上的**根据,这就是说,机械物理学必然(如果说不是证明,总归还是)主张,那是一些小物体,**在物理上而言**对它们进行进一步的分割是不可能的。只不过当人们事先抽走了一切可能经验的对象之后(当人们主张有在物理上而言不可分割的一些小物体时,情况正是如此),便再无任何权利诉诸经验,即诉诸某种物理上的根据(正如这里诉诸**物理上的不可能性**)。因而前面那种假定是一种完全**任意的**假定,这就是说,人们擅自想象,在对物质进行分割时归结到一

① 法文,意为小物体。——译者注

② **普雷沃**, §1, §2。——谢林原注

些依其**本性**而言不可能进一步再分割的小物体，这是可能的。只不过**在物理上而言**根本没有其**本身**为**绝对的**不可能性。任何物理上的不可能性都是**相对的**，亦即只有相对于大自然中某些特定的力量或原因而言才是有效的，除非人们到隐秘的质那里去寻求庇护。因而人们凭着那些最初的小物体在物理上的不可分性，只能主张这么多：在大自然中根本没有任何(推动性)力量，可以击溃那些小物体的整体关联。只不过对于这种主张，能举出的根据除了

II, 202 从体系本身中得来的一种之外，再没有别的了，这就是说，原因在于如果没有这种主张，体系就不可能成立。因而这主张必须被限于如下范围：人们不能**设想**任何自然力量能分割那些小物体。但如果**就像这样**来表达这个主张，那么它的谬误性就会蒙蔽人们的双眼。因为世界上的每一种整体关联都有**一些等级**，而一旦问题取决于我能**设想**什么，我就根本不能设想整体关联有那样的等级，对于那个等级我不能再设想某种力量足以制服它。

但或许机械物理学鄙视这些异议，将它们当成某种狂妄形而上学的冥思苦想，还企图通过下面这个绝对命令推进下一步的所有研究：**事情就是这样的**，即要一劳永逸截断众流。只不过这个绝对命令仅当人们立于经验领地上时才有效，在那里对某一事物的可能性与不可能性的一切证明面对该事物的**现实性**时必须一言不发；但当人们冒险进入那样一个领域，在那里经验再也无法对可能性或不可能性给出任何训示，在那里只有精神才了解它当作**绝对**可能性，也当作绝对现实性的东西[1]，这个绝对命令就无效了。

---

① 第一版中为：在那里精神完全听任自身自由行事，其所虑者唯在于，没有任何事物限制它的自由了。——原编者注

然而可以追问主张小物体的哲学家,究竟是什么使你有资格预设物质的某种无穷可分性,而且不仅仅,比如说,假定物质可能分解为其各要素,还试图实际进行这种分解?——是下面这种经验吗,即物质是某种聚合物?只不过当你除此之外不必另外揭示任何根据时,你对物质的分割必定也仅仅以你在**经验**中能见到某个聚合物为限。只不过这与你将物质分解为其各要素的计划是矛盾的。因而你必定会到达某个点,在那里不仅经验不再迫使你进一步分割,你也完全听任自己的想象力自由活动了,想象力在那里也还是**预设**一些根本不可识别的小部分。然而一旦你放任你的精神完全自由地进行分割(即便经验不再迫使你进行分割的地方,也是如此),那么你就没有任何理由在任何地方限制这种自由了。在人类精神本身中根本不可能有理由使它在任何地方停顿下来,因而那理由似乎必定在它外部了,这就是说,人们将来似乎必定在经验中碰到某些要素,它们直截了当地给物质分割方面的自由设置界限。只不过这样一来,我们又发现有必要假定某种绝对的不可能性,它**在物理上**同样应当说得通,即那样一种不可能性,我们无法进一步为它指出任何根据,然而它又存在于**万物**必有其根据和原因的那个大自然中——因而是那样一种不可能性,它本身是不可能的,因为它自相矛盾。 II, 203

因而如果机械物理学被迫承认,它再没有根据假定物体有更原初的、绝对不可分的小成分,那么人们就看不明白,它究竟为何还要谈论什么物质的可能性。只不过它根本也没有操心这事,而是仅限于说明某种**特定**物质的可能性,或者换个说法也一样,仅限于从那些要素及其与空的空间的比例关系出发说明物质的特殊差别。此外它还有一种优势,即预设物质的各要素完全是同类的。但这些要素由于被预设为绝对不可穿透的,还是可以通过它们的**形象**相互区别开,那形象现在必须被视为**不可变更的**。因而已经存在一种可能性了,即在各要素具有原初的全部同类性的情况下,依然表明基本团块具有某种特殊的差别,即便这些团块由具有相同或不同形象的一些小物体聚合而成。此外,最后还有空的空间,它赋予想象力彻底的自由,即连由于物体中的空洞部分与密实部分之间的相互比例的任意变化而产生的,物质在特殊密度方面的最大差别,也要去弄清楚。

那么这也成了一切机械物理学的最大优势,即它可以使得一II, 204 种**动力学**物理学(即这样一种物理学,它只打算从吸引力和排斥力逐级变化的比例关系出发说明物质特殊的差别)从未在感性直观中呈现的东西,成为可以感性直观的。所以即便机械物理学,**在其边界内部**来看都能成为具备洞察力和数学精确性的某种杰作,即便它在**本原**方面完全没有根据。因而这里谈的并不是雷萨吉先生的体系一旦使其种种预设被人接受后,在数学方面能达成些什么,这里的关键反而是,在研究中如何接纳这些**预设**本身,以及如何接纳他的体系在一般物理学与自然科学上的**运用**;因为无论这体系本身涉及什么,它都大大超出我们经验的边界之外,以至于它在其本身而言虽然可能具有彻底的明见性,然而在运用到经验上时却可能变得极端可疑。

因而**雷萨吉**先生的体系预设了,在一个**空的空间**中均匀分布着无穷多**坚硬的**、**极小的**、**几近等同的物体**。[①] 现在看来,无论**空的**

---

① **普雷沃**, §31。——谢林原注

空间涉及什么,它都是某种根本不可在经验中阐明的东西。因为如果人们相信它对于说明天体不受阻的运动是必不可少的(正如,比如说,牛顿假定太空是**空的**,仅仅是为了在计算天体运动时不因某种可能阻碍该运动的物质的混入而受干扰),那么也能设想那样一种物质,它对这些天体的运动的阻抗(就某种可能的经验而言)可以被假定为 =0。只不过一般说来这个想象力构造出来的系统仿佛一开始就不过是完全随意的游戏,从此止步不前了。**无穷多极**小的、**几近**等同的物体!这里人们会不由自主地质问,那么它们有**多**小呢,或者它们**在多大程度上**是等同的呢?至少人们本应当认为,原子既不是**极**小的,也不是**几近**等同的,而必定是绝对等同的和绝对小的。此外,**坚硬**概念只是**相对**有效的,它是相对于被用来将一个物体的**各个**成分分裂或推移开的那种力量而言的。因而即便最初的那些小物体,也必定只具有相对的硬度,这就是说,必定有某种力量是可能的,它能消除那些小物体的各种成分的整体关联,而这与最初的小物体的概念是不一致的。 II, 205

现在这些小物体在一条恒定的直线上运动,但却朝着不同的方向:所以它们的运动是**同样**快的,以至于人们可以假定空间中的任何一个点都至少在某个瞬间充当了中点。

这是机械物理学的第二个预设——但它除了通过某种跳跃,别无其他办法到达这个预设。因为既然它是从某种撞击中推导出所有现象,甚至推导出物体的万有引力的,那么它就无法指出这种撞击(原初的运动)的某种更深的根据了。因为如果人们也假定产生重量的流体的各要素原先就是不同类的,即具有不同的形象,那么通过这种不同类是不能**产生**任何**运动**的,无论人们是否必定会立即承认,如果运动一旦产生,在不同类的要素之间就能产生表面上的吸引。

因而如果机械物理学责难动力学物理学,说它无法弄清楚作为普遍运动的根据的**引力**,那么动力学物理学既然根本不想了解什么万有引力,也便可以对说清楚原初运动的任务敬谢不敏。但由于(依据动力学哲学)吸引力和排斥力构成了物质本身的**本质**,那么下面这一点就更容易理解了,即对于这些力量,人们除了说说下面这一点之外,就不知道如何给出任何别的根据了,即他们对于通过撞击形成的运动(这种运动已经**预设**了物质的定在,因而必定能说清些什么),应当是**没有**能力说清楚的。——此外,对于机械物理学而言,假设产生重量的一般流体的运动是不够的,它还假设了某个特定种类的运动,即在恒定的直线方向上的运动,而这却使得个别的一些运动的方向成了可能最具多样性的方向。

II, 206

最后,机械物理学的**第三个**公设是,在原子运动于其中的空间中任何一个点上,都有一个球状物体,该物体**远大**于最初的小物体。[①] 人们必定感到惊奇的是,在这些预设可能已经够用的情况下,居然还有人要白费力气去追问,**一般物质**是何以可能的。因为,人们本应当想一想,如果我们最初只预设一些固体(它们除此之外还在质量上相互有别),此外还可以预设某种流体(它自行运动,并冲击更大的物体),那么人们就无法理解,具有牛顿这般精神的一个人为了弄清楚一个物质世界的可能性,何以希望回溯到物质本身带有的种种力量上去。实际上机械物理学一旦超出三个公设之

---

① **普雷沃**, § 31。——谢林原注

外,就势不可当地一条道走到底。

虽然人们很快就不再理解,机械物理学希望如何说明运动的传递。因为运动一般而言只能借助**排斥**力或**吸引**力的作用与反作用被**传递**。一种并不具有原初推动力的物质,即便偶有运动,原本也无法将它最初根本不具有的任何力量保存住。如果物质根本没有原初推动力(那样的推动力即便当它静止时也属于它),那么人们就必须将它的本质设定到某种**绝对的**惰性中,即设定到某种完全的无力状态中去。但这是一个毫无意义的概念。对于像这里的物质一样荒谬的东西,是不能传递给它什么的,正如不能从它那里取走什么。因而机械物理学本身就被迫赋予物质**本身原初的**排斥力和吸引力,只不过它不想要这个名义(虽然那实情还是要的)。

II, 207

此外,如果没有不可入性的交互作用(没有压力和反压力),运动就不可能发生任何传递。现在看来,机械物理学根本无法为它最初那些小物体以及一般物质的不可入性提出任何进一步的根据。因而它必定假定最初的那些小物体是**绝对**不可入的;次一级的那些物体就其并非绝对密实的,而是含有空的空间而言,便只具有**相对的**不可入性(这不可入性具有某个**等级**)。因而人们也看不出,最初的那些小物体就其绝对不可入,因而根本不可能压扁而言,何以能将运动传递给另一个物体。

人们可以说,这全都是些形而上学的反驳,然而这些反驳当仁不让地反对一种超物理的[①]物理学。因为事实上这个体系是从一

① 这里“超物理的”(hyperphysische)和前文中“形而上学的”(metaphysische,直译为“物理学之后的”)两个词利用了词源上的关联。——译者注

些超物理的虚构(最初的一些具有绝对不可入性和绝对密度的物体)产生出来的,这些虚构无法通过经验实现,却又依照经验规律来对待经验。

因而机械物理学允许最初的那些小物体对它所假设的球状物体起作用。球状物体自然会抑制那些小物体的运动,而该球状物体的所有成分的冲击合起来必定赋予它自身某个特定的速度。但所有原子流都有其对抗者,即在物体运动趋势的反方向上运动的一些原子。因而这物体就静止下来,并维持平衡。[①]

因而人们在空间中设定另一个大的球状物体。碰到第一个球状物体的那些小物体现在并未碰到另一个球状物体,因而这两个物体会相互冲着对方运动,小物体的涌流驱使它们相互冲着对方而去,因此这些涌流也就成了**万有引力的原因**。因此这些小物体可以称为**产生重量的小成分**(corpuscules gravifiques)。[②]

II, 208 **普雷沃**先生担忧的是,人们在初看之下或许就会在这种表象方式中发现困难,因为他们既不会对那些产生重量的小物体的**大小**,也不会对它们的**速度**,也不会对遭受它们的作用的那些物体的**可入性**,产生什么正确的概念。[③] 但我认为,这种困难极易消除,如果人们对另一种远远更大的困难都视而不见的话,那种困难便是:机械物理学**在根本上**已经预设了**最主要的事情**(这是从一开始就给所有哲学家和物理学家制造了最大麻烦的东西),即物质和运动的可能性。因为一切自然哲学最首要的问题并不是,**这个**或**那个**

---

① **普雷沃**, § 31。——谢林原注

② 同上书 § 32。——谢林原注

③ 同上。——谢林原注

特定的物质,**这种**或**那种特定的**运动是如何可能的。——然而一旦我们预设了,物质本身无非就是一些原初的、相互限制的力量的产物,此外还预设,倘若没有了原初**起推动作用的种种力量**,就根本不可能有任何运动,那些力量必为**物质**所具有,不是在某种特定状态下,而是就该物质在一般意义上是**物质**而言(这物质现在可能静止或运动),我要说的是,一旦我们预设了这一点,那么问题就在于:只要我们至少还能满足于对于某种一般物质的可能性而言已经必不可少的那些**原初的**、**动力学意义上的**力量,究竟是什么**迫使**我们在说明普遍运动时还诉诸一些**机械的**原因。

正因此,机械物理学本身回避了关于某种运动和一般物质的可能性的所有那些问题。只要它还想维持它的外观,这种做法也还是必要的。因为如果说相互吸引和排斥已经属于物质的**本质**,如果说物质只是由于这一点才**是**物质,如果说为了能理解**机械**运动,这些吸引力和排斥力本身恰恰又是必须被预设下来的,那么人们事先也就倾向于从一般物质的种种普遍力量出发,而不是从机械的原因出发说明宇宙本身的运动了,因为人们(如果人们还打算许可这种做法的话)到末了总是又必须回溯到最初的那些力量上去。如果说此外还要补充普雷沃先生本人极为坦率地承认的那一点,也就是大自然的(更大)一部分现象,即天文现象,通过在纯粹动力学的意义上假设万有引力就很容易讲清楚了,而不必考虑这种力量的某种可能的机械原因[1],那就很容易理解,人们为什么并没有立即为那样一种体系喝彩了,那种体系虽然在其特定的边界 II, 209

① **普雷沃**, § 33。——谢林原注

内部可能也非常值得钦佩，却建立在一些单纯的可能性之上。依据**普雷沃**先生自己的理解，在动力学体系中仅仅剩下某一些现象是特殊的自然学说无法讲清楚的（比如凝聚性、物质的特殊差别等等）。[①] 目前还不能考虑这一点（虽然后文中会考虑）。因而我只满足于补充一些涉及这整个体系的评论。

机械物理学是一个单纯**理性推理的**体系。它没有追问，什么**存在**，以及什么可以从经验出发阐明；它反而作出了自己的一些预设，现在还追问：如果这事或那事就**是**我假定的那样，由此会得出什么？下面这种现象现在当然很容易理解了，即**凭着某些特定的预设**，人们也就可以依照机械的原因说明他们往常依照某种动力学引力来说明的东西了。**雷萨吉**先生就是这样从他关于产生重量的小成分的假设出发证明**伽利略**的物体下落规律的。但为此他首先假定："时间的一个具有恒定大小的小成分，在某种完全本己的意义上乃是一个**时间原子**（*Zeitatom*），而且根本不可被分解。"这就似乎要预设那样一些**时间**概念了，它们在任何健全的哲学中都是不可容忍的，在数学中就更不可容忍了。时间仿佛成了，比如说，II, 210 某种在我们外部实存的离散流体，大概就像**雷萨吉**先生对产生重量的流体设想的那样。现在进一步说，"产生重量的原因仅仅在每一个这样的时间原子（它却**应当**是**不可分的**）的**开端**撞击了物体，当这原子**消逝**时，那原因就不再在物体中起作用；只有当下一个原子开始时，那原因才重复它的撞击。"我不知道，针对这个预设是否不会有古代怀疑论者的一个著名的论证冒出来：撞击或者在领

① **普雷沃**，§33。——谢林原注

先于时间原子的最后一刻,或者在时间原子本身的第一刻起作用。但前一种情形与那预设相矛盾,而在第二种情形下,时间原子固然不可分割,在撞击起作用时却已经消逝了,这也同样与那预设相矛盾。从这种种精微之处中,**雷萨吉**先生得出了一个规律,这规律极为接近那个著名的规律了(即下落的空间都与时间的平方成正比)。只不过人们必须严格坚守雷萨吉先生的时间原子之说。因为如果人们像**克斯特勒**[①]枢密官先生那样[②],用这规律计算可分的时间,那他们就遇到矛盾了,这当然是雷萨吉先生所不乐见的,"因为他只计算了整段时间,没有计算时间的各部分。"[③]

克斯特勒枢密官先生在这种情况下就雷萨吉先生的操作所说的话,也适用于他的整个体系。——他说:"雷萨吉先生反驳伽利略规律的思路,大约可以表述如下:存在着时间的某些具有特定大小的小部分,但人们不知道它们有多大;在时间的每一个这样的小部分的开端,都有**某种东西**撞击了下落物体(但人们不知道那东西是什么,有多强烈),否则永远不会发生撞击;这样一来,这物体就在这段时间中行经某条路径,人们不知道该路径有多远,此外它现在也不是依照大家本想经历的那个规律,而是依照完全不同的另一个规律(通过经验却看不出该规律与前一个规律有何不同)下落的。而如果假定了这一切,我们学到了什么?——**如下这一点:物** II, 211

① 克斯特勒(Abraham Gotthelf Kästner, 1719—1800),德国数学家,警句诗人。——译者注

② 参见他在**德吕克**关于大气研究末尾的论文,格勒译,第662页。——谢林原注

格勒(Johann Samuel Traugott Gehler, 1751—1795),德国物理学家和法学家。他将德吕克关于大气的研究译成了德文。——译者注

③ 同上书,第663页。——谢林原注

体的下落从人们对其一无所知的一些事物出发是极易理解的。所发现的规律如下:每一个下落物体的路径表现得就像某个 x 时间原子的 x 个集合一样。[①]——雷萨吉将所有问题都讲得如此清楚,以至于他**虚构**了产生重量的物质如何**能**存在的情形,如此等等。"

雷萨吉先生体系的最大优势是,它位于那样一个区域中,在那里既没有任何经验能证实它,也没有任何经验能驳斥它。当然,在这样一个场域里,数学方法最纯粹的运用倒是可能的。**德吕克**先生借提出物体下落新规律的机会说道:"如果说这个规律大大偏离了(这里大约偏离了 100个这样的时间小成分)伽利略那个久已为人所熟知且得到了证明的规律,那么这个差别还是极小的,**以致在观察中不可能将一个与另一个区别开来**。"我以为这一点可以更一般地表达如下:这体系的一个主要优点在于它的那些对象具有极大的精微性,以致计算上的最可观的偏离在经验中还是永远觉察不到。

这整个体系都是从一些抽象概念[②]出发的,这些概念根本无法在直观中呈现出来。如果人们诉诸**最终的一些力量**,那便是以此直言不讳地承认,他们处在可能经验的边界上了。但如果人们谈论最初的小物体之类,那么我还是有权要求他们就此给出个说法的。在大自然中既没有什么绝对不可入的东西,也没有什么绝对

① 参见克斯特勒在**德吕克**关于大气研究末尾的论文,格勒译,第 664 页及其后几页。——谢林原注

克斯特勒连用两个表示未知数的"x",讽刺这种所谓的规律其实处处都没讲清楚。——译者注

② 第一版中为:"一些思辨概念。"(正如第 299 页上也说了"纯粹思辨体系")参见第 5 页注释。——原编者注

密实的东西,或者绝对坚硬的东西。关于不可入性、密实性之类的一切想象,总不过是关于**各等级**的一些想象,而正如在我看来不可能有任何等级是**最终的**等级,也不可能有任何等级是**最初的**等级,在那个等级之上不可能再设想任何别的、更高的等级了。因此为了想象某种绝对的不可入性之类,人们需要的手段无非是为想象力设定绝对的界限。现在一旦想象力被扼杀,由于非常容易想象某种绝对不可入之类的东西,人们便以为由此也确保了这种想象的现实性,然而这种想象即便进至无穷也根本不可能在经验中得到实现。 II, 212

针对一种机械物理学的所有规划,动力学的体系终于最好地捍卫了自己。倘若不预设物体、运动、撞击,也就是说,倘若不恰恰将主要的问题预设下来,机械物理学就无法成立了。因此机械物理学承认,有关一般的物质与运动的可能性的问题无法寻得某种物理学上的回答,因而在一切物理学中必定被预设为已经得到了回答的。

附释　关于原子论的一般评论

在这一章中就原子论本身的价值所说的话,使我们不必对此进行进一步的说明了。鉴于它具有相对的价值,我们只要回想一下:一般而言原子论是唯一首尾一贯的经验体系;对于将大自然仅仅当成某种被给定东西且严格遵守这个观点的人而言,除了原子的假定以及物质的聚合状态的假定之外,再不可能有什么最终的假定了;而且如果,比如说,雷萨吉的体系没有得到普遍的赞同,又被进一步完善了，那么这只能归结为一个经验性时代的无思想性，以及在经验范围内向普遍观点本身攀升时的无能罢了。只要稍有科学感(wissenschaftlichen Sinn)，谁不会坦率地承认，比起在由种种机械的和半动力学的想象类型构成的那种惯常的物理学中混乱不清的大杂烩中来，他在雷萨吉原子论的纯粹状态中，在精神上感到更舒适？一旦人们在最初的想象类型的问题上达成一致(这对于经验的观点而言变得容易了)，那么在雷萨吉的体系中一切都晓畅易懂：反之，这里的一切都处在摇摆不定和模糊难辨的状态，混乱不清。人们可以提出，像德吕克和利希滕贝格这些长期只知拿种种理念填充自然学说的物理学家，是对这个体系有好感的，或者至少倾向于这个体系。如果人们提升到关于被给定状态的观点之上，并通往宇宙的理念，那么一切原子论当然就崩塌了；但对于那些做不到这一点的人而言，人们可以要求他们至少在原子论中(原子论还是他们真正和唯一的层面)使宇宙得到某种成全。

II, 213

第四章　物质概念最初起源于直观与人类精神的本性

从物理学原因出发说明万有引力的不成功尝试至少有个好处，就是使自然科学留意到，它在这里利用了一个概念，这个概念并非在自然科学的基础上生长出来的，它必须在别处、在一门更高的科学中寻求对它的认可。因为下面这种做法对于自然科学而言是无法容忍的，即直接假定存在着自然科学根本无法揭示其更深根据的某种东西。自然科学必须承认，它依靠的是借自另一门科学的一些本原：但这样一来它所承认的东西，无非只是所有别的从属性科学同样必须承认的东西，而且还使自己摆脱了一种它从来无法彻底击退，但也无法满足的挑战。

但"吸引力和排斥力属**于物质**本身**的本质**"这一主张中看起来仿佛包含的狂妄要求，似乎早就能使自然导师们留意到，这里问题的关键在于，将物质概念本身追溯到其最初的起源那里去。因为力量从来都不是能在直观中呈现的东西。尽管人们极为信赖万有引力与万有斥力[1]的概念，这些概念还是到处都公开而确定地预设 II, 214

① "万有引力和万有斥力"(Allgemeine Anziehung und Zurückstoßung)未必与自然科学家的说法一致，却体现了谢林一贯的辩证思想，即在动力学意义上，万物内部原初就既有引力又有斥力，而且二者会寻求某种平衡，我们无法设想只存在其中某一个而没有另一个。——译者注

了，人们会自动陷入思想之中；如果说这些概念本身并非可能的直观的**对象**，它们必定还是一切客观认识的可能性**条件**。

因而我们就从那样一种做法起步，即探寻那些本原的诞生地和那样一个**地方**，在那里它们真正且原初地在家了。而由于我们知道，它们必然先于我们就经验中的事物能主张和言说的一切，那么我们必定事先就猜想，它们的起源要到人类一般认识的条件下去寻求，而且就此而言我们的研究就是对某种一般物质概念的一种**先验的探讨**了。

现在看来这里有两条路可供选择。或者是人们分析物质概念本身并指出，一般而言它必须被设想为填充空间（然而是在某些特定界限内填充空间）的某种东西，因而我们必须将填充空间的某种力量预设为它的可能性条件，并预设与该力量对立并赋予空间边界和界限的另一种力量。只不过在这种做法以及所有分析的操作中太容易发生的事情是，概念原初带有的必然性在手头消失，而且由于概念太容易消解为其各种成分，人们便受到误导，将它看成某种任意的、由人**自制的**概念，这就使得概念最终除了纯粹逻辑性内涵之外，再无任何内涵。

因而事情就更牢靠了，人们让那个概念似乎就在他们眼前产生，因而也在它的起源本身中发现了它的必然性的根据。这是综合的操作。

由于我们因此就被迫向着哲学上的种种原理攀升，所以一劳永逸地举出我们随着研究的进展会不断回归其上的一些本原，是有益的。因为我要提醒的是，事情不仅与（僵死）物质的概念有关，一些遥远得多的概念也等待着我们，上述那些本原的影响必定波及所有

II, 215

那些概念。僵死物质不过是现实的第一级阶梯,在这级阶梯之上我们要逐渐攀升,直到抵达一个**大自然**的理念为止。**后者**是我们的种种研究的最终目标,我们目前必定已将这目标收入眼帘了。

问题在于:物质的吸引力与排斥力的概念从何而来?——人们或许会回答说出自推论,还认为这样也同时将事情了结了。我当然将那些力量的**概念**归功于我做过的那些**推论**。只不过概念仅仅是现实的剪影。一种臣服的机能——知性——拟订了**它们**,知性是在现实已经有了之后才涉入的,它只不过将一种创造性机能才能够**产生出来**的东西把握、理解、固定下来罢了。因为知性有**意识**地做它所做的一切(由此才有了它很自由的假象),所以在它手下一切——包括现实本身——都成了**观念性的**;人的整个精神力量如果都归结为自行产生概念和分析概念的机能,他就**根本不**了解实在,在他看来单纯追问实在性的做法就是胡闹。[①] **单纯的**概念是一个无意义的语词,是耳朵听见的一阵声响,却没有精神能把握的含义。能归于它的一切实在性,却都只是先于它的**直观**借给它的。而且这样一来,在人类精神中概念与直观、思想与形象就永远不能,也不应该分离开了。 II, 216

---

① 在我们的时代首先被提出的是这样的问题(在其最高的普遍性和确定性上而言):我们表象中的实在东西真正说来源自何处?我们如此牢不可破又不可动摇地确信**我们外部的**某种**定在**,就像确信我们自己的定在那样,虽然前一种定在只是通过**我们的表象**才为我们所知,这种事情是如何发生的?——人们本应该认为,谁若是认为这个问题徒劳无益,他就会克制自己对此发表看法。绝没有!人们试图将这个问题设想为一个单纯**思辨**的问题。但它却是一个主动侵袭**人类**的问题,而且单纯思辨性的知识是**不**会引向这个问题的。"谁若是不在自身中和自身外感受和认识到任何实在东西,谁若是彻底只靠概念过活并拿概念戏耍,谁若是认为自己的实存不过就是一个**孱弱的思想**,这样的人还能如何谈论实在(就像盲人谈颜色一样)?"——谢林原注

倘若我们的整个知识都基于概念之上,那我们就根本不可能对任何一种**实在**感到确信了。我们想象吸引力和排斥力(甚或很**可能**只是我们自己想象一下),这最多只能使它们成为某种思想作品。但我们主张,物质在**我们外部**现实存在,而物质本身就其在我们外部现实存在(而不仅仅在我们的概念中现成存在)而言,就有吸引力和排斥力归于它。

但如果没有了概念的一切中介作用,没有了具备我们这种自由的一切意识,就没有任何东西能作为**直接**被给予我们的东西,而对我们呈现为**现实的**。但除非通过**直观**,没有任何东西**直接**到达我们这里,因此直观也就是我们的认识中最高的东西。因而"为什么那些力量**必定**归于物质?"这个问题的根据必定就**在直观本身中**。看起来必须从**我们的外部直观的特性**出发来阐明的一点是,成为这种直观的**客体**的东西,必须被直观为**物质**,即必须被直观为吸引力和排斥力的产物。因而这些力量仿佛是**外部直观的可能性条件**,由此便真正产生了我们思考它们的那种**必然性**。

因此我们现在就回到这个问题上了:什么是直观?对这个问题的回答是纯粹理论哲学的事情;在这里,由于只关注直观的运用,只能简单重复一下它造成的结果。

人们说,在直观之前必定有某种外部印象先行。——这种印象从何而来?——后文中再谈这一点。[①] 对于我们的目的而言更重要的倒是追问:某种印象如何可能降临我们这里。即便对于那种

II, 217

① 只不过即使在这里,我还是忍不住要问,这种印象会意味着什么。一代代的人类通常都在使用一些无人怀疑其实在性的表达——比起那些并不像语词一样牢牢挂靠在记忆上的本身错误的概念来,这些表达对继续前行构成了大得多的障碍。——谢林原注

表达所从出的僵死团块,也不可能发出什么作用,除非它发出了反作用。但对我发出的作用不应当像对僵死物质的作用那样,这种作用应当被意识到。倘若如此,那么情况必定不是,印象仅仅基于早先的某种行动,在我内部发生就完事了,这种行动要能将印象**提升**为意识,还必须**在**产生印象**之后**保持**自由**。

有一些哲学家在将我们内部的一切都归结为**思维**与**表象**时,便以为穷尽了人性的本质(**秘奥**)。只不过人们理解不了,一种原初仅仅从事**思维**与**表象**的东西,如何会认为它外部的任何东西具有实在性。对于这样一个东西而言,整个现实世界(这世界却仅仅存在于它的表象中)必定只是一个思想。某个东西**存在着**,而且独立于我而存在着,关于此我只能通过下面这一点而得知,即我感到自己完全是**被迫**设想"**某个东西**";但如果不是同时感觉到,就一切表象活动而言我**原初**就是**自由的**,而且表象活动并非我的本质本身,而只是构成了**我的存在的某个变种**,我又如何能感受到这种强迫?

只有与我内部的某种自由行动相对立,自由地对我起作用的东西才具有了现实的种种特性;只有在我的**自我**的原初力量上,一个外部世界的力量才发生折射。但反过来说,就像光线只有在物体上才成为颜色一样[①],我内部原初的行动也只有在客体上才成为

① 这个比喻很古老;采用这个比喻的那位哲学家说过下面这句中肯的话:**理性的本原不是理性,而是某种更优越的东西**(*λόγου δ' ἀρχὴ οὐ λόγος, ἀλλά τι κρεῖττον*)。——还有其他一些相近的事物,人们可用它们来阐明上文的意思。所以自由意志只有在他人的意志那里发生折射,才成为**法权**,如此等等。——谢林原注

该注释中的希腊文出自亚里士多德《优台谟伦理学》1048a27–28,谢林的引用微有笔误,漏掉了"*δ'*"。中译文参照了徐开来译本,见亚里士多德:《优台谟伦理学》,收于苗力田主编:《亚里士多德全集》第八卷,北京:中国人民大学出版社,1994年,第450页。——译者注

思维，成为具有自我意识的**表象活动**。

随着最初关于一个外部世界的意识的出现，也就有了关于我自身的意识，反过来说，随着我的自我意识出现的第一刻，现实世界在我面前也就打开了。对我外部的现实的信念是随着对我自身的信念一道产生和发展的；一个和另一个同属必然；两者——不是在思辨的意义上分离开，而是处在它们最完全、**最紧密的**共同作用中——都是我的生命和我的整个行动的要素。

II, 218

有一些人相信，人们只能通过最绝对的被动性才能确保现实性。只不过人类的特点（通过这种特点，人类与动物区别开来）在于，他们只有在能够超升于现实东西之上的情况下，才会识别和享有这东西。即便经验也大声驳斥上述信念，经验在各种各样的例子上表明，在直观、认识和享受这些最高环节中，行动和受动在进行最彻底的交互作用，原因在于，仅仅由于我是**能动的**，我才知道我**受动**，也仅仅由于我**受动**，我才是**能动的**。**精神**越能动，**感官**便越高级，反之**感官**越昏聩，**精神**便越消沉。谁以别样的方式**存在**，谁便也以别样的方式**直观**，同样谁以别样的方式**直观**，谁便也以别样的方式**存在**。只有自由的人才**知道**，一个世界在他外部**存在**；在其余的人看来世界无非只是一场**梦**，他永远不从这场梦中醒来。

因此在我们内部的所有思维活动和表象活动之前，都必然有某种**原初的行动**先行，这行动**由于**在一切思维活动之前**先行**，就此而言是绝对**不确定的**和**无限制的**。只有当某个对立者出现之后，它才会受到限制，而正因此它便成了**特定的**（可设想的）行动。倘若我们的精神的这种行动**原初**就受到限制（正如哲学家们想象的那样，他们将一切都归结为思维活动和表象活动），精神永远不可能**感到受限制**。精神仅就其同时感受到它**原初的不受限**而言，才**感受到**它的**受限**。[①]

至少在我们看来，从我们目前立足其上的那个观点出发，事情仿佛是，对于这种原初的行动，有一种与其**对立**的、迄今为止同样完全不确定的行动起作用了，而这样一来我们就有了**作为一种直观的必然的可能性条件的两种相互矛盾的行动**。 II, 219

那种对立的行动从何而来？——这是一个难题，我们必须孜孜不倦地努力寻求解决，但永远不会**真正**解决。我们的整个知识，还有与这知识一道出现的大自然的整个多样性，都产生于向那个 x 的无穷渐进，而世界也仅仅在我们规定 x 的永恒努力中才持存。——由此我们下一步的整个路径就在我们面前被标画出来了。我们的全部事务，无非就是不断尝试规定那个 x，或者毋宁说，不断尝试追索我们自己的精神的无穷产物。原因在于，我们的精神行动的秘密就在于，我们不得不无穷接近那样一个点，它无穷逃避任何规定。它是那样一个点，我们的全部精神努力都指向它，而且我们越是尝试来到它近旁，它正因此总是越远离。倘若我们一旦到达它那里，我们的精神的整个体系——仅仅在相互对立的种种努力的争执中才持存的这个世界——便会陷入虚无，而对我们的实存的最后一点意识也会迷失于这意识自身的无穷性之中。

作为规定那个 x 的最初的尝试，**力量**概念马上会出现在我们面前。我们只能把客体本身当成**力量**的产物，而这样一来**物自体**

① 难道柏拉图那些神话的根源就在这里？——谢林原注

的幻影就自动消失了,而物自体据说就是我们的表象的原因。——一般而言,这里说的是能对**精神**本身起作用的东西,或者与精神的本性具有亲缘关系的东西。因此**有必要**将物质设想为**各种力量**的一个产物;因为唯有**力量**才是在客体那里的**非感性东西**,而精神只能**自行**与和它自身相近的东西形成对立。

如果说现在发生的是最初的作用,那么随之而来的是什么?——原初的行动不可能被那作用**消灭**,它只能被**限制**,或者如果人们想从经验世界中借来第二种表达的话,可以说它只能被**反映**。但精神会**感到**自身**受限制**,而它要是根本没有继续自由行动,继续对那个阻抗之点起反作用,它就不可能有此感受。

II, 220

因而在心绪中,行动与受动,一种原初便自由的,就此而言也不受限制的向外的行动,以及另一种排拒(反映)心绪的行动,都**在它们自身上**被结合起来了。人们可以将后一种行动视为前一种行动的**界限**。但一切界限只有作为对某种**肯定性东西**的**否定**才可以设想。因而前一种行动是**肯定性的**,后一种行动是**否定性的**。前者**以**完全**无规定的方式**呈现出来,就此而言它也进至**无穷**,后者赋予前者**目标**、**界限**和**规定性**,就此而言也必然涉及某种**有限者**。

如果说心绪应当感到自身是受限制的,那么它必然自由地涵括了这两种对立的行动,即**不受限制的**和**进行限制的**行动。只有当它将后一种行动与前一种行动关联起来(反之亦然)时,它才感到它如今的受限制状态与它原初的不受限状态是同步发生的。

那么如果说心绪在其自身涵括了行动和受动,在**一个**时刻涵括了肯定性行动和否定性行动,这行动的产物会是什么?[①]

种种**对立**行动的产物总是某种**有限者**。因而这产物就成了某种**有限的**产物。

此外,由于它应当是不受限制的行动和进行限制的行动的**共同**产物,所以它在自身中首先将包括那样一种行动,该行动**在其自身**(依照其本性而言)**不**受限制,反而当其应当受到限制时,必定通过某种具有相反倾向的东西才受到限制。但那产物应当是一个有限者——应当是对立的各种行动的一个**共同的**产物,因而它也会包含反面的行动,后者在原初意义上和依照其**本性**而言是**进行限制的**。这样一来,通过某种原初—肯定性的行动和某种原初—否定性的行动的共同作用,就产生了我们寻求的那个共同的产物。 II, 221

还需留意下面这一点:在原初意义上和依照其本性而言,在我们看来只是**进行限制的**行动的那种否定性行动,如果不是因为有它所限制的某种**肯定性东西**存在,就根本无法实施。但肯定性行动同样只有在与某种原初的否定相对立的情况下,才是**肯定性的**。原因在于,倘若它是**绝对的**(无限制的),那么它本身还是只有在否定的意义上(作为对一切否定的绝对否定)才能被想象。因而这两者,即不受限制的行动和进行限制的行动,其中每一个都预设了它

① 可能有那样一些读者,他们还能够**设想**,比如说,我们内部种种对立的行动,但他们从未**感受**到,连我们的精神行动的整个驱动机制都基于我们内部那种原初的争执之上。现在看来,这些行动不能那样理解,即仿佛从两种纯粹**被想象出来的**行动中产生了某种别的东西,产生了也是纯粹**被想象出来的**某种东西。就此而言他们也完全是有道理的。——但**这里**谈论的是我们内部种种对立的行动,就其被**感受**到和被**感觉**到而言。而我们想说的是,从我们内部的这种被感受到和原初被感觉到的争执本身出发可见,**现实东西**产生出来了。——谢林原注

的对立面。因而在那个产物中，两种行动必定**同样必然地**被结合起来。

现在看来，精神的那样一种行动叫作**直观**，在该行动中精神从其自身内部的行动和受动、不受限行动和限制行动中，创造出了一个共同的产物。

因而（这是我们有理由从前文中得出的结论）**直观的本质，亦即使得直观成为直观的东西便在于，在它内部有绝对对立的、相互限制的一些行动结合起来了**。但换言之：**直观的产物必然是那样一种有限的东西，它产生于对立的、相互限制的一些行动**。[①]

II, 222 由此便明白了，为什么直观并非像许多所谓的哲学家想象的那样，是认识活动的最低层级，而是认识活动的**首要层级**，是人类精神中的**至高者**，这至高者才真正构成了人类精神的精神性。因为一个**精神**是那样的东西，它能从它的自我意识的原初争执中创造出一个客观的世界，也能使得这种争执的产物本身持存下去。——在**僵死的客体中**一切**归于宁静**，在它内部起支配作用的根本不是任何争执，而是永恒的平衡。当物理力量发生分化时，就逐渐形成了活的物质；在分化而成的种种力量的争执中，有生命者得以延续，而仅仅因此我们才将有生命者视为精神的一个可见的类似物。但在**具有精神的**东西内部，发生了对立的种种行动的一

① 这整个推导遵循的是那样一种哲学的种种原理，该哲学由于其种种深广的研究而令人钦佩，在它由于一大堆绝大部分都很糟糕且永远在同一些话语和圈子里打转的著作而在其**字面**意义上被弄得人尽皆知之后，最终找到了一位主动的阐释者，后者由于最早计划呈现这种哲学的**精神**，而成了它的第二位创作者。但迄今为止还只有一些片面的或精神孱弱的，甚或终究很滑稽的作者向公众呈上了他们各自对于这项计划的评判。——谢林原注

场**本原性的**争执,从这场争执中才产生出一个现实的世界(这是从无到有的创造)。随着无限的精神一道,也才有了一个世界(它是反映精神的无限性的镜子),而整个现实不是别的,只是无穷多的生产和再生产中的那种原初的争执。如果一个精神不了解它,则不可能有任何客观的定在,反之亦然,如果一个世界不为它而定在,则不可能有任何精神。

因而现在被预设下来的就是,直观本身是不可能的,如果没有原初争执着的种种行动,反之亦然,精神只有在直观中才能终止它的自我意识含有的那种原初争执。[①]

II, 223

现在自动便明白了,即便直观的产物也必定在自身中将那些对立的行动结合起来了。只不过因为在我们内部有一种创造性机能可以从这种争执中产生,现在**知性**就可以将这机能理解为一种产物,这产物不依赖于知性,它由于各种对立力量的冲撞而成为现实的。因而这个产物并非由于**它的各部分的聚合**而出现,而是相反,只有在整体——如今它才成为进行分割的知性的一个可能的客体——通过某种创造性机能(它只能产生一个**整体**)而成为现实

① 只消对直观活动中发生的事情稍稍留意一下,就会证实这一点。——人们在瞥见群山消失于云间时,在瀑布如雷鸣般倾泻时,一般说来在大自然中一切伟大庄严之物中感受到的东西,比如在对象与从事观察的精神之间出现的那种吸引和排斥,各种对立方向的那种争执(只有直观才能终止这种争执),所有这一切都仅仅在先验的和无意识的意义上,发生于一般的直观那里。——那些并未如此这般把握事物的人,在他们面前通常什么都没有,只有他们那些微不足道的对象——他们的书籍、纸张和灰尘。但谁会希望再将那些其想象力已被混乱的回忆、僵死的思辨或抽象概念的分析扼杀了的人,将那些在科学的或社会的意义上而言已然朽坏的人,充当衡量**人类本性**(这本性在其自身中是极为丰富、深邃、强健的)的标准?运用**直观**的那种机能,这必定成为一切教育的首要目的。因为直观是使得人成为人的东西。不可否认任何人(盲人除外)**有所见**。但他是有意识地**直观**的,这需要一种自由的感官和许多人并不具备的某种精神性器官。——谢林原注

的之后,它的各部分才出现。——而这样一来,我们就要在特定意义上推导各种动力学原理了。

附释 物质的构造

对于一切时代的哲学家而言,没有任何研究像关于物质本质的研究这样被重重幽暗包围着。尽管如此,对这本质的洞察必然成为真正的哲学,正如一切错误的体系仿佛一开始就触礁了。物质是宇宙中普遍的种子,在后来的发展中展开的一切都隐藏于其中。哲学家和物理学家可能会说:"给我一粒物质原子,我会教导你们如何由此理解宇宙。"这项研究的巨大困难从下面这一点已不难看出,即从开始有哲学直到当今时代,虽然采取了极为不同的各种形式,但总还是在足够清晰可辨的意义上,物质在远远占大多数的各种所谓的体系中都被假定为某种单纯被给定的东西,或者被假设为某种繁复状态;人们必须将这种繁复状态当作现成的材料,将其隶属于最高的统一体之下,以便从统一体对材料的作用出发理解已然成形的宇宙。下述现象有多么确定,即所有的这些体系将整个哲学都围着打转的和恰恰在其最外部边界之内无法消除地和绝对地持存着的那种对立弃之不顾了,它们也根本没有实现哲学的**理念**或**任务**,那么从另一方面来看就有多么明显的是,在此前的所有哲学体系中,甚至在或多或少表现了真东西的原型的那些体系中,尚未展开的和仅仅得到不完备理解的那种关系,亦即绝对的世界与现象的世界之间、理念与事物之间的关系,也便使得真正洞察包含于这些事物中的物质本质的契机模糊难辨了。

II, 224

正如存在着的一切东西一样,物质也从永恒本质中涌流而出,也是永恒的主体—客体化的结果,以及永恒本质的无限统一性向有限性和多样性中构形的结果,虽说在现象中这结果仅仅是间接的和经过中介的。但永恒性内部的那种构形根本不包含具备显现着的物质的形体性和物质性的任何东西,反而是具备前述永恒统一性的**自在体**成为显现着的物质,但却是通过其自身而作为单纯**相对的统一性**显现着,在这种相对的统一性中永恒的统一性采取了形体的形式。就我们本身仅仅在这种构形行动中才作为一些个别形态(Einzelheiten)或交汇点(Durchgangspunkte)存在而言(在这些个别形态或交汇点上,永恒的洪流极大地脱离了它内部具备绝对同一性的东西,以至于与这同一性的特殊形态结合起来),自在体在我们看来是通过个别的现实事物显现出来的;原因在于,就此而言我们也只在**一个**方向上了解自在体,这意味着我们根本不了解它,因为它仅仅依照永恒认识行动的两个未分割的方面并作为绝对同一性而言才是这行动。 II, 225

因而物质在绝对的意义上来看不是别的,只是绝对认识活动的实在方面,而且作为这一方面与永恒的大自然本身合而为一,在后者中上帝的精神[①] 在永恒的意义上使无限性在有限性中起作用了;就此而言,物质作为统一向差别中的整个分娩,又将所有形式封锁于自身之内,其本身却不与任何东西类同或不类同,而且作为所有潜能阶次的基质,其本身并不是任何潜能阶次。绝对者如果不是在具有这些潜能阶次的实在统一体中同时也摹写了观念统一

① 此处"上帝的精神"(der Geist Gottes)也可译作"圣灵"。——译者注

体，以及这两种统一体在其中合而为一的那种统一体，就确实会分割自身，因为只有最后这种统一体才是绝对者本身真正的映像。绝对者在物质(永恒的生产活动的实在方面)中越是不分割自身，物质也越是不能分割自身，因为正如物质中的绝对者一样，作为自在体的物质又是通过它内部的各个潜能阶次体现出来的，因此无论物质在哪个潜能阶次中显现，它总是且必然又是作为(三个潜能阶次的)整体显现的。

现在看来，在物质内部的第一个潜能阶次是统一体作为相对的统一体或在可区别状态下，向多样性中的构形，而且统一体恰恰作为相对的统一体才是显现着的物质纯粹作为其本身而言的潜能阶次。沉没到这种相对统一体形式中的自在体，又是绝对的统一体本身，只不过这绝对的统一体在隶属于受到差别、非同一性支配(因为在每一个潜能阶次上，起支配作用的都是接纳了异己因素的东西)的那种潜能阶次的情况下，从它自身出发，向作为**秘奥**的相互外在(Außer-einander)中构形，并作为第三个维度显现。现在看来，那两种统一体(前一种统一体包含了统一向差别中的移植，这种移植规定了第一个维度；后一种统一体包含了差别向统一中的反向构形，这种反向构形规定了第二个维度)又都是现象中的这种实在东西的一些观念性形式，这些形式在完满地生产第三个维度的过程中显现为无差别化的形式。

II, 226 这同一些潜能阶次也体现于观念性序列中相应的潜能阶次中，但它们在那里**作为**一种认识行动的潜能阶次存在，而不像**在这里**一样，在某个他者内部，即在某种存在中以错置的方式显现。

第一个维度作为无限者向有限者之中的构形，在观念东西内部是**自我意识**,而自我意识是多样性中活生生的统一性,这统一性在实在东西中仿佛被扼杀了,表现在存在中,显现为**线**、纯粹的经度。

第二个维度作为第一个维度的对立面,在观念东西内部显现为感觉;在实在东西中它是变得客观的、仿佛僵化了的感觉,是纯粹的可感觉东西、质。

前两个维度在形体事物上表现得就像量和质,量是这些事物对于反思或概念而言的规定,质是它们对于判断而言的规定。第三个维度在观念东西内部是**直观**,是关系的设定者,实体是作为统一体本身的统一体,偶性是两种统一体的形式。

两个序列中的三个潜能阶次是一体的:永恒的认识行动在一个潜能阶次上仅仅留下了纯粹实在的方面,在另一个潜能阶次上留下了纯粹观念的方面,但正因此这行动在两个潜能阶次上都只将本质留在现象的形式中了。因此大自然只是僵化为某种存在的理智,大自然的各种质便是湮灭为某种存在的感觉,各种物体是那理智的仿佛被扼杀了的直观。在这里,最高的生命隐藏在死亡中,而且只有通过再次彻底突破了许多界限之后,才能恢复其自身。大自然是宇宙的可塑的方面,那构形的技艺也扼杀了大自然的种种理念,并将它们转化为形体。

值得注意的是,三个潜能阶次不是一个接一个,而是必须被理解为同时存在的。第三个维度是第三个且本身实在的维度,仅仅就此而言它本身被设定为隶属于第一个维度(作为统一性向多样性中的相对移植的),而反过来说,前两个维度作为形式规定,只有在第三个维度上才能出现,而第三个维度就此而言又成了首要的维度。

II, 227 这里还要谈谈物质与空间的关系。原因在于，恰恰由于在物质中虽有整体体现出来，然而那整体仅仅是沉没到统一性与多样性的**相对**统一中了，而且绝对实在性的东西只不过也是绝对观念性的东西，所以这绝对观念性的东西对于当下的潜能阶次而言显现为与实在东西有别的，显现为实在东西存在**于其中的东西**，但正因为这观念东西仅仅从它那方面而言才是不含有实在性的，它也便显现为**单纯**观念性的东西，显现为空间。

由此表明，物质就像空间一样，它们都是单纯的抽象物，其中一个证明了另一个的非本质性，而且反过来说，在双方的同一性或共同根源中，恰恰因为它们仅仅作为对立面才成为其所是，它们中一个不是空间，另一个不是物质。

谁若是寻求对这个构造的进一步阐述，他可以在多次指明的那些著作中找到，但尤其是在发表于《新思辨物理学杂志》第1卷第2分册上的《对哲学体系的阐述》[①] 中。

---

① 指《对我的哲学体系的阐述》。——译者注

第五章　动力学的原理

在直观本身中对立的种种行动曾不断发生更替和相遇。精神通过如其所是地那般**自由地**返回其自身，而终止了这种更替。如今精神又进入它的正当领地，它感到自己是自由的、独立的本质。但如果不同时赋予束缚着它的那种产物以**自我定在**和**独立性**，它就做不到这一点。它如今才将自身作为自由的、从事观察的本质，与现实东西对立起来，而现实东西如今也才作为**客体**，立于知性的法官席前。主观东西和客观世界相区别；直观变成了表象。[①]

II, 228

但在客体中，那些**对立的行动**（在直观中，客体就源自于它们）同时也成了恒久的。客体的精神本源超出了意识之外。因为随着客体一道才产生了意识。因此客体便显现为某种完全独立于我们的自由而存在的东西。因而直观在客体中结合起来的那些对立的行动便显现为**一些力量**，这些力量归于客体本身，而与某种可能的认识没有任何关联。对于**知性**而言，它们不过是某种**想象出的东西**和通过推论发现的东西。但知性将它们预设为**实在的**，因为它

① 第一版中为："如今由于直观的产物具有了自我定在，**知性**才能将这产物理解和固定为客体。客体作为独立于它而存在的东西，立于它面前。"——原编者注
这两句对应正文中那一段的最后两句。——译者注

们必然产生于我们精神的**本性**和直观本身。

这里便是确保物质基本力量这个概念具有实在性的地方，但也是确保它具有界限的地方。一般**力量**只是一个知性的概念，因而根本无法直接成为直观的对象。由此一来，不仅指明了这个概念的起源，也指明了它的用法。——从知性产生出来之后，这概念完全没有规定，是什么原初地对我们起了作用。原因在于，知性仅仅适用于直观的产物，就知性赋予这产物**实体性**（自我定在）而言。但直观的产物本身根本不是原初的东西，而是客观行动与主观行动的某种**共同的**产物（为了行文简洁起见，就在事情本身得到足够的澄清后，我们为了防止种种可能的误解，就这样表达了）。因而物质的种种基本力量只不过是那些原初的行动**向知性的**表达，是反思，而不是真正的自在体，后者仅仅存在于直观中；[①] 而这样一来，彻底且完整地**规定**它们的任务，对于我们而言便较轻松了。

II, 229 直观结合起来的那些行动中的一种，**原初地**就是**肯定性的**，依其**本性**而言是**受限制的**；它只能受到某种**对立**行动的限制。因而在客体中与这行动相对应的那种力量，同样会成为一种肯定性力量；这力量如果也受到限制，至少会对限制表现出某种倾向，这倾向是**无限的**，而且不可能被任何对立力量完全消除或毁灭。我如果要确信物质的这种基本力量，除了使与之对立的种种力量对其展开行动之外，别无他法。当我自身运用这种力量时，这力量对于种种相反力量表现出来的那种倾向现在就作为一种**回击性的**、**排拒性的**力量，向我的感觉宣示出来。依照这种感觉我将某种**排斥**

① 第二版附释：反思——在直观中存在。——原编者注

力归于一般物质，但我将使得物质与每一种对它起作用的力量对立起来的那种倾向设想为**不可入性**，而且不将这种性质设想为**绝对的**，而是设想为（依照等级而言）**无限的**。

另一种**原初的**行动是**进行限制的**、在原初意义上否定性的、在这种特性[①]方面同样是**无限的**行动。

因而在客体中与这行动[②]相应的力量，必定也是**否定性的**，并在原初意义上是**进行限制的**。因为它只有与某种**肯定性**力量对抗，才具有现实性，所以它必定与**排斥**力正相对立，这意味着它必定是**吸引**力。

此外，人类精神的原初行动完全是不确定的；它没有任何边界，因而也没有任何特定的方向，或者毋宁说，它具有**一切**可能的方向，只是这些方向就其全都同等**无限**而言，还不能被区分开来。但如果原初行动受到对立行动的限制，那么所有那些方向就都成了**有限的**、**特定的**方向，而且原初的行动如今是**朝着所有可能的特定方向**施展的。精神的这种施展方式如果被一般性地理解，就产生了空间概念，后者朝着三个维度展开。

II, 230

这一点运用到排斥力上之后，就产生了一种力量的概念，这力量朝着所有可能的方向**施展**，或者换句话说，努力朝着三个维度**填充**空间。

一种在原初意义上而言**否定性的**力量本身是**根本没有**方向的。因为就它全然为**限制性的**而言，它在空间方面仿佛是**一个**点。

---

① 指不可入性。——译者注

② 指否定性行动。——译者注

但就它被设想为与某种对立的、肯定性的行动处于争执之中而言，它的方向是**由后者**规定的。然而反过来说，肯定性的行动也能对否定性的行动产生反作用，只不过是沿着这**一个**方向在起反作用。而这样一来，我们就在两点之间有了一条线，它朝前可以很好地划出，就像朝后也可以一样。

实际上人类精神在直观状态下也划出了这条线。人类精神原初的行动在其中被反映出来的同一条线，当精神对阻抗之点起反作用时，它又划了一遍。人类精神的这种施展方式如果一般性地理解，就产生了**时间**概念，后者只朝着**一个**维度展开。

如果人们将这一点运用到物质的吸引力上，那么后者就是那样一种力量，它只在**一个**维度上起作用，或者（换句话说）是那样一种力量，它对于它的行动的所有可能的路线而言都只有**一个**方向。这个方向是那样一个理想性的点产生的，倘若吸引力要成为**绝对的**，人们似乎必须设想物质的所有成分都被结合在那个点中。倘若物质被结合到**一个**数学上的点中，它就根本不再是物质，空间也停止被填充。就此而言，人们可以在与排斥力（它努力填充空间）相对立的意义上将吸引力划出来，将它划成一种努力将空间压回到**空无**中去的力量。如果说排斥力全然对抗所有边界，那么吸引力则反过来将一切送回绝对边界（数学上的点）上去。被设想为无边无际的排斥力将是无时间的空间、无边界的层面，吸引力同样是无边界的，它将是无空间的时间、无层面的边界。由此就得出了下面这一点，即空间只**能**被时间**规定**，而且在非特定的、绝对的空间里没有任何东西能**一个接一个地**被设想，一切都只能**同时**被设想。

II, 231 此外，由此还得出，时间只**能**被空间**规定**，在某种**绝对**时间里没有任何东西能被设想为相互**外在**的（一切都在**一个**点中）。

空间不是别的，只是我的精神行动的非特定**层面**，时间赋予它**边界**。反过来说，时间是那样的东西，它在其自身而言只是**边界**，而且只能**通过**我的行动获得**延展**。

由于现在看来每一个客体必定是一个**有限的**、可规定的客体，那么自然很明显的一点就是，它既不可能是无层面的边界，也不可能是无边界的层面。如果它是知性的一个对象，那么就是排斥力在赋予它**层面**，是吸引力在赋予它**边界**。因而两种力量都是基本力量，亦即物质的那样一些力量，它们作为物质的可能性的必要条件，先行于一切经验和一切合乎经验的规定。**外感官的一切客体本身必然是物质**，亦即一个被吸引力和排斥力限定和填充的空间。

现在我们以我们的研究达到了那样一个点，在那里物质概念将能经受某种分析的探讨，而动力学的种种原理也只能有理有据地从这个概念中推导出来。但这桩事务在**康德的**《自然科学的形而上学基础》里已经极其显豁而完备地进行过了，这里根本不需要再做什么了。因而接下来的文句出现在这里，部分是由于整体关联起见，作为对康德的一些摘录，部分是作为对由他提出的那些原理的一些随机的评论。

物质**填充**一个空间，并非仅仅由于它的**实存**（因为假定这一点就意味着一劳永逸地将一切进一步的研究切除了），而是由于某种原初意义上的**推动力**，通过那种推动力，物质的**机械**运动才成为可能。[①] 或者毋宁说：物质本身不是别的，只是某种推动力，而且如果

① **康德**，第 33 页。——谢林原注

指谢林手头某个版本的《自然科学的形而上学基础》，下同。——译者注

II, 232 撇开这种推动力,它最多只是某种单纯可思考之物,但永远不可能是什么实在东西,不可能是某种直观的对象。

必然有另一种同样原初的推动力与这种原初的推动力相对立,二者只能通过方向的正反区别开来。这便是吸引力。因为倘若物质只是排拒性的力量,那么它就会无穷分解,那样在任何可能的空间里都找不到具有某个特定的量的物质了。这样一来,一切空间都会是空的,真正说来也根本没有物质存在了。因为现在看来,在原初的意义上,各种排斥力既不可能受到其自身限制(因为它们只是肯定性的),也不可能受到空的空间限制(因为虽然膨胀力与空间成反比地越来越弱,却没有任何等级的膨胀力是最小的可能等级 [quovis dabili minor]),也不可能受到其他物质限制(我们还不可预设那样的物质),所以必须被假定的是物质的某种在与排斥力对立的方向上起作用的原初力量,亦即某种吸引力,它不是归于某种特殊的物质,而是归于**一般**物质**本身**。[1]

现在进一步的问题不是,为什么物质的这两种基本力量是必然的。答案是:因为一个有限者一般而言只能是两种对立力量的产物。但问题在于:吸引力和排斥力是如何发生整体关联的,两者中的哪一种是**原初的**力量。

我们已经将排斥力规定为**肯定性**力量,将相反的力量规定为**否定性**力量了(**牛顿**已经借数学中负数的例子解释过吸引力了)。由此便明白了,由于否定性东西的逻辑含义一般说来并不是在其

① **康德**,第53页。——因而很明显的是,这两种力量中的任何一种如果被设想为无边无际的,都会导向绝对的否定(空无)。——谢林原注

自身而言，而仅仅是对肯定性东西的否定（比如阴影、寒冷等），那么**在逻辑上**排斥力必定先于吸引力。只不过问题在于，在现实中两者中的哪一种先于另一种；对此的回答是：哪一种都不先行；每一种都仅仅是就它的对立面存在而言才存在，这就是说，它们本身**相互**就对方而言是肯定性的和否定性的，每一种都必然限制了另一种的作用，而且仅仅因此它们才成为某种物质的原初力量。 II, 233

因为人们假定，在现实中排斥力先于否定性力量，所以排斥仍然只有在两个点之间才能设想。排斥根本无法直观，如果不是假定了它由以出发且就此而言成了它的边界的那个点，也假定了它作用于其上且同样成了它的边界的另一个点的话。一种朝着所有方向上无边无际地进行的排斥，根本就不是可能表象的对象了。在物理学就此所作的那些运用中，这个定理极为清楚地呈现出来了。物体的排斥力，就其具有**特定的**等级而言，称为**弹力**。只不过物理学只承认处于两个极点（无穷延展和无穷紧压这两个极点）之间的弹力，它根本不认为这两个极点中的任何一个是实实在在可能的。物理学就弹性流体（比如气体）提出了那样的定理，即它们的弹力与它们占据的空间成反比，或者换言之，与它们受到的紧压成正比。因而物理学也必定假定那样的定理，即（比如空气的）弹力与它在其中**膨胀**的空间成反比地**减小**了。弹簧的机理便基于这些预设之上：原因在于，不可能有任何压力被施加于弹簧上或它对这压力起反作用时是不与它的各个部分（紧邻弯角顶点的各部分）[1]之间发生的引力成比例的。因而很明显的是，排斥力本身预

① 谢林这里说的很可能是成一定角度的扭力弹簧（简称"扭簧"）。——译者注

设了吸引力;因为它只能被想象为在各点之间起作用的。但这些点(作为排斥力的边界)预设了某种相反的吸引力。倘若物质停止在自身之下发生整体关联,它也就停止排斥自身了,而处在无边界状态下的排斥力也消除了自身。

II, 234 主张吸引力先于排斥力,这是人们由于后者具有否定性特征而根本不会采取的做法。然而有一些并非不知名的自然科学家,比如**布丰**,就曾预言,将排斥力也还原为吸引力的做法很可能会成功。但他们似乎被不可能在没有吸引的情况下设想排斥这一点迷惑了,因为他们没有考虑过,反过来看其实也不能在没有排斥的情况下设想吸引。因此他们十分不当地将这两种力量之间发生的**交互**隶属关系变换成了某种**单方面**隶属(一方隶属于另一方)的关系。因为即便吸引也只有在多个点之间才能想象。只不过凭借单纯的吸引,根本不会有**多个点**,而只存在一个想象中的**点**(绝对边界)。因而哪怕只是为了能设想吸引,我也必须在两个点之间预设排斥。

没有吸引力的排斥力是**无形式的**;没有排斥力的吸引力是**无客体的**。前者代表了原初的、**无意识的**、精神的自我行动,这自我行动依其本性而言是不受限制的;后者是**有意识的**、**特定的**行动,这行动才赋予万物形式、界限和轮廓。但客体永远不会没有其界限,物质永远不会没有其形式。在反思中人们可以将双方分离;在现实中设想双方分离则是荒谬的。但由于依照某种惯常的错觉,在表象中客体似乎要比它的形式更早存在(但客体从来不能没有形式而存在,在那种状态下它反而只能在非特定的、不确定的种种轮廓之间摇摆),所以表象中的物质性东西就那个(在哲学家中很常见的)错觉而言,便取得了先于客体的形式性东西的某种原初性,尽管在现实中没有任何一方在缺乏另一方的情况下存在,而且任何一方也只有通过另一方才存在。

此外:两种力量如果被设想为无边无际的,就只能**在否定的意义上**加以想象:将排斥力想象为对一切**边界**的否定,将吸引力想象为对一切**大小**的否定。只不过由于对某种否定的否定依然是某种**肯定性东西**,所以**对一切边界的**绝对**否定**至少留下了关于某种一般肯定性东西的一个非特定的理念,想象力赋予这肯定性东西一种暂时的现实性。与此相反,**对一切大小的**绝对**否定**,亦即在绝对意义上被设想的吸引力,不仅没有给我们留下关于一个**特定**客体的任何概念,而且没有留下关于一个**客体**的任何**一般**概念。后一种绝对否定允许我们进行的想象,乃是关于一个理想性的点的想象,正如**康德**希望的[①],如果不是在那个理想性的点外部再预设第二个点(亦即再预设那个点与另一个点之间的排斥),我们永远无法将那个点设想为吸引的定向点。因此当**康德**说[②],应当谨防将吸引力设想为**包含于物质概念之中的**,此时谈论的只是:吸引力绝不仅仅是物质的**逻辑**谓语。原因在于,当人们在综合的意义上探究这个概念的起源时,吸引力(就我们的认识机能而言)必然属于它的可能性。只不过如果没有综合,一般说来没有任何分析是可能的,因此在人们事先就以综合的方式产生了物质概念后,从单纯的物质**概念**中推导出原初的吸引力当然就很容易办到了。只不过

II, 235

① **康德**,第56页。——谢林原注

② **康德**,第54页。——谢林原注

人们不宜轻信,仅仅依照矛盾律就能从某个——我不知道是哪一个——单纯**逻辑上的**物质概念中推导出原初的吸引力。因为物质概念本身依其起源来看是**综合性的**;一个单纯**逻辑上的**物质概念是无意义的,而实在的物质概念本身又只有通过想象力的作用,才能从那些力量的综合中产生出来。

因而物质上的**形式**、**边界**、**规定**是什么,这些问题我们必须归结到吸引力上。**一般而言**某种物质是某种**实在东西**,这一点我们将归于排斥力:但这种实在东西是在这些特定的界限下、在这种特定的形式下显现的,这一点则必须依照吸引的那些规律才能讲清楚。因此我们**在运用**排斥力**时**,只能以在一般意义上弄清楚一个物质世界是何以可能的这一点为限。但只要我们想说清楚一个**特定的**世界系统是何以可能的,排斥力就不能使我们再前进一步了。

II, 236

只有从万有引力规律出发,我们才能说明天界的构造和天体的运动。情况并非是那样,即仿佛我们不用预设某种排斥力,就可以在一般意义上设想某个天体系统。依照上文来看,这是不可能的。但排斥力还仅仅是某个特定的天体系统的**否定性**条件(conditio sine qua non)[①],但不是这个**特定的**体系恰恰只有在其下才成为可能的那种**肯定性**条件。我们只能将万有引力规律视为这样一个条件,因为在物质上或在某个(基于物质的种种基本力量之上的)系统中成为**形式**与**规定**的一切,都必须仅仅从这个条件推导出来。因而被用于解释天体运动的离心力就只是那样一种**现象**的表现,该现象在被回溯到它的本原上时,最终还是可能会化为居于

① 亦译"必要条件"或"消极条件"。——译者注

各种物体内部又使得它们独立的那种吸引力的某种关系。[①]

这是从总体上谈论动力学哲学的用处。现在谈谈它在个别概念上的应用。

物质的种种基本力量如果无边无际，就根本无法想象，这就是说，在这样一种力量的每一个等级之上都必定有一个更高的等级，而且在每一个可能的等级和零之间可能有无穷个中间等级。因而一种基本力量的衡量尺度仅仅是一种外部力量必定运用的力量**等级**，或者用来将物体压紧，或者用来消除物体各部分的整体关联。“人们也将某种物质的膨胀力称为弹性。因此一切物质原本都是有弹性的。”[②] 因而人们必须区分**绝对**弹性和**相对**弹性。人们通常是在后者的意义上使用“弹性”这个词的。但在这个意义上，**单凭**物体的弹性是不足以充当它们的膨胀力的衡量尺度的。 II, 237

因为如果人们希望在这方面将物体相互**比照**，那么体积和质量必须一同被纳入考量，这样一来，考虑到膨胀力的量，具有单倍质量的双倍体积，其效果等同于具有单倍体积的双倍质量。

此外，由于每一个物体**原本**都具有弹性，那么物质就可以被**无穷**紧压，但永不被**渗透**；[③] 因为那样的话就预设了彻底**消灭**排斥力。

如果允许物质无穷**膨胀**，它的排斥力就会变得无穷**小**，因为排斥力与它作用于其中的空间成反比；如果允许物质被无穷**紧压**（=一个点），那么出于同样的理由，它的排斥力就无穷**大**了。但如果

---

① 第一版中为：因而离心力就只是那样一种**现象**的表现，该现象若是要得到**说明**，就只能从物体的吸引力与它们的相互距离之间的关系才能讲清楚。——原编者注

② **康德**，第37页。——谢林原注

③ **康德**，第39页。——谢林原注

物质要成为可能，这两种情形中就没有任何一种能发生。因而人们在每一种紧压状态和渗透之间，以及在每一种扩张状态与无穷膨胀之间，都必须假定无穷多的等级。

现在通过这种假定，人们就避免了与原子论者们一道假定终极小物体的必要性，再没有任何根据支持那种小物体的不可入性了。[①] 要是人们没有预设，假定空的空间对于说明各种物质之间的特殊区别是绝对必要的，那么在哲学上对这种惰性东西思来想去的做法也就永远不会得到这么多人的赞同了。[②] 因而在这个体系中，只能允许次级物体内部可被紧压，但不能同样允许原初的小物体内部可被紧压。

II, 238

现在这种必要性由于下面这种现象而彻底被消除了，即人们已经**在原初的意义上**仅仅通过各种力量的交互作用使物质产生，以至于（依据大自然的连续性规律）在物质的所有可能的等级之间，直至一切强度的彻底消失(=0)，都可能有无穷多的中间等级（因而就有了物质的无穷可紧压性，正如有了物质的无穷可扩张性）。

此外，由于物质不是别的，只是直观中（对立的各种力量的）某种原初综合的产物，所以人们凭此便避免了关于物质的无穷可分性的那些诡辩，此时人们同样没有必要与某种误解了其自身的形而上学一道宣称，物质由无穷多的部分**组成**（这是荒谬的），正如没有必要与原子论者们一道给构想物质成分方面的想象力的自由设定界限。因为如果物质在原初的意义上不是别的，只是我的综合

① **康德**，第41页。——谢林原注

② **康德**，第101页。——谢林原注

的某种产物，那么我也能将这综合无穷延续下去——为我将物质无穷分割的做法提供某种基质。反之如果我让物质由无穷多个部分**组成**，那么我便给了它一种独立于我的表象之外的实存，因此也便陷入不可避免的种种矛盾，那些矛盾是与对作为某个物自体本身的物质的预设相伴相生的。[①]——没有什么能比物质的无穷可分性更有说服力地证明，物质根本不可能是某种自顾自地持存的东西。原因在于，它只要需要，就能被划分，所以除了我的想象力赋予它的东西，我永远为它找不到别的基质。

物质由各部分**组成**，这只是知性的一个判断。它由各部分组成，**当**且**仅当**我希望分割它。但如果说它在原初的意义上在其自身由各部分组成，这就错了，因为在原初的意义上——在生产性直观中——它作为由对立的种种力量构成的一个**整体**而持存，而且只有通过**直观中的**这个**整体**，各个部分对于**知性**而言才是可能的。 II, 239

最后，一旦考虑到物质在原初的意义上只有通过吸引力才成为现实，而且如果不是已经假定了物体外部的另一个物体（前一个物体受到后一个物体的吸引，而前者复又对后者施加吸引力），就没有任何物体可以在原初的意义上被设想，那么人们在此遇到的那个难题，即如何将吸引力视为在远距离外通过空的空间起作用的力量，就消失了。

现在看来，基于这些动力学原理，一种机械力学才成为可能；因为很明显的是，运动的东西**通过它的运动**（通过撞击）是不会具

① **康德**，第47页。——谢林原注

有任何推动力的，倘若它不是原先就具有推动力的话[①]，而这样一来，机械物理学的基础就遭到了削弱。因为很明白的是，机械物理学要在哲学上探讨的是一种彻底倒错的东西，因为人们预设了他们试图加以说明的东西，或者毋宁说，预设了他们误认为借助这种预设本身能推翻的东西。

附释　关于前述唯心论物质构造的评论

1. 正如前文（导论的附释）已经表明的，相对的唯心论只是绝对哲学(der absoluten Philosophie)的**一个**方面。这种唯心论虽然将绝对的认识行动理解为认识行动，却只了解其观念的方面，排除了实在的方面。在绝对者中，两个方面合一了，而且构成同一个绝对的认识行动。正因此，它们永远不能通过因果关系合而为一。灵魂或认识活动的**自在体**以观念性方式产生了实在东西，并非**仿**

II, 240 **佛**在它外部什么也没有，而是由于在它外部真的什么也没有。实在东西作为另一个统一体从它内部产生出来，这仅仅是就在有限的认识活动中观念东西作为相对的观念东西成了它的形式（现象）而言，而不是就它在其自身被考察而言。唯心论作为**真正**先验的唯心论，虽然也通过实在的统一体整合了观念的统一体，但只是在观念东西中这样做；它了解绝对认识行动的自在体，却只是就这自在体是观念东西的自在体而言，它并没有再在实在东西中通过观念的统一体整合实在的统一体，它了解的不是作为实在东西的同

① **康德**，第106页。——谢林原注

类**自在体**的绝对认识行动的自在体，因而总是还在（观念的统一体的）某种规定下了解绝对认识行动的自在体，而且达不到真正的绝对同一性。

然而由于那种未分割的行动在同样的意义上和同样的形式中，在实在东西以及观念东西中，在前者中仅以客观的方式，在后者中则以主观的方式，卸下了包含于该行动之中的东西，所以实在性方面与观念性方面的每一种可能的构造依照**本质**而言也是同一种构造；而由于绝对自在体的观念性显现至少预设了，绝对自在体**在这里**是**作为**观念东西（在没有转变为某个他者、某个存在的情况下）显现的，所以唯心论即便是在其片面状态下被接纳的，如在当前这部著作中一样，却还是比某种被观念东西的一切光芒离弃了的、也被剥夺了这一切光芒的实在论更直接地指向事物的**本质**。因此为了在先验唯心论体系中那种在观念意义上被拟定的架构上呈现出整个绝对哲学体系，在先验唯心论体系之后只需迈出**一**步。

2. 前文中（第二章附释）已经提醒过，像康德在他通常只具有分析性格的演绎中作为物质要素采用过的那两种力量只是些**形式的**要素，而且如果说两者应当在任何意义上被设想为实在的要素，那么它们必须依照我们对两种统一体的分析被设想，使得一方包含和涵括另一方；那之前的一章在行文中，在第232页[①]就一方被另一方**交互预设**、双方**交互从属**的情形，以及就不可能[②]在没有另一方的情况下理解某一方的情形所说的话，也预示了这个意思，尽 II, 241

① 见本书页边码。——译者注

② 原文中这里的“不可能”(Unmöglichkeit)前的定冠词为die，依据前后文脉络来看，疑为der之笔误。——译者注

管只是非常遥远地预示了一下。

3. 前述构造在下面这一点上尤其带有康德式构造的缺陷，即对于前述构造而言，那（本身在它的种种预设内部发生的）设定**第三个**本原的必要性回避了构造，后来**巴德尔**[①]在《毕达哥拉斯正方形或大自然的四个世界地带》[②]这部著作中极为出色地使作为重力的这个本原适得其所。——将吸引力与重力等量齐观，以及反过来将重力与吸引力等量齐观，这只不过是那最初的缺陷的一个后果罢了。

4. 如下这种构造的意义也不遑多让：一切实在性都被置于排斥力之中，正如形式的一切根据都被置于吸引力之中。这两种力量中的第一种就像另一种一样并不是什么实在东西。只有那对于现象而言为第三位的东西、在其自身而言却是第一位的东西的因素，即绝对的无差别状态，即普遍东西与特殊东西在其自身且为其自身的统一，才是实在的；特殊东西与普遍东西本身都属于形式之列；特殊东西属于形式之列，乃是就其是同一在差别中的扩张而言（这是人们在已指明的意义上对"排斥力"必有的理解），普遍东西属于形式之列，乃是就其是差别向同一中的构形而言（这也是"吸引力"在已指明的意义上同样能被理解成的意思）。因而在这个意义上两者都只会属于形式之列。

---

① 巴德尔（Franz von Baader，亦名 Benedict Franz Xaver，或 Franz Benedikt von Baader，1765—1841），德国医生、采矿工程师和哲学家，他熟知波墨著作，也读过谢林著作，他的自然哲学颇有神秘主义色彩。——译者注

② 书名有误，原为《论大自然中的毕达哥拉斯正方形或四个世界地带》（*Ueber das pythagoräische Quadrat in der Natur, oder die vier Weltgegenden*，1798），谢林误写为"*Das Pythagoreische Quadrat, oder die vier Weltgegenden der Natur*"。——译者注

第六章　论物质的偶然规定
——逐渐过渡到单纯经验的领地

不言而喻的是，我们不得不将吸引力和排斥力设想为我们直观的**条件**，正因此它们必定**先于一切**直观。由此产生的一个后果是，就我们的认识而言它们具有了绝对的**必然性**。但精神只有在与**偶然性**相对立时才感受到**必然性**，只有就精神在另一个方面感到自己是**自由的**而言，它才感到自己是**被迫的**。因而每一个表象都必定将**必然东西**和**偶然东西**结合到自身中了。 II, 242

首先很明显的是，吸引力和排斥力只有在一般意义上才呈现了一个**有边界的层面**。现在看来，那个边界在直观中是**确定的**，而它是这般而非那般确定的，这一点在我们看来则是**偶然的**，因为这种规定就不属于一般直观的**条件**了。尽管如此，**客体**与它的**规定**在直观中**从不**分离；只有反思才能将在现实中总是结合在一起的东西分开。因而很明显的是，在最初的直观中必然东西和偶然东西已经最密切地结合在一起了，由此我们的精神才辨别出**必然东西**。

因而**确定的边界**，即客体的**大小**（它的**量**）是偶然的，且仅仅基于经验才是可辨认的。但当这边界被辨认出来后，要能**测量**它，就需要另一些客体。在多方比照中经过概括，想象力才构成大小的某个**中项**，将它作为**一切**大小的尺度。

使物质局限于某个特定边界上的那个原因，现在我们称之为整体关联（凝聚性），而由于整体关联的力量可能具有不同的等级，这就产生了物质的某种特殊差别。

就此而言，一个物体的大小，亦即它的各部分的凝聚性所处的层面，此外还有使这些部分发生整体关联的力量等级，现在看来是**偶然的**了，因此在先天意义上（a priori）澄清凝聚性或物质的特殊差别的要求仿佛就是空洞无益的了。因而人们必须区分**原初的**凝聚性和**衍生的**凝聚性。

II, 243 现在看来，只要人们将物质预设为独立于我们的一切表象而现成存在的某种东西，凝聚性**在原初的意义上**何以可能的问题就无法回答。原因在于，我们不能以分析的方式从物质**概念**中推导出凝聚力。因而人们感到被迫要尝试某种**物理的**说明，即被迫在事实上将一切凝聚性仅仅假定为表面假象。原因在于，如果我们仅仅从以太或任何一种次级流体施加于物体的压力出发说明物体的整体关联，那么那个术语[①]也就只适用于我们的表象产生的**假象**了，它在客观意义上被运用就成了幻觉。但由于凝聚性既适用于最小团块也适用于最大团块，所以就它仅为表面假象而言，人们仿佛必须让物质最终由小物体组成，而对于那些小物体的凝聚性，人们再也提不出任何根据了。

凝聚性的等级也根本不与物体的表面积成比例，如凝聚力在

① 指凝聚性。——译者注

机械的意义上由任何一种流体的挤压或撞击形成时必定造成的那样。那样人们必定会到某种新的幻想中,到最初的物体成分在**形象**方面的某种原初的、恒常的差别中去避难,通过那种差别,撞击的某种不同的、与物体的表面不成比例的作用似乎就可以理解了。但为达此目的,人们必然会再设想某种完全特殊的物质,这物质如枢密官**克斯特勒**所说的那样,穿透所有物体,同时也到处进行撞击。

现在这里表现出了一种趋势,即努力说明无论哲学还是自然学说都无法说明的某种东西。原因在于,我们永远不能设想**一般**物质,只能设想处在**特定**边界内部且具有其各部分**特定的整体关联等级**的某种物质。现在这些规定对于我们是且必定是**偶然的**。因而它们也不能在先天意义上(a priori)得到证明。尽管如此,它们还是在极大程度上属于某种特定的物质观念的可能性(正如上文中已经注意到的,它们是在自身中必定结合了**必然东西与偶然东西**的那种观念的一些必不可少的部分 [partes integrantes]),以致就此给出一种物理上的说明同样是不可能的;原因在于,每一种物理的说明都已经预设了它们,正如从上文中提出过的机械物理学的尝试所显明的那样,机械物理学最终还是必须假定一些小物体,那些小物体的凝聚性它是无力说明的。因而就原初的凝聚性而言,正如事情表面看来的那样,在自然学说中我们不得不仅限于考察现象的表现。① II, 244

① **就引力仅仅**(排他性地)被设想**为在接触中起作用的而言**,**康德**(前引书,第 89 页)通过引力来说明整体关联。——但这种说明不多不少就是现象的一种非常精确的表现。——谢林原注

我用**衍生的**凝聚性指的是不属于某种一般物质的可能性的那种凝聚性。

为了纠正普通观念，现在人们可以将衍生的凝聚性划分为**动力学的**、**机械的**、**化学的**和**有机的**凝聚性。

那么谈到第一种凝聚性，它是单纯**表面上的**凝聚性。它在接触中起作用，单是这一点还不足以使人视之为凝聚性。原因在于，既然它只在两个空间的共同边界内部起作用，那么人们也就可以将这个边界设想为某个虽无穷小，然而**空洞的**空间。因而这里就有了**引力**，即某种**远距离作用**(actio in distans)；但这种吸引在被设想为凝聚性时，只是**表面上的**。凝聚性倘若应当不仅仅是表面上的，便不可被设想为在**不同**物体之间起作用。因为它正是使得物体成为物体(成为个体)的东西。而正因此，只有化学的凝聚性才是真正合乎词语本意的凝聚性，但有机的凝聚性就更是如此了。

原因在于，即便机械的凝聚性也只能叫作极为**非本己的**凝聚性；它更好的称呼是**附着性**。原因在于，这里的整体关联只不过是小物体的**形象**的一种后果，而且完全只基于相互摩擦之上。然而表现出某种凝聚性假象的只有少数单纯机械的附着性。通常还有**化学**凝聚性至少在其中起了部分作用。请允许我这里在最广泛的含义上使用“化学的”这个词，无论这样是否会产生与一个物体从某个状态向另一个状态过渡密不可分的**任何**后果。仅举一例：在常见的那种经过许多世纪后硬化为礁石与山崖的无规则堆积物那里，首先就有水在一同起作用，这水——比如说——与石灰化合后，就会改变其状态(由此至少产生了我们的砂浆、水泥等物的坚固性)。

II, 245

通过**化学**手段造成的凝聚性随处可见，那里从具有不同质量和不同弹性等级的两个物体中产生了作为**共同产物**的第三个物体。这种凝聚性与单纯动力学的或机械的凝聚性的区别在于，(在某种彻底的化学反应过程中)发生了某种交互**渗透**。或者说，凝聚性至少是一个物体从某种状态向另一种状态过渡的后果，比如从液态向固态过渡的后果。既然火是以完全均衡的方式对物体起作用的，所以如果冷却过程是均衡的(因为否则就会发生相反的情形，比如在玻璃液滴和波隆尼瓶等中那般)，物体就得到了**完全**同等的弹性；由此便可明白，这些物体何以在破碎之后远远不再表现出从它在流动后凝固以来具有的那种等级的引力[①]，也可明白，以最大力量发生整体关联的那些直的物体何以往往是最脆弱的物体，因为它们的整体关联在仅需被**改变**时，立即就被**消除**了。

由此也便明白了，流体的那些小部分何以发生大规模的整体关联。原因在于，既然据我们所知，每一种流体都是**以化学的方式**形成的，那么它由此便获得了某种完全**均衡的**弹性等级，它的各部分的整体关联是**连续的**，而且这似乎就是每一种**原初**凝聚性的情形；反之如果凝聚性是通过机械堆积产生的，物体的各小部分的整体关联或多或少就被**打断**了。在后一种情形下，人们可以规定物体的各小部分的形象；至少在流体那里这样做是不可能的，因为物体是**一个**团块。物体越接近这种连续状态，它就越具有流动性。 II, 246

关于有机的凝聚性，这里还不是谈论的地方。

与此相关的还有物体的不同**形态**的问题。但我希望在其整体

---

① 参见**康德**，前引书，第 88 页。——谢林原注

关联下——即在谈论有机体的形式时——阐述这个事情。

至于**物质的特殊差别**,这个问题容后再议。现在仅作如下评论:由于吸引力和排斥力在原初的意义上是相互独立的,但其中一方在等级上的任何变化都不可避免地与另一方的某种业已改变的格局相关联,所以可能存在着这些力量的无穷多的格局。但物体最远的两个极点就是**流**体和**固**体。问题在于,**流**体的(数学)概念是什么。可以那样说明它们,即它们的各部分相互之间能产生最彻底的接触,换言之,它们没有任何一部分通过**形象**与其他部分区别开来。

有人可能会提出异议,说即便在固体那里,一种彻底的接触至少也是可设想的。我不否认这一点;但这里谈的问题是,一种液态物质的各部分表现出一种**自然的**、它们所特有的**倾向**,即采取那样一种形态,通过该形态它们达到最彻底的平衡,因此也在其自身内部达到最大可能的接触(球状)[①],而固体则丝毫没有表现出这种倾向。因而流体**本身**的**特性**就在于,它们在自身中能达到最彻底的接触,而且只有这样它们才是流体,才成为流体。

II, 247 现在由此就弄明白了,人们是如何做到通过物体的各成分之间最低等级的整体关联说明物体的流动性的。消除某种液态物质各成分之间的整体关联是轻而易举的,这不容否认;但这轻而易举本身证明了那些成分内部发生了多么密切的整体关联。原因在于,由于每一个成分在所有方向上都受到同等的吸引,那么它就可以毫不费力地**滑动**,但从不脱离接触。

---

① 这就预设了,在水和另一种物体之间根本没有亲和力。因为这种亲和力扰乱了各液态成分相互之间自然的引力。——谢林原注

从各液态成分的整体关联在其内部轻而易举就能改变,无疑可以说明,比如说,玻璃对水表现出的那种巨大的引力(由此便有了毛细管中水不成比例地升高,未充满的容器中水平面凹陷等现象)。即便**康德**(据我所知他是第一个废除了日常的流体概念的人[①]),也是从前面那个概念中推导出流体动力学的如下基本原理的:"施加于某个流体成分上的压力,以同等强度朝着所有方向传播开。"

这样一来,那种认为流体是由一个个分离的、球状的小物体聚集而成(古代原子论哲学的某种遗存)的错误表象方式,就自动瓦解了。因为流体的本质在于团块的**连续性**,而这种连续性通过单纯的聚集是不可能产生的。

但原子论的新体系却认为机械的说明劳苦功高,这种体系误认为仅从可膨胀的流体的特性出发就能给出这种说明。**雷萨吉**先生宣称,这些流体的弹性只能那样来说明,即这些流体的基本团块(molecules)**朝着不同的方向**高速运动。[②] 在数学上,弹性实际上可以解释成**一个静止物体在对立方向上的活动性**,而日常的那种对弹性的说明("一个物体由于外来的压力而再具有业已改变了的大小和形态的能力,一旦这压力减小的话")则完全回到了前述说明之上。只不过雷萨吉先生**在物理上**运用那个概念,因此还费力在流体的基本成分的特性中探寻这种运动的**原因**。 II, 248

我想提醒的只是,尽管**普雷沃**先生仅仅谈论流体的弹性,**雷萨**

---

① **康德**,前引书,第 88 页。——谢林原注

② 参见前引**普雷沃**先生书, § 34。——谢林原注

吉先生却很可能将**所有**弹性,包括**固**体的弹性(他无疑将这种弹性视为**衍生的**),都归结为同一些原因了。

伯努利[①]在他论磁体的本性与特性的有奖应征论文[②]中已经从气体的基本成分的某种内部运动出发说明了气体的可膨胀性。他使气体的弹性“由一种比气体本身精细得多的流体来维持”。因此他认为可以推导出那样的规律,即气体的弹性与它在其中得以膨胀的空间成反比地增长。此外,他认为这种**内部运动**是流体真正的**原因**(通常的那种物理学将流体的**本质**、**特征**设定到某种[静止的]流体团块**内部**各成分的**活动性**中去了),他还使更多流体动力学本原基于那种内部运动之上。贝尔努利最后猜测那内部运动的本原是**热**。**普雷沃**先生追问[③],那么热何以具有这种原初的运动呢?我恐怕人们会回敬他一个类似的问题。

现在为了彻底弄清楚一种弹性流体的基本团块的某种内部运动,依据雷萨吉先生的看法,人们可以假定那些产生重量的成分的撞击**不相等**。两股相反的涌流在同一个**不可分割的瞬间**撞向同一个物体,严格来说它们可能并非总是相等的。由此便产生了第二种流体的不规则的运动或振动,雷萨吉先生将这种流体称为**以太**,而且他一般而言通过原始流体(原始流体的运动迄今为止都没有弄清楚)才使这种流体运动起来。

II, 249

只不过撞击的这种不相等,作为原因还太不确定了,还远不足以凭一己之力说明那种现象。雷萨吉先生想要的是那样一种原

---

① 伯努利(Daniel Bernoulli, 1700—1782),瑞士数学家和物理学家。——译者注

② 作于1746年。——谢林原注

③ **普雷沃**, §35。——谢林原注

因,它为最初的那些基本成分所**固有**,它必然且任何时候都不断产生运动,这种运动满足了由可膨胀性现象规定的所有条件。[1]

在物质原初完全同类的情况下,在问题涉及(通过撞击而来的)一种纯粹机械性运动的情况下,这个原因除了是以太的基本成分的外在形式或**形象**,还能是什么别的东西?

假设一个基本的物体没有凹陷,那么当它在所有方向上受到同等撞击的情况下,就根本不可能运动了。但如果它有凹陷,它会朝着与凹陷相反的方向运动,因为产生重量的那些成分碰到凹面时,其撞击力度要大于碰到凸面的它们对面那些成分。这样看来,基本流体的基本成分在**其自身**中就有了运动的某种源泉,这源泉完全不受制于重力规律,尽管它受到产生重量的流体的作用。

所有这些基本成分合为一体,就达到了它们通过连续加速而接近的最大速度。此外由于它们总是还朝着凹陷的方向运动,然而它们的凹陷又可能朝着不同的方向,所以就会产生反方向的运动。但这种运动是以同样的(有限)速度朝着所有方向发生的,因此就有了朝着所有方向同等的可膨胀性。

此外,这些基本成分**越小**,(光和火的)运动(比如较之于空气的运动)就越快,而运动越剧烈,一个基本成分与另一个之间的距离也就越大,因而它们的密度就越小。

若是人们对通过雷萨吉先生而保持了原子论物理学的古老预设的那套新颖又巧妙的措辞也非常喜闻乐见,那么下面这些问题还是未得其解:首先,照雷萨吉先生看来,产生重量的那些成分是 II, 250

① **普雷沃**, §37, §38。——谢林原注

一种**原始的**流体。可是如果这样,这流体从何处得来一种弹性流体的那些特性呢?

此外,这种原始的流体"由一些基本的、极为坚硬且不可穿透的小物体"组成。那么流体物质(如产生重量的流体)就是固体的某种单纯聚集物。坚固性是物质的原始状态;流动性只是固态小物体的一种特殊的运动方式。只不过正如机械物理学习惯于做的那样,当它也立即赋予一个纯数学概念以**物理的**含义时,它在这里也那般行事。原因在于,一个**静止**物体在相互对立的各方向上的活动性虽然产生了某种一般弹性概念,但并没有产生可膨胀**流体**的弹性概念。但现在还不清楚,通过相互对立的各方向上的运动——人们尽可如其所愿地遽然假定这种运动——固体的某种聚集物何以会产生某种流体物质的现象。因为**聚集物**依其本性而言不是别的,只是一些单个的部分(如果从各种不同的物体中得出某种**产物**,那情形就完全不同了)。

我们将基本物体设想得尽可能小,这于事无补。无论大小,它们都是**固**体。但由固体组成的一个聚集物永远不能产生一种流体,这自然是出于唯一的理由,即在固体与固体之间会发生摩擦,而摩擦在流体那里是不可能的(假如流体动力学与流体静力学的规律都真实不虚)。

正如雷萨吉本人似乎也会说的,那么在相互对立的各方向上的那种运动就仅仅说明了各种弹性流体的**可膨胀性**。只不过凭此它们的**流动性**尚未得到说明,对于这一点人们理应最感好奇,因为II, 251 凭着原子论的那些预设要彻底说明这流动性似乎是最难的。那么这种说明也必定会扩展到**弹性**流体(通常不如此称呼)上,雷萨吉先生似乎并未打算这样做。

所有这些尝试之所以失败，原因在于我们前面已经发现的一种共同错觉。因为人们，比如说，可以在思想中将一种流体的可膨胀性与这流体本身分离开，由此他们就赋予这流体某种与其可膨胀性无关的实存。只不过它只有**通过**它的可膨胀性，才成为这种特定的流体，或者毋宁说，它本身不是别的，只是物质的这种特定的可膨胀性。如果流体是某种自顾自地持存的东西，而这种可膨胀性是**偶然**才归于它的，**那时**人们或许就要问，是什么赋予它这种可膨胀性的，而不是在谈论作为流体**普遍**特性的可膨胀性时这样问。

因而如果我们在考虑到物质的特殊差别时必须彻底放弃原子论的说明方式，那么我们剩下能做的事情就只有尝试动力学的说明方式。但现在看来，动力学给予我们的除了关于各基本力量的某种**一般**比例的普遍概念之外，别无其他，而且只有这种普遍概念才是那样一种必然的东西，我们把那东西当作关于外部事物的一切表象的基础。

但由于在意识中必然东西和偶然东西总是必定结合在一起，为了能将各种基本力量的那个比例关系本身设想为必然东西，我们就必须在另一方面将同一个比例关系设想为偶然的，而为了能将它设想为偶然的，我们又必须预设两种基本力量的某种**自由的游戏**是可能的。但物质是惰性的，因而各种基本力量的那种游戏只能由外部原因造成。那种游戏也应当**在**大自然**中**，因而依照**自然规律**而发生。

只有通过吸引力和排斥力交互占据优势，那些力量的某种自由游戏才会发生。但这必定依照某种**规则**发生。因而我们必须预设那样一些原因,它们合规则地造成那种更替。

II, 252 这些原因不能仅仅被**思考**——不能仅仅是概念,像吸引力和排斥力的那些原因一样。

甚至对于这两种基本力量而言,它们也必定是**偶然的**,这就是说,它们必定不属于物质本身的可能性条件;物质可能也会在没有它们的情况下现实存在。

正因此,它们完全不能先天地(a priori)被认识或被推导出来。它们完全只能**在合乎经验的意义上**被认识。

它们必定只能通过感官而显示出来。因而**在客观意义上就其自身**来看,它们也可能完全不同于它们**在主观意义上**——依照它们对**感觉**的作用——**显得**是的那样。

正因此它们照其本性而言**在质的意义上**存在,而且关于它们,除了有一种单纯物理学的研究之外,根本不可能有任何研究。

这些原因必定与吸引力以及排斥力有关,因为它们应当会造成这些力量的自由更替。

但由于吸引力和排斥力属于**一般**物质的可能性,所以那些原因必须被设想为在一个**更狭窄**层面上才会起作用的。因此它们就会被设想为**局部的**吸引与排斥的原因。

就此而言,人们必定可以将它们的作用视为普遍的吸引和排斥规律的一些**例外**。因而它们完全不受**重力**规律支配。

在我们看来,那些原因只能通过它们的质(关联于感觉之上)被设想。因而它们就被设想为质上的吸引与排斥的原因。

将物质的质当成对象的那门科学现今叫作化学。因而那些原因就是**化学**的本原,而**一般**动力学作为在其自身**必然的**科学,便在

化学的名义下,与**特殊动力学**形成对立,后者在其本原方面完全是**偶然的**。

附释 论物质的形式规定与特殊差别

II, 253

依据康德的动力学,物质的一切变种的根据除了两种力量的算术比例,别无其他;通过这种比例,完全不同的各个密度等级才得到规定,而且从这种比例出发,没有任何别的特殊性形式能像凝聚性这样被洞察到。在导入这种动力学之后,前一章中的那种矛盾自然就是不可克服的,即凝聚性不是在经验的意义上通过某种物质的压力或撞击被理解,也还不是先天地(a priori)被理解的;而我并不为这里被设定的这种界限感到羞愧,因为康德在他的《自然科学的形而上学基础》中的许多地方都承认,他认为从他对自然科学的构造出发是完全不可能理解物质的特殊差别的。

即便在预设了各种力量的构造的情况下,除了算术比例之外,似乎也还是必须有那些力量与空间的另一种比例被确定下来,后一种比例含有那些力量在质上的差别的根据。只不过依据真正的构造,特殊的密度或重力也不能仅仅从一种或另一种力量的相对提高,在并非没有考虑到作为形式的凝聚性的情况下,就被理解的。依据前两章的附释中指出的东西,重力,**两种统一体的无差别状态**,在其自身是不受量上的任何差别影响的,因为在重力中万物归一。因而重力的特别之处(Das Specifische)只可能在于作为特殊东西(Besonderem)的物之中,只不过作为**物**,作为**特殊东西**,这特别之处恰恰只是通过形式而被设定的,而且特殊重力因此同样包含了凝聚性在自身内，正如凝聚性在它那方面也包含了特殊重力在自身内一般，因为凝聚性具有这种形式。

II, 254 依据这些预设，即便对物质的特殊差别也可以进行某种真正的构造，就此我们可以引用《思辨物理学杂志》（尤其是第1卷第2分册和第2卷第2分册；《新思辨物理学杂志》第1卷第2、3分册，尤其是对行星系统构造的论述和关于四种贵金属的论文中）的各种不同的叙述中就此给出的那些证明。

这里我们只能勾画一下这种叙述的主要特征。

物质**变形**的概念就已经将我们引向了作为一切变形的共同根源的形式与实体之同一性，因此我们在我们当前的构造中也是从这种同一性出发的。

两种凝聚性与形式的两种统一体相应，因为在绝对的统一体中，同一性被设定到差别中，在相对的统一体中，差别被设定到同一性中。

现在看来，这两种统一体（它们与前两个维度相应）的无差别状态被设定得越彻底，重力（它与第三个维度相应）也就越能彻底地出现：因为重力本身依照本质来看就是那种无差别状态。因此在贵金属那里，所有变形的这个中点是通过那样一些在可比的意义上最重的事物呈现出来的，它们在形式的最大无差别状态下最彻底地表现出金属特征。

但由于普遍分裂规律(allgemeinen Gesetzes der Entzweiung)[①]，普遍凝聚性和特殊凝聚性彻底的无差别状态必然又会在双重的意

① 字面直译为“普遍二分规律”。——译者注

义上,或者在特殊东西中,或者在普遍东西中表现出来。

在**特殊东西**中是这样表现出来的,即在绝对凝聚性以及相对凝聚性中特殊性因素都是起支配作用的(因为绝对凝聚性是普遍东西的特殊化,正如相对凝聚性是特殊东西的普遍化)。这一点无疑是通过最高程度的个体化表现出来的。

在**普遍东西**中是这样表现出来的,即在两种统一体中同样是普遍东西的因素在起支配作用,在产物中与此结合在一起的是个体性的消除(就其基于特殊性之上而言)。

这两点是通过**铂**和**汞**这两种产物表现出来的。 II, 255

除了已指出的两点之外,绝对凝聚性和相对凝聚性只能在两个可能的意义上漠无差别,亦即在那样一种比例中,以这种比例,普遍东西在普遍凝聚性中,特殊东西在特殊凝聚性中起支配作用,或者反之,以这种比例,特殊东西在普遍凝聚性中,普遍东西在特殊凝聚力中起支配作用。**金**表现了前一种无差别状态,**银**表现了后一种无差别状态。

在这个中心区域之外,**要么**对于普遍凝聚性而言,**要么**对于特殊凝聚性而言,再也不会有绝对无差别之点被设定,反而只有相对的无差别之点被设定。同时必然与此相结合的是特殊重力的减少。

普遍的主体—客体化即便在这里也延续下去,直至其极点;物质在其主体性和本质性中通过其自身而将其自身表现为普遍东西与特殊东西的绝对无差别状态,因为它在凝聚性中——依据一种或两种统一体——使其自身生成为形式。

我们首先追索绝对凝聚性的无差别之点,那么在这个点中,普遍东西向特殊东西中构形，达到相对的平衡。这里已经假定，这个点尤其是通过**铁**表现出来的。

从同一个点出发，必然形成两个序列。只有在普遍东西向特殊东西中构形的某个特定等级上，凝聚性本身才产生。因为从一个方面来看——按照那样的比例，即实现彻底的构形，使得普遍东西完全在特殊东西中客体化了——作为特殊东西的特殊东西被消融和化解到同一性中了。这里便产生了膨胀状态。

但从另一个方面来看，同一性向差别中构形的等级越低，差别作为特殊性也必然越起支配作用，因而这里就产生了收缩。

II, 256 前一个方面也可以称为**肯定的**方面，后一个方面也可以称为**否定的**方面。在极端状态下，前一个方面失落于化学家们称为氮的物质中，后一个方面则失落于这些人称为碳的物质中。

现在在第一个方面之后，当普遍东西彻底化为特殊东西时，构形的最后一个等级就被产生了，此时无差别之点可能只在特殊东西中完全被产生，因而**为了相对凝聚性**而被产生。这就是在作为与铁相应的同一性之点的**水**中的情形。同样的东西现在作为无差别状态可能又在两个方面被潜能阶次化，但却不具有绝对且异于单纯相对极性的那种极性，这样一来，在差别产生的时刻，同一性也就被消除了，而且同一个实体在两个不同的、就空间而言也不同的形式下被呈现出来。

这是地上的所有变形的最终结果。这两个相应的点（从二者的比例出发，一般意义上的僵硬性和流动性的比例便被看到了）在太阳系的较高变形中构成了行星世界与彗星世界这两个特殊的世界。

由于物质的整个生产都涉及普遍东西向特殊东西中的构形，那么从一个方面出发来看，作为那样一个东西，在其中特殊东西就是整个普遍东西，双方因而真正合一，流体乃是一切物质的原型。现在看来，或者当最后这种无差别状态被生产出来后，或者当这生产过程涉及的两种统一性中的一种占据优势后，物体与三个维度的不同比例也就被设定了，这样造成的局面是，既然这些比例在动力学反应过程的三种形式下仅仅在较高的潜能阶次上才被再生产，那就可以说：**物质的一切特殊规定或特别规定的根据都在于物体与磁、电、化学反应过程的不同比例。**[①]

①《思辨物理学杂志》第1卷第2分册《论动力学反应过程》，§47。——谢林原注

II, 257

第七章　一般化学哲学

我们预设最一般的化学概念为一门经验科学的概念,这门科学教导的是,动力学意义上的各种力量的某种自由游戏是如何通过下面这一点而成为可能的,即大自然造就了一些新的化合物,又消除了所造就的化合物。

化学在我们知识体系中索要的**地位**,已经部分地由先前的种种研究规定了[①],而且还应当得到更精确的规定。已经弄清的是,化学是一般动力学的某种结果。

此外,化学的目的是研究物质**在质上的**差别,因为只有就此而言它在我们的知识的整体关联中才是必要的。[②]它寻求达到这个目的的方式是,它虽然是人为的,却通过大自然本身提供的手段,造成种种分离和化合。因而这些分离和化合必定关乎物质的**质**。因为机械意义上的分离和化合只涉及物质的量,只是**团块**的减少或累积,而无关乎团块的所有的质。

因此化学以吸引和排斥、化合和分离为对象,就它们取决于物质在质上的特性而言。

---

① 化学在我们的知识体系中的**必要性**在一开始(第一章)就被阐明了。——谢林原注

② 参见前一章。——谢林原注

因而[①]化学**首先**预设了一个质上的吸引(der qualitativen Anziehung)的本原。它将取决于物质的**质**的所有吸引都归结为特定元素的**亲缘关系**,仿佛某一些元素属于**一个**家族,但所有元素都属于一个共同的**族系**。因而化学吸引的本原必定是**共同的**,通过这本原,元素与元素发生整体关联;或者说这本原必定是个中项,这中项将各元素的亲缘关系调和起来。 II, 258

物质先前被视为原初就是同类的,在那之后,人们现在贸然假定了物质的某种**不同类性**。体系铺展得越来越广,物质成了多样的。

但化学吸引的中项是什么,这只能通过经验弄清楚。依据新近的化学研究,大自然将我们生活于其中且对于植物生命与动物生命的延续都同样必要的普遍介质这个角色托付给了一种元素。

通过化学手段造就的每一种新的化合,都必定有某种化学的**分离**为先导,或者说为了能与别的元素化合,一种在化学意义上被加工的物体的基本成分必须相互排斥。现在为了间接或直接造就那种分离,又必须有那样一种**本原**存在,它由于其在质上的一些特性,而能打破相互结合起来的一些元素的平衡,并借此使得新的化合成为可能。

这本原是什么,这又只能由经验来决定。化学发现这本原在**光**中,或者说(为了立即显露出它与热的整体关联)在**火**中。化学认为这个要素完全合乎经验,因此也将它看成一种特殊的元素,这元素本身一道进入了化学反应过程中。这个要素的载体是流体,特

---

① 参见第一章。——谢林原注

别是那种有弹性的流体，后者同时也包含了一切化学吸引的本原（生气）。

这就是对化学的各本原的呈现，就化学总是保持在单纯经验的特定边界内部而言。因为在这里，化学的任务不是别的，只是让大自然在众目睽睽之下行动，并叙述化学在此观察到的为感官所见的东西，但又将尽可能多的种种分散的观察归结到一些基本原理上，然而这些基本原理从不超出单纯感性认识的边界之外。因而化学从不自告奋勇去说明这些现象的可能性，而是仅仅尝试在这些现象**内部**建立整体关联。此外由于化学是按照感官所见的情形接受一切的，它为了有利于它给出的种种说明而仅仅诉诸这些元素的**质**，也就是有道理的了；对于这些元素，它无法进一步指出任何根据，而只能尽力将这些元素归结为尽可能少的一些东西。

II, 259

但**质**仅仅是在感觉中被给予我们的东西。现在毋庸置疑的是，在感觉中被给予的东西**本身**，除了——比如说——物体的颜色、味觉等等之外，是不能提供任何进一步的说明的。但谁若是从事关于——比如说——颜色的一门科学（被称为光学），他就必须面对前述问题，尽管他凭借关于颜色**起源**的说明永远无法说服自己，使自己认为同样讲清了颜色在我们内部唤起的那种**感觉**。

化学的情形同样如此。它可能将由它的技艺引发的所有现象都归结为各元素的质，归结为它们的亲缘关系之类，只不过到此为止它还没有任何科学的腔调。然而一旦它这么做，它也就必须承认人们提醒过它，除此之外不要再诉诸某种仅仅就**感觉**而言有效且通过**概念**根本不能变得（在一般意义上）可理解的东西。因此在原初的意义上，光对于我们而言不是别的，只不过是我们用"亮"和"热"这两个词表示的两种感觉的原因罢了。只不过要是这样的话，那又是什么允许我们将"亮"和"热"等仅仅取自于我们感觉的概念转用到光本身上去，并相信光是某种在其自身就热的或亮的东西呢？因此事情关乎**亲缘关系**概念；这自然是刻画单纯的现象的一幅适当的形象，然而一旦这形象被接受为这现象的**原因**，它就不多不少正是某种隐秘的质（qualitas occulta）了，而隐秘的质是必须从一切健全的哲学中驱逐出去的。 II, 260

因而机械物理学实际上可以在此立下一功，即迄今为止它专心致力于将某种单纯的实验学说提升为经验科学，并将化学和物理学的形象化语言转译为普遍可理解的、科学的表达。它不是从昨天和前天才冒险这样尝试的；正如在所有问题上，即便在这里，从**布丰**到**德莫沃**[①]，它在主要问题上直到今日都几乎完全保持不变。

关于它对化学上的种种亲缘关系的说明的**根据**，我除了借用**布丰**的话，找不到更好的说法了。

他的原话是[②]，"不同实体的成分为了再在内部化合起来并构成同质物质而据以相互分离的那些亲缘性规律，与一切天体据以相互作用的那个一般规律完全是一致的。那些亲缘性规律以同样

① 德莫沃（Guyton de Morveau，Baron Louis Bernard，1737—1816），法国化学家。——译者注

②《论自然》(*De la nature*)，第二幕（《四足动物自然史》[*Hist. naturelle des Quadrupèdes*]，第4卷），第XXXII—XXXIV页。——谢林原注

谢林手头原书可能名为《卵生四足动物与蛇类的历史》(*Histoire des quadrupèdes ovipares et des serpents*，两卷本，1788—1789)，但因书名出入较大，未敢十分肯定，故存疑。——译者注

的方式，且依照质量和距离的同一些比例关系而表现出来。一小粒[①]水、沙或金属对另一小粒起作用，就像地球对月亮起作用一样。如果说人们迄今为止都认为亲缘性规律与重力规律是不同的，那么原因仅仅在于，人们没有适当地把握和理解这对象的整个规模。在天体那里，由于相距太远而没有或几乎没有对它们相互作用的规律产生任何影响的形状因素，当它们的距离极小甚或可以忽略不计时，反而几乎决定一切了。如果月亮和地球不是球形的，而是直径与该球形的直径相等的短圆柱体，那么它们相互作用的规律并不会由于形状上的这种区别而明显改变，因为月亮和地球的所有部分的距离也只发生了极小的改变。但如果这些球体正好变成了极长的圆柱体，且相互距离极近，那么这两个物体相互作用的规律就会显得极为不同，因为它们内部各部分的距离以及这些部分与另一个物体的各部分的距离发生了惊人的改变。因而如果形状成了距离的一个要素，那么这规律看起来就似乎改变了，尽管它实际上总是一成不变。”

II, 261

“依据这个原则，人类的精神还能前行，进一步深入大自然内部。我们知道物体的各成分具有什么形状。水、空气、土壤、金属，一切同质的部分都一定是由一些基本成分构成的，那些成分在内部是相同的，但它们的形态却不为人所知。我们的后代凭着演算是能开启知识的这个新场域的，并且差不多就知道物体的各要素具有何种形态了。他们必定从我们刚刚确定的这个原则起步，并

① 原文中对水、沙、金属使用了同一个量词(Kügelchen，“小球”之意)，乃从形状而论，而中文里针对液体和固体的量词并不统一，但如果翻译成不同的量词又会破坏原文的文气，故而勉强译作“粒”。——译者注

以如下这一点为基础：**每一种物质的引力都与距离的平方成反比，而这一普遍规律在特殊引力中，仅仅因为每一个实体的成分具有的形状所起的作用而被改变，因为这形状成了距离的一个要素。**因而如果他们由于不断重复的经验而熟悉了关于一个特殊实体的引力规律的知识，那么他们通过演算就能发现它的各成分的形状。为了更好地洞察这一点，我们就希望设定，比如说，当人们将水银浇到一个完全平滑的表面上时，就能从经验中得知，这种液态金属总是与距离的立方成反比。因而人们必定会依照试位法(Reg. falsi)[1]去探索，这个术语所表示的，而后又成了水银的成分所具备的形状的，是哪种形状。如果人们通过这些经验发现，这种金属的引力与距离的平方成反比，那就证明它的各成分是球形的，因为球形是唯一产生这种规律的形状，而且人们可以放置一些球，无论它们的距离是多少，这样它们的引力规律总是相同的。”

II, 262

“牛顿正确地猜到，化学上的种种亲缘关系(它们不是别的，正是我们刚刚谈过的特殊引力)就是依照极为相似的一些规律，与重力上的那些亲缘关系一同产生的。只不过他似乎没有留意到，所有这些特殊的规律都是一般规律的一些变种，因此也只不过是表面显得不同罢了，因为如果距离极小，进行吸引的原子的形状在促使规律实现上起的作用就与质量不相伯仲了，因为这形状在距离

① 试位法(Das Regula-falsi-Verfahren，拉丁文为 regula falsi，亦写作 Regel vom zweifachen falschen Ansatz 或 regula duarum falsarum positionum)，或译“假错法”，为一位意大利数学家提出的一种计算方法，其基本思路是先假定一个未必正确的结果，然后利用比例关系的不断调整，最后得到正确答案。——译者注

要素中发挥了极大的作用。”[①]

这一假设在化学的某种科学体系上打开的前景，尤其是它为其带来的那种希望，即很可能会在其他任何体系都不能轻易成功的那件事（即也使化学引力服从计算）上取得成功，是极为迷人的，使得人们至少偶尔会很乐意信赖对事情的详尽阐发，而且因为体系本身至少逐渐获得了**假设的**确定性而感到高兴。原因在于，如果说自然学说是否成为**自然科学**要取决于数学在其内部可得到运用的程度[②]，那么为了科学的展示起见，人们还是会更偏爱那样一个化学体系，它虽然基于一些错误的预设，却可以凭着这些预设以数学的方式将这个实验性学说呈现出来，而不是另一个那样的体系，该体系虽则具备基于一些真确的本原之上这一优势，然而撇开这些本原不论，却必定放弃了科学的精确性（即对该体系所列举的那些现象进行数学的构造）。

II, 263

因而在这里人们就看到了某种可允许的和极有益的科学**虚构**的例子，凭着这个虚构，一种通常只是在做实验的技艺成了科学，而且可能获得（虽说只是假设性的，在其有效范围内却依然）彻底

---

① 即使留意到这一点在布丰给予它的那种拓展的限度内或许根本没什么用，但可能对**一些**——迄今为止尚未令人满意地得到说明的——现象是很有用的。属于此列的或许有结晶现象。我对**阿维**先生就这个对象进行的那些研究还不够熟悉，不了解他的理论在多大程度上基于这样一种预设之上。

我在上文中（第一卷第三章）将冰中折射的光的合规则性之类现象视为热（一种均衡作用的力）的作用。但两者——起分离作用的热的冲击和受各成分的**形状**规定的引力——或许是一同起作用的。因为这些成分是在**同样的**状态下从一个**共同的**介质中分离出来的，所以由此已经可以理解它们的形状的某种相同的构形过程了。——谢林原注

② 参见**康德**对这一点以及数学在化学上的可运用性的态度，见于他那部常被引用的著作（指《自然科学的形而上学基础》——译者按）的序言，第 VIII—X 页。——谢林原注

的明见性。

对那个理念的详尽阐发的(迄今为止当然还极不确定的)盼望,却通过**雷萨吉**先生的努力重又获得了某种模模糊糊的真实性。

正如布丰一样,**雷萨吉**先生不相信万有引力能彻底说清楚具有亲缘关系的各种现象,尽管**普雷沃**先生承认,人们算作亲缘关系的一些东西可能是万有引力的结果,因为我们并不了解相互作用着的物体成分的**形态**和**状况**。[①] 因此他区分了本己意义上的所谓亲缘关系(它们**不受重力的规律**,也不受**重力的**一般**原因**支配)与非本己意义上的所谓亲缘关系(它们只不过是宏大的一般引力现象的特例,或者至少和该现象服从相同的一些规律)。(正如已经评说过的,这一区分在我们的知识的整体关联中是必要的。)

现在看来,依据万有引力规律,**表面上的**亲缘关系何以可能,这一点**雷萨吉**先生在他的《试论一种机械化学》中已经尝试指出了。他将所有问题都归结为基本团块不同的密度和形状,比如人们假定有一些流体,它们的基本团块是相似的和类同的,但具有不同的密度,这就使得同质的基本团块努力结合起来。这里"同质的"意味着什么?如果它涉及**相同**等级的密度,那人们就会认为,**异质的**基本团块恰恰更容易结合起来。雷萨吉先生指的不可能是内在的质,因为机械物理学根本没有理由假定这类质。[②] 因而同质性表示的必定是形状的相似性和类同性,在这种情况下人们毋宁又有了预设对立东西的理由。 II, 264

① 他那部经常被引用的著作(指《论磁力的起源》——译者按), §42。——谢林原注

② 第一版中为:或者如果雷萨吉先生以此表示基本团块内在的质,那么机械物理学根本没有理由作此假定(在第一版中亦未见紧接下来的那一句)。——原编者注

此外,由于引力是依照质量的比例发生的,比起地球本身的吸引,一个小的团块吸引起另一个同样小的团块要更强烈,假设这个小团块密实得多。

此外,一种流体的成分可能远小于另一种流体的空隙,这些成分就会渗透到那些空隙中去。最后,由于基本团块的形状是不同的,它们在其他方面相同的状态下必定努力与尽可能大的表面相互结合,如此等等。[①]

对于我们的目的而言更重要的是雷萨吉先生对本己意义上所谓的(质上的)亲缘关系的原因的研究。这些亲缘关系的普遍而根本的原因在他看来是**次级**流体,即**以太**,前文已经谈过这种以太了。以太的特性如下。它处在恒久的躁动状态。它的涌流常常被打断,但又重新产生。它的要素是有质量的,而由于所有这些物体都是**基本的**,照体积而言也明显相互不同。因而存在着较粗糙的以太和较精细的以太。现在在以太中据说仿佛浸入了更多的小物体,在它们那里人们就完全不考虑它们与产生重量的流体的比例了。反过来看,它们自身与以太的比例就可能是相等的或不相等的。这种不相等的比例来自它们的微孔的不同大小,那些微孔或者完全不允许,或者很少允许,或者完全允许以太通过。

II, 265

大体而言,现在看来以太单凭它的那些(假设的)特性就足以说明种种具有亲缘性的现象了。[②] **雷萨吉**先生赋予以太的涌流极微小的膨胀;因此——他这样说——受它的作用支配的那些亲缘

① **普雷沃**, §42。——谢林原注
② 同上书, §43。——谢林原注

关系便只有在接触的时候,或者非常近乎接触的时候才发生。以太的作用也可能不与物体成分的**质量**,而与它们的**表面积**成比例。因此以太在**接触**时(在表面积增大时)产生的那种附着性,也就远远强于它在距离最近时造成的附着性,而且是按照比从一般规律中应当推导出的比例大得多的比例。[①] 然而**雷萨吉**先生以所有这些预设仅仅非常片面地解释了化学上的亲缘关系:因为他从小物体的微孔与较粗糙或较精细的以太的不同比例中推导出来的唯一命题是,具有**较小**力量的**不同类**粒子比**同类**粒子更倾向于结合在一起。[②] 当然,对于**不同类**物体成分的亲缘关系(化学的主题),他是通过使它们的形状**相扣**(众所周知,他预设了一些小物体是凹形的,另一些是凸形的)来加以说明的。但对于这种引力,他是从万有引力规律来说明的;即便这种引力也仅仅在接触时,而不是在分离时才发生。

但普雷沃先生本人承认,在某些情形下,人们必须在**不同类的**基本团块之间预设比同类团块之间更大的亲缘关系。[③] 雷萨吉先生那时就不得不至少为解释各种可膨胀流体的亲缘关系而假定,各种不同类基本团块具有某种引力,并为这种引力探寻某种特殊的原因。现在看来,这里一切问题又都归结为基本团块的形状了,而且正如人们必然会发现的,形状的这种种差别慢慢会越来越任意地增多。一些小物体是两面凹的,另一些是两面凸的,另一些是一面凹一面凸的,还有另一些是圆柱体,这圆柱体的一端被掏空到

II, 266

① **普雷沃**, § 46。——谢林原注
② **普雷沃**, § 45。——谢林原注
③ **普雷沃**, § 48及随后部分。——谢林原注

了**一定**深度，另一些则根本就是乳酪状的，“它们的丝线在思想中随着产生重量的小物体的直径的增大而增多，这些丝线本身相比于这乳酪中平行丝线的相互距离而言是极小的；甚至地球都从未能截获那些因穿透地球而显现出来的小物体的万分之一”[①]，诸如此类。所有的这些小物体现在都在振动，撞击或被撞击，相配或不相配，吸引或排斥——所有这一切都不过是依照人们从单纯经验中得出且从不完全自明的一些推理而发生的，此事听来简直妙不可言。

迄今为止机械化学都未曾达到明见性，现在看来这个经验势必会使前文表现出来的那种盼望落空。只不过在完全不追究这样一门科学有什么值得追求的东西的情况下，现在是时候追溯它的基础了。那么整个体系都是随着原子论的种种预设一道起起落落的，这些预设在自然学说的各部分里或许不无益处地在假设的意义上得到运用，但永远不可能得到应当基于牢靠原理之上的自然**哲学**的许可。因为我们现在涉及的是这样一种哲学，所以是否做下面这些事情便取决于我们，即检验自然学说的这个部分向科学的探讨提出的那些要求，并看一看，这样一种探讨可能与否对于我们知识体系的利益或损害有多大——这是那样一桩事务，我们在任何情况下都至少可以期望它会带来消极意义上的利益。

II, 267

属于物体的质的一切，都只存在于我们的**感觉**中，而被感觉到的东西则从不在客观的意义上（通过概念），而是仅仅通过诉诸一般感觉，而得到理解。只不过凭此并未消除的一种情形是，在一方

① **德吕克**：《气象学的理念》德译本，第120页。——谢林原注

面是感觉对象的东西，在另一方面也可能成为**知性**的客体。倘若人们希望将仅仅对感觉有效的东西也加于作为概念的知性之上，那他们是过于将知性限制于经验考察之上了；因为超出被**感觉**的东西**本身**之外，就根本不可能有进一步的研究了。或者人们洞察到，**被感觉到的东西本身**永远不可能被转化为普遍可理解的**概念**，因此也就根本否定了为质上的种种特性找到一些对知性同样有效的术语的可能性。

因而这里发生了某种冲突，冲突的根源并不在事情本身中，而仅在人们由以看待事情的视角；因为关键在于，人们是仅仅联系感觉来考察对象，还是将它带到知性的法庭面前，而如果知性（完全自然地）没有能力将**感觉**带到概念上来，那么反过来看，知性以及仅仅对感觉有效的那些术语（比如质）同样拒绝被用到概念上。

因而似乎有必要更精确地研究我们关于一般**质**的概念的起源。如果我即便在这里也重新归结到哲学中的种种本原上去，那么这种做法只有在已习惯于在经验概念之下**盲目地**跳来跳去的那些读者看来才是徒劳无益的，但在习惯于到人类知识中到处寻找整体关联和必然性的那些读者看来则并非如此。

在我们对外部事物的表象中，**必然的**因素只有这些事物的一般物质性。这物质性现在基于吸引力与排斥力的冲突之上，因此属于一个**一般**对象的可能性的除了动力学意义上的各种力量的某种相会，别无其他；而这些力量相互限制，因此也就通过其交互作用使得某种**有限者**成为可能，在一般意义上使得某种迄今为止还完全不确定的客体成为可能。只不过凭此我们得到的除了关于某种一般物质性客体的单纯概念，也别无其他，而且即便以该客体为 II, 268

产物的那些力量，现在也还只是某种思想物。

因而知性自行勾画了某种一般图式——仿佛某种一般对象的轮廓，而这图式在其一般状态下便在我们的全部表象中被设想为必然之物，而且只有与这图式对立，那不属于**一般**对象的**可能性**的东西才显现为**偶然的**。因为这个图式——由于它是某种一般对象的普遍化形象——据说是**一般的**，所以知性仿佛将它设想为某种手段[①]了，一切个别对象仿佛都来亲近它；但正因此，就没有任何个别对象完全符合它了，故而知性将它作为一个**共同形象**，把它当成关于各个对象的一切表象的基础；只有关联于这个共同形象，各个对象才显现为**个体性的**、**特定的**对象。

一般对象的这个轮廓现在并没有给出别的什么，只给出了关于某种一般量的概念，即关于非特定边界内部的某种东西的概念。只有通过脱离这个轮廓的**普遍性**，才逐渐产生**个体性**和**特定性**，而且可以说：一个特定的对象简直只有在如下意义上才是可以设想的，即我们懂得重视（同时并不知道这种能力是通过想象力的一种快得惊人的运作达到的）这对象脱离某种一般客体的共同形象，或者至少脱离该对象所属的类的共同形象的过程了。

II, 269

我们想象力的特性隐藏于我们精神本性的极深之处，以致我们不自觉地依照某种几乎普遍流行的约定，将它归于**大自然**本身（即归于那样一种理想性东西的本性，在那东西中我们将表象和产生、概念和事态设想为同一的）。因为我们将大自然设想为合目的

① 第一版中为：**介质**。——原编者注

康德说过：一般图式**调和**了概念（普遍东西）和直观（个别东西）。因而它仿佛摇摆于特定性和非特定性、普遍性和个别性**之间**。——谢林原注

的创造者，所以我们也就那样想象，仿佛它是通过逐渐脱离某种共同的原型（这原型是大自然依据某个概念勾画出来的）而产生了各个类、种和个体的全部多样性的。而**柏拉图**也已经注意到，人的一切技艺能力都基于勾画对象的某种一般形象的能力之上，照此说来甚至小小一个工匠（他必定放弃艺术家的尊号）也是凭着在他的构思中以最为多样的方式脱离**普遍性**——而且仅仅凭着保留**必要的东西**——才能产生单个对象的。

我再将线索捡起来。那个非特定的某物，我们关于个别事物的一切表象中必不可少的因素，只是纯粹想象力的一个客体——一个层面，一个量，一般而言某种只能设想或构造的东西。

到此为止我们的意识只是**形式性的**。但客体应当成为**实在的**，而我们的意识则应当成为**质料性的**——仿佛被**充实**了。现在看来，这一点要成为可能，除了通过表象脱离它此前坚守的那种普遍性，别无他途。只有当精神脱离唯有在其中关于一般某物(ein Etwas überhaupt)的形式性表象才得以可能的那个中介[介质]时，客体，随之一道的还有意识，才都获得**实在性**。但实在性仅仅被**感受到**，仅仅在**感觉**中才存在。被**感觉到**的东西叫作质。因而客体只有脱离概念的普遍性才获得**质**，它不再是单纯的**量**。 II, 270

只有现在，心绪才在感觉中将实在东西（作为偶然的东西）与某个一般客体（作为必然的东西）关联起来，反之亦然。但心绪感到直截了当地被偶然的东西规定了，而且它的意识不再是某种**一般的**（形式性的）意识，而是一种**特定的**（质料性的）意识。但即便这个**规定**在它看来也必定又是偶然的，这意味着感觉中的实在东西必定可以增长或减少至无穷，意味着它必定有某个**特定的等级**，但这等级既可以被设想为无穷大的，也可以被设想为无穷小的，或者换句话说，在这等级和对一切等级的否定(=0)之间可以设想一个无穷的中间等级序列。

情况确实如此。我们只感受到了弹性、热、亮等的**增多**或**减少**，而没有感受到弹性、热、亮等本身。只有现在，表象才得到完成。想象力这种创造性机能从原初的和反思过的行动中勾画出了一个共同的层面。这个层面现在是必要的，我们的知性将这必要的东西当成关于一个对象的一切表象的基础。但对象上原初**实在的东西**，即与我内部的受动相应的东西，就那个层面而言乃是一个**偶然的东西**(Accidens)。因而人们是徒劳地企图先天地(a priori)推导它或将它归结为概念。原因在于，只有就我受到刺激而言，实在东西本身才存在。但在我看来根本不存在关于某个**客体**的概念，只有对于我身处其中的受动状态的意识。只有我内部的某种主动机能才将感觉到的东西关联于某个**一般**客体上；只有如此，客体才获得**特定性**，感觉也才获得**持久性**。由此便清楚了，量与质必然是结合在一起的。量通过质才获得特定性，质通过量才获得边界和等级。但将感觉到的东西本身转化为**概念**，就意味着夺走它的实

II, 271 在性。原因在于，只有在它作用于我的时刻，它才具有实在性。如果我将它提升为概念，它就成了思想的作品；一旦我赋予它本身**必要性**，我也就认为它具有了使得它成为一个感觉对象的一切。

关于一般质的这些普遍原理现在很容易转用到一般物体的质上。

知性当作它关于个别事物的一切表象之基础的那个必要的东西，是现成存在于一般的时间与空间中的多种多样的东西。如果

在动力学的意义上表达,这就意味着:知性当作我们对于作为必要东西的物质的(动力学)表象之基础的东西,物质的偶然性东西方才关联其上的东西,乃是一般的吸引力与排斥力的某种非特定的产物,想象力完全在一般的意义上刻画这产物,这产物如今不过是知性的一个客体,是一个不含有任何质的特性的一般量。我们可以将想象力的这个产物设想为吸引力和排斥力之间一切可能的比例的某个中项。力量也许实际存在着,但仅仅在我们的概念中存在;这是**一般的**力量,而不是**特定的**力量。力量只不过是**刺激**我们的东西。刺激我们的东西,我们称之为**实在的**,而实在的东西则仅仅存在于感觉中:因而力量是那样的东西,只有它才符合我们关于质的概念。但每一种质就其应当刺激我们而言,都必定具有某个**等级**,而它虽然具有某个**特定的**等级,这个等级**原本可能**更高或更低,**现在**(**在此刻**)却恰恰是这个**特定的**等级。

因而一般**力量**只有就其具有某个特定的等级而言,才能刺激我们。但只要我们完全一般性地——在某种完全非特定的比例关系中——设想动力学意义上的那些力量,它们中就没有任何一种具有某个特定的等级。人们可以将这个比例想象成那些力量的某种绝对的**平衡**,在这种平衡中一种力量总是抵消另一种,没有任何一种力量会允许另一种增加到某个特定的等级。因而如果一般**物质**会获得**质上的**种种特性,那么它的种种力量就必定具备某个特定的等级,这就是说,那些力量必定脱离单纯的知性认为他们所处的比例关系具有的普遍性,或者说得更直白些,它们必定脱离它们在原初和必然的意义上被认为处于其中的平衡。 II, 272

现在物质才成为为我们而存在的某种特定东西。知性给出了一般层面,感觉给出了边界;前者给出了必然的东西,后者给出了偶然的东西;前者给出了普遍的东西,后者给出了特定的东西;前者给出了表象的单纯形式性东西,后者给出了表象的物质性东西。

因而——这是此前的种种研究的结果——**物质的一切质都仅仅基于它的各种基本力量的同一性之上**,而由于化学真正说来只关心物质的质,所以这样一来前文中提出的化学概念(作为教导动力学意义上的各种力量的某种自由游戏何以可能的一门科学)同时也就得到了阐明和证实。

前文中表明了,化学仅就其是**这样**一门科学而言,才在我们知识的整体关联中具有必然性。这里我们在完全不同的另一条路上(亦即通过研究一般而言的物质在多大程度上具有**质**)发现了同一个概念。

在我们目前着手**在科学的意义上**运用这些原则之前,我就认为在那样一些对象上检验这些原则的实在性是有益的,那些对象迄今为止都还属于这门科学中存疑的部分。

附释 作为科学的化学是否可能?

对物质特殊差别的根据的某种科学洞察是可能的,这一点在前一个附释中得到了证明:对于受到物质的那些差别限定的种种现象(我们称之为化学现象),同样是可以洞察的,这一点首先就被充分认识到了。

II, 273

只不过由此似乎并不会得出,化学**本身**可能是一门科学,因为所有那些研究都属于一个高得多和普遍得多的领地,即一般物理学的领地；一般物理学不会将大自然的任何现象孤立开来，而是要将它们全都在整体关联中和绝对同一性中呈现出来。因而如果化学**本身**应当成为知识的一个**特殊的**分支，那么这仅就它将自身完全局限于实验活动上而言，而非就它提出成为理论这一非分要求[①]而言，才是可能的。

只有一个能将化学自身置于物理学本位上的时代，才能就它在科学上的这种坦诚与单纯而言，将它当作一门独立的科学，并将它被一些毫无意义的概念扭曲了的关于观察到的事实的报道当作理论本身。要看清由化学自身创立的一套化学现象理论中的矛盾之处，以及它超升于物理学上之时的虚荣自负，只需简单反思下面这一点，即成为化学反应过程的原因或根据的东西，其本身不可能再成为化学研究的对象。

但谈到针对一门真正的化学物理学(Physik der Chemie)所提出的那些反对理由，最主要的理由无疑是从关于大自然中特殊东西的那种普遍而根深蒂固的表象中取来的；该表象无穷差异化，直至进入物质本身的本质，它主张存在着质上的种种绝对差别，并以一种错误的、单纯外在的亲缘关系的名义，彻底消除了物质真正的内在亲缘关系和同一性。设想一些独特东西的做法，就属于这种表象方式，属于对质的说明；而由于人们既不能确切规定这些东西的总数，也不能通过经验了解这些东西的所有变化形态，所以一门创造性的物理学和研究它的种种现象的真正科学就像——比如

① 正如作者在其他各处（如第262页，及本页下文）强调的，化学(Chemie)和通常意义上的自然学说(Naturlehre)还拘泥于实验和常识层面，并非天然就是科学(Wissenschaft)和理论(Theorie)。——译者注

说——一门研究空中精灵或其他不可思议的东西的物理学一样，是不可能的。

II, 274 在形式的所有可能的差别那里，一切物质的绝对同一性和它们真正内在的类同性都是物质的一切现象唯一真正的核心和中点；一切现象都从作为它们的共同根源的这个核心和中点产生出来，又努力回到那里去。物体在化学上的种种运动乃是本质的突破，是努力从外在的和特殊的生命回到内在的和普遍的生命，回到同一性之中。

认为不可能对化学现象的**原因**有所认识的那种意见所提出的其他理由可能是从那样一些预设中取来的，依据那些预设，运动和生命本身所固有的那些本原被当成了物质。

在这种情况下，人们或者使那些本原服从于化学比例，使得它们也能发生分解、聚合、亲缘关系等，这样一来，对一切化学现象和人们所谓的这些现象中的亲缘关系、结合等的根据的追问，就只会转向更高等的情况；或者人们使这些物质在外在的、机械的意义上造成化学现象，这样一来，凭着这种说明，整个这类现象本身，亦即作为动力学现象的整个这类现象，就被消除了。在这种情况下，由于此时人们只能到最小成分的形状中去寻找那些现象仅剩的根据，而那形状是一切经验都无法触及的，这就使得一门化学科学的一切前景都彻底被消除了。

因而除了物质内在的和本质性的统一性之外，这样一种物质的另一个可能性条件是，热、磁、电等活动是固有的活动，也是同样为物体本身的实体所固有的活动，正如一般形式即便就僵死的物质而言也是与本质合一而不可分的。但由动力学物理学充分证明的一点是,所有那些活动都像形式本身的三个维度一样,与实体有一种同样直接的关系,而除了物体与三个维度之间的比例关系的变化之外的其余种种变化都不是化学意义上的变化。

最后,对于同样不得不仅仅在这些现象中呈现万物的一门化学物理学的终极任务而言,还是有必要理解它的感官形象性以及它与更高格局的关联,因为具备特有本性的每一个物体,在它的理念中当然又是一个宇宙了。只有当人们在化学现象中不再寻求这些现象本身所特有的一些规律,而是寻求宇宙普遍的和谐与合规律性时,这些现象才会出现在数学的更高格局下;一位德国人的洞察已经看到了迈向这一结果的一些步伐,他的种种发现(在此我们只想举出两项发现作为例子,即碱与所有酸的比例**在算术意义上的**不断累进,以及酸与所有碱的比例**在几何意义上的**不断累进)事实上都预示着大自然最深刻的奥秘。 II, 275

第八章　将这些本原运用到化学的个别对象上

机械化学的一个优点似乎在于,它知道如何事半功倍地弄清楚物质的特殊差别。然而如果人们更切近地考察事情就会发现,在人们必须将物质视为**原初**就同类的,将所有个别物体都视为原子的单纯聚集的情况下,一个本原若是最终不得不将一切都归结为不同的**密度**,那实际上是一个极为贫乏的本原。与此相反,动力学化学根本不允许任何**原初的**物质存在,即不允许那样一种物质存在,只有从它那里才能通过聚合产生其余的一切物质。情况毋宁是,因为动力学化学在原初的意义上将一切物质都视为对立的各种力量的产物,所以物质最大可能的差别也不是别的,只是那些力量在比例上的一种差别。但那些力量在其自身而言已经是无穷的了,亦即对于每一种可能的力量而言,都可以设想无穷多的等级,其中没有任何一个等级是最高的或最低的;而由于一切质都基于一些等级之上,所以单单从这个预设出发,就已经可以推导和理解物质的无穷差别了——就物质的种种质而言(就像我们从经验出发对物质的了解那样)。但如果我们除此之外还设想对立力量的某种冲突,使得每一种力量在原初的意义上都不受另一种力量

II, 276

支配,那么两种力量之间各种可能的比例的多样性便又进至无穷。原因在于,不仅个别的力量可以具有无穷的等级,同一个等级也可能因为相反力量的作用而具有完全不同的变种,那相反力量当前一种力量被无穷减小时可能会无穷增大,抑或相反。因而很明显,动力学化学的本原(即物质的所有质基于它的各种基本力量的等级性比例之上这一点)在其自身已经远比原子论化学的本原更丰富了。

这个本原现在为化学指定了它真正的位置,而且分明而确定地与一般动力学以及机械力学区分开来。一般动力学是那样一门科学,它能独立于一切经验之外被建立起来。但化学尽管是动力学的一个成果,它相对于这门科学而言却完全是偶然的,而且只能通过经验阐明它的实在性。一门完全基于经验且以化学上的种种运作为对象的科学,可能不仅仅**受制于**单个的基本力量,比如吸引力,还**受制于两种基本力量在经验上的比例**。现在看来,动力学完全没有规定各种基本力量的这个比例。因而化学根本不是从动力学中**必然**产生的科学,像一般重力理论那般。毋宁说,它本身不过**被设想**为**应用**动力学或**偶然状态下的动力学**罢了。

II, 277

因而化学既然与动力学**并行**,就必定不受**隶属于**动力学规律的一切规律支配。因而化学上的种种运作不受**重力**规律支配;因为这些规律基于物质的单纯引力,并预设动力学意义上的各种力量在物质中已经归于宁静了。但化学在运动中呈现这些力量;因为它的种种现象全都不是别的,只是物质基本力量的某种**交互作用**的现象而已。

著名化学家**贝格曼**[1]问过：那个最初看到一块金属在某种光亮、透明的流体中如何被分解，笨重而不透明的物体如何彻底消失，又在另一种物质被混合进来后突然从看起来完全同类的流体中显出固体之形的人，该会多么惊讶啊！——惊讶的主要原因必定从一开始就在于，人们在这里仿佛眼睁睁地看着**物质产生**和形成了；谁若是就此进一步思考，很可能马上就会看到，这类经验**一次**就足以启发人们洞悉物质本身的**本质**了。原因在于，人们明显看到，物质在这里并不是由各部分聚合而成或被分解为各部分，看到固体消失于其中的流体反而是两个物体的**各等级**弹性的共同产物，因而看到一般物质很可能在原初意义上不是别的什么，只是等级性比例的某种现象，它仿佛向感官**表现**了这些比例。

此外，化学也不受**机械力学**的支配；因为即便机械力学，也隶属于动力学。机械力学预设了动力学意义上的各种力量的某种确定的、不变的比例，它关涉的是物体，即位于特定边界内部的物质，如果这物体要运动起来，这物质含有的各种推动力就需要一种外来的推动。与此相反，化学则考察物质的**形成**，并以**自身内部**动力学意义上的各种力量的某种自由游戏，因而也以这些力量的某种自由运动为对象，无需外来的撞击。

II, 278　处于其惯常边界内部的化学，是可以依据需求将物体的各要素复杂化的。因此它假定了某些**恒久**而不变的元素，这些元素通过内在的质而相互区别开来。只不过一般的**质**是那样的东西，它

① 贝格曼(或依瑞典语读音译作贝里曼，Torbern Olof Bergman，1735—1784)，瑞典著名化学家和矿物学家。——译者注

只存在于感觉中。看来人们是将某种仅仅被感觉到的东西转移到客体本身上了——问题在于,理由何在。原因在于,物体在其自身而言,即并非相对于我们的感觉而言,仅仅被视为知性的客体,没有任何内在的质,**就此而言**它反而使一切质仅仅基于基本力量的等级性比例。然而那样人们就不能将那些材料设想为**恒久**而不变的了;它们本身不是别的,只是一种特定的、动力学意义上的比例,并且一旦这比例被改变,它们本身就具有了另一种本性,也就具有与我们的感觉的另一种比例了。

正如事情显现的那样,人们在某些理论中也预设了这一点,至少预设了与更精细物质相关的东西。因此人们频频谈及**潜在的**光、**潜在的**热等。哪怕人们只是考察一下光对物体加热的现象,事情就不容否认了;光越是不可见,加热得越厉害,如此等等。只是如果光通过**内在的**质上的特性与其他物质区别开来,如果它的实存不仅仅基于等级性比例,那么人们就无法理解,它仅仅通过与其他物体接触,如何能如此大幅度改变它的本性,以致它停止对眼睛起作用了。

这里是时候对有关光、热等的日常表象方式进行评判了。人们最近常常问,光是不是一种特殊的物质?(与此相反,我要问的则是:那么在整个世界中何谓**特殊的**物质?)我会说:我们称为物质的一切,都仅仅是同一种物质的变种,那物质处在绝对平衡状态下时我们固然不能在感性意义上了解它,而要让我们在这个意义上了解它,它就必须进入特殊的比例关系中。[①]

---

① 第一版中为:我们称为物质的一切,都仅仅是一般物质的变种——只要**一般**物质仅仅是一种思想。——原编者注

II, 279 或者说,如果人们想将光看成某种**力量**,并将哲学上的一些本原混入物理学中,那么我还要问:看起来作用于我们的一切东西中,有什么不是**力量**? 还有,究竟什么能作为**力量**作用于我们? 而如果人们说:**光物质**本身只是我们的想象力的某种产物,那么我还要问:什么物质又不是这种产物呢,而**本身**不依赖于我们的表象而现实地在我们外部起作用的又是什么物质呢?

但问题在于:像光(如果说光是物质,它就处于一切物质的边界上)这样一种要素是否也能成为化学成分[①],是否能作为化学元素而一同进入化学反应过程中。只不过这样的怀疑已经证明,人们对于光和一般物质只有非常模糊的概念。光本身不是别的,只是动力学意义上的各种力量的某个确定的等级性比例(如果愿意的话,可以说是我们所知的最高等级的膨胀力)。因而如果物质抛弃这个特定的比例,那么它就不再是光,现在也就具有了另一种**质上的**特性,也已遭遇化学变化了。

一旦人们考察光本身经历过的那个等级序列,这一点就非常明白了。太阳光以比我们能产生的那种普通的光大无穷倍的亮度和纯度照射着我们。太阳光如果在它抵达我们的路上遇到的阻抗较少,就亮得多。但这样只能减少它的弹性,而与弹性的减少相伴相生的还有它对我们器官的作用的减小。一旦它的弹性改变,它的**质**也就改变了。[②]

我们通过生气的分解而得到的光,远比从大气中得到的光更

① 第一版中为:像光这样精细的一种物质,是否也能成为化学成分。——原编者注

② 因此区分不同**种类**的光对于自然学说是极端重要的。——谢林原注

纯净也更活跃。因此近世有更多的化学家[1]将生气视为光的唯一源泉。**拉瓦锡**也注意到,光必定直截了当地一同造成了生气的构形。属于此列的还有光对已焚烧物体的恢复起的巨大作用。但这一现象不多不少正好证明:分解状态下的生气会接近于光现象与之密不可分的一切实体中的那些力量的比例关系。[2]因为否则的话,正如**布丰**所说,**所有物质都成了光**,只不过比起在生气那里来,在物质这里,这种过渡要发生,都必须经过远远更多的中间等级,而生气的弹性一旦增大,它由于失去了它的团块的**一个**部分(氧),就开始发亮了。 II, 280

这种现象反过来也行得通,也就是说,光所特有的弹性增大现象最能容纳氧那里发生的弹性减小现象。

大气就其接近生气所特有的那个特定的弹性等级而言,才有**发亮**的能力。[3]甚至我们通过大气的分解得到的光,都多多少少是纯粹依照它从中散发出来的那种气体的特质而产生的。

大自然极为清晰地标画出两个极点,在这两个极点之间光的散发一般而言才是可能的。对此弹性较弱的气体种类(发霉而不可燃的气体)就像弹性最大的气体种类(发霉而可燃的气体)一样

---

① 比如富克鲁瓦在他的那部常被引用的著作中就是如此。——谢林原注

② 第一版中为:生气会接近于我们所知的一切气体种类中为光物质所特有的那个弹性等级。——原编者注

因而前文中(第80页)阐述的那个认为光是**所有**弹性流体的共同成分的猜想就是错误的,这样一来,为什么在其他分解现象中根本看不见光的问题(第89—90页)也就得到了回答。一般说来,前文中阐述的有关光的所有假设都只有在这里才从本原出发得到纠正。——谢林原注

③ 由此也就表明了,为什么可燃物体以与其密度不成比例的方式使光线发生折射,为什么会有氧从植物中散发出来。——谢林原注

是不适宜的。位于两个极点之间的是光的源泉,即生气。

II, 281 光与它那或大或小的纯净度成比例地传播,它在传播速度方面的某种巨大的差别也实实在在展现了出来。

随着光的弹性等级一道改变的还有它的质,对于这一点最显白的证明便是颜色现象。因为很明显,七主色不是别的,只是光的同一性的一个层级序列,即从最高的、最易于为我们眼睛感受到的等级直至彻底消失。即便棱镜中对光线的机械分割,也依赖于光线弹性的逐层减弱。

一旦被照亮的物体得不到光照了,阴影或彻底黑暗的现象就证明,光在触及物体时完全改变了本性。原因在于,为什么物体在得不到光照时就不继续发亮了,如果光并未发生任何改变的话?但光除了在其弹性上有所减弱,并未发生任何进一步的变化。

在光的物质方面引发最大怀疑的,就是这种物质超乎寻常的精细性。——人天生就有求大的倾向。他相信有最大的东西,即便这东西超出了他的想象力之外,因为他感到自己由此得到了提升。但他拒斥小东西,而不曾想到,大自然在多么小的东西中都不承认有什么边界。

这里或许是时候就近世关于燃素的那些假设再说点什么了。

更多著名的化学家(里希特[①]、格伦等)让光由燃素与热素构成。关于这个假定本身涉及什么,人们可以这样问:那么燃素和热素又是由什么构成的?——但如果这个假定的证明是从下面这一点推导出来的,即在燃烧的时候发生了双重亲和力,因而物体必

① 里希特(Jeremias Benjamin Richter, 1762—1807),德国化学家。——译者注

定有那样一个成分,它在燃烧的时候释放出来,与气体中的热素相遇并造成了光,那么对此还不存在**一个**决定性的证明。此外,因为光仅仅通过它的弹性等级而与别的所有物质区别开来,所以所有物质实际上都只能被视为**光素**,这就是说,所有物质都能成为光,所有物质都能获得与光的弹性相等的一种弹性。只不过这里谈的并不是**能**存在的东西,而是**存在着的**东西。但现在看来,通常状态下的物体并不具备这种弹性。甚至接触物体的光也失去了它的弹性,因而也停止成为光了。因而问题在于,物体的元素是否在燃烧的时候才具备光的特性。而倘若人们能证明这一点(但这是不可能的),人们由此并未赢得和失去任何东西。——从某种物质**能**生成的一切是什么,这一点没人能说得清;但**现在**就在这个**特定的**反应过程中从它**生成着**什么,这一点人们必定说得清,因为**经验**就教导了这一点,而且经验显然表明,在这个反应过程中只有生气才具备光的现象所赋予的那些弹性比例。①

II, 282

马凯宣称过,燃素没有重量。**格伦**先生新近(正如**布莱克**博士②早前做过的那样)宣称,它是**负**重力的。**皮克泰**先生也赋予火某种反重力方向(direction antigrave)。以同样的理由人们似乎可以赋予所有物体这样一种反重力的倾向,即在延展的本原中赋予这种倾向,因而即便在这里,也可能产生单纯的等级差别,这就使得光仿佛只是差不多表现了纯粹膨胀力,因此它那里与重力的任

① 第一版中为:[在这个反应过程中只有生气]才具备光的现象赋予的那个等级的弹性。——原编者注
该注释中方括号及其内容为译者所加,方便读者理解。——译者注

② 布莱克(Joseph Black, 1728—1799),英国化学家和物理学家。——译者注

何一种比例[①],都是通过任何手段无法了解的。

热素的情形与光的情形完全不同。光本身**显现**为具有特定质

II, 283 的物质,但热本身则**根本不**是物质,而只是质——只是**所有**(无论哪一种?)物质都会有的变种。热是一个特定等级的膨胀。这种膨胀状态并非只是**一种**特定的物质所独具的,而是每一种可能的物质都可能具备的。人们或许会驳斥说,然而物体只有在热流在其空隙中积累起来的条件下才发热。只不过同样预设了这样一种积累的发生而已,所以人们还是没有理解**物体**本身是如何由此被加热的。而如果热只是一个特定等级的弹性,那么一旦它接触到物体,就必定或者失去这弹性,或者使物体本身处于某个类似的状态。至少人们必须说:热流**渗透**了物体。只不过要是一个物体的状态不改变,就根本不会发生对它的渗透。

由此并未否定,比如说,固体被包围它的流体(气体)加热的情形。但这流体本身并不是热物质,而只是具有更确定的膨胀等级的流体,由此它就能在我们的器官中引起某种热的感觉。将物体[②]加热的因素,也不仅仅是这流体加入物体,而是流体施加于物体本身的基本力量上的作用。只有现在,当物体的基本力量的等级比例被改变后,物体本身就能视同被加热了;倘非如此,那么它的加热就只是**表面上的**,加热只发生在位于物体空隙中的流体上。

---

① 第一版中为:以同样的理由人们似乎也可以否认可燃气有重力。没有来自经验的证据,这样一个命题是不成立的,而如果人们希望从个别的经验出发证明这个命题,那么他们是不假思索地混淆了**重力**和(特殊)**重量**。但有足够的经验证明,光必定有重量。——原编者注

② 指固体。——译者注

因而这里的情形与光那里完全不同。原因在于,我们迄今为止只知道有**一种**物质(生气以及近乎生气的一些东西)本身能过渡到有光现象伴生的那个弹性等级。因此我们就有理由谈论某种光物质了。只不过**每一种**物质在其自身中(通过摩擦)都能直接被**加热**,而这也不仅仅是通过某种未知流体的**加入**,而是因为同时在物体本身中发生的改变。

II, 284

现在人们如果除此之外还认为,热在许多**不可置疑的**情形下只是通过改变容量而产生的,那么他们就会倾向于将一般的热仅仅视为某种物质从更富弹性的状态向弹性较小的状态(比如从蒸汽状态向液滴状态)**过渡**的某种**现象**。人们会驳斥道,比如说,热对于蒸汽的形成本就是不可或缺的。但如果那样,这热又是什么?难道是一种特殊的流体,它自行与水化合为蒸汽了吗?但当水被一个加热了的物体蒸发时,经验所展示的仅仅是,水通过与这个膨胀力大为提高的物体的交互作用,以及通过与该物体达成平衡,而达到了某个等级的膨胀状态,而这个等级将水引入蒸汽状态。[①]

此外,现在看来有一点是**克劳福德**[②]的实验澄清了的,即**热**是一个完全**相对的**概念,通过同样多的热,不同的物体被加热的程度完全不同。克劳福德为物体各个不同的这种特质找到了容量这个

---

① 第一版中这一句为:但为什么我们将这流体称为热物质?是因为它具有某个特定等级的膨胀力——因而造成热的始终只是这个等级比例。这流体不是热本身(更不是热素),现在它反而——在这个特定的情形下——是热的工具。——原编者注

② 克劳福德(Adair Crawford, 1748—1795),苏格兰—爱尔兰化学家,锶元素的发现者之一,测热学领域的先驱。——译者注

术语,这个术语选得很好,因为它将现象完全刻画出来了——但也仅止于此。然而在任何情况下由此得出的结论都是,并非——比如说——某个**特定的**绝对等级的膨胀力造成了热的现象,而是每个物体都有它独具的、特定的膨胀等级,它在这个等级上显得被加热或被引热罢了。

因而根本不存在什么**绝对的**热,而一般的热只不过是物体所处的某种**状态**的现象。热根本不是什么**绝对的**质,即在哪儿都保持自身等同的质,而是受制于种种偶然条件的某种质。人们甚至把最能加热物体的一种流体置于通过经验无法了解的、有弹性且原初便有膨胀性的流体之列,那么这种流体的**本质**倒是与其他所有物质类同的物质,而且将这流体与其他流体区别开来的只有某种相对较大的膨胀力这一规定。只不过这个规定也适用于固体,而固体则将热传给另一个物体。如果一种流体本身照其**本质**而言是热的原因,那么这流体从何处得到它传导热的能力?——将一种热物质假定为热的原因,这并不意味着将事情讲清楚了,而是在以言辞糊弄事儿。

II, 285

但是人们会驳斥说,已经证明热素涉及化合,热素是——比如说——流动性的原因,因而它就是所有流体的元素。可是,如果这样的话,那么一般意义上的某种流体的概念是什么?**克劳福德**说:"一个流体比一个固体更有容量,而且由此可见,它在从固态向流体状态过渡的过程中吸收了许多热,这热分毫没有提高它的温度。"但很容易找到一个更一般的术语来替代"容量"。那么克劳福德的命题就要反过来了:人们可以说,当被引向冰的热远多于冰在此前状态下能接受的热,冰就改变这种状态;因而它不是因为现在有了更大的容量，才接受更多的热，而是因为它接受了更多的热且就此而言，它从现在开始才具有更大的容量。因而一个流体本身的容量便是它所接受的热的增多或减少。它为了进入这种特定的状态而必须接受的热越多，使它过渡到一种更富弹性的状态所需使用的热也必定更多。[①] 因而如果热——比如说——是冰变得可流动的原因，那么这仅仅意味着：热（即某个更高等级的可膨胀性）通过某一种物质（比如被加热到某个等级的水）被传输给冰（当冰努力与水达成平衡，并努力与水成比例地减少自己的膨胀），赋予此前的固体某种更高等级的可膨胀性，由此那固体就具有了一种流体的特性。因而与冰产生某种化合的不是**热**，或某种特殊的热素，而是上述物质本身（比如人们用于实验的水），是这物质与另一种物质进入了某种动力学意义上的反应过程；而人们得到的流体则是由于被加热和被冻结的水的热的增加和减少而得到的某种共同产物，正如人们将具有不同密度的流体物质混合起来时得到的流体是由于这些物质的不同密度而得到的产物。没人会想到与变得具有流动性的物质化合在一起的某种特殊材料。——同理，由于水在上文中提到的反应过程中**失去**它的热，人们就可以假定存在着使其他事物变冷的某种材料，冰在与热素对抗的情况下将这材料交还给水。

II, 286

针对克劳福德想象流体产生的那种方式，一位敏锐的自然科

---

① 第二版中这里多出了如下文字：因而在更一般的意义上讲，容量就是一个物体的某个特定**状态**，就是某个特定等级的可膨胀性，或者换个人们喜欢的其他说法也行。因而所有**流体**也都不是别的，只是某个特定等级的可膨胀性，或者换言之，某个特定等级的容量。——原编者注

学家做出如下反驳。“一个问题产生了,”他说,“这问题对克劳福德的理论极为重要:(融化的冰将热)吸收,这是由容量的某种增加引起的吗,抑或热素在这里涉及与物体的某种化合,并由此造就了流体?——如果人们单纯只从容量的某种增加出发说明那种吸收,而实际上冰和水的容量的比例大约是9:10,那么粗略地看,一切都密切相关;水不是别的,只是具有更大容量的某种冰。只不过这样的话人们就没有想到,在这种推理方式下,大自然中就有一种最主要的现象完全没有得到说明。如果说通过耗费大量的热,从冰中就生成了水,那水并不比冰热,那么很可能首要的问题就是:难道这热不是有一部分被用于使冰产生流体吗?而只有当这一点得到了澄清,人们才能研究所产生的流体有多大容量。在人们关注流体的容量之前,首先必须说明它是如何产生的,因为较大容量很可能还不是较大容量的原因。我很可以**想到**那样一种流体,它的容量并不比它所从出的固体的容量多出分毫,而尽管如此,还是有大量的热在它产生的时候被吸收了。情况毋宁显得是,为了从冰中产生水,热就参与了和冰的某种化合,由此形成了一种新的物体,而且通过这种化合失去了全部发热的能力,因而不再自由流动,结果它就不能被算作能决定容量的那种热了。”①

II, 287

在我看来,对于这些反驳可做如下评论。

热素与冰发生化合,这一点不能够——即便人们认为能够——**说清楚**冰的液化,就人们不再回溯到某个特定的**化合**概念上而言;然而通过那样回溯,人们最终可以回到如下结论上来:水是热物质

① **利希滕贝格**评埃克斯莱本,第444页。——谢林原注

和冰的可膨胀性的增加和减少（为了简短起见我就一直这样表述了）的一种产物。只不过可膨胀性的那种增加（流体由此被造就）可能也只是人们用到反应过程中的那种流体的一个变种，而且人们并非**不得不**在像水这样的流体中再假定第二种流体，通过它第一种流体本身才变**热**。

但谈到容量概念，这个概念在克劳福德理论中是太过狭窄了，但它得到了拓展，那么如下异议也便作废了："在人们关注流体的容量之前，这流体的产生就必须得到说明。"原因在于，这种流体和这个特定的容量（亦即这种特定等级的可膨胀性）是一回事。仅就水是这种**特定的**流体而言，它也才具有这个**特定的**容量，反之仅就它具有这个特定的容量而言，它才是这种特定的流体。如果它的容量改变了，那么它的流动性等级也随之改变[①]，反之如果人们预设了另一种流动性，那么他们也就预设了另一个容量。 II, 288

根本没有**一般**流体实存，因而关于在一般意义上流体如何产生，以及哪些流体是**可能**的，对这些问题人们不必纠结。但这种**个别的**、特定的流体在其产生时吸收了这个特定量的热，而正因此且仅仅**就此而言**，它才是这种特定的流体和这个特定等级的容量。

人们十分正确地区分了可因寒冷而毁坏的气状流体和不可因它而毁坏的气状流体。前者在因压力或寒冷而毁坏时释放了大量的热；问题在于这个区别从何而来。我们注意到，在前一种情况下物质（即水）仅仅改变了它的外部状态，正如大气在钟形罩下被稀

① 下面这一点可以作为一般原理建立起来：容量的等级就是可被热激发的等级。——谢林原注

释(由此它并未变得可燃)时也会发生的那样;反之,在另一种情况下内部的动力学比例被改变,而只有通过分解才能毁坏的那些气状流体就不再像蒸汽那样,无论在何种状态下都还是水,而是属于与众不同的特有种类的物质。[①]

II, 289 在我看来,似乎在克劳福德的热理论(撇开旧化学掺混到这理论中却与事情本身无关的那些假设不算)和近世化学家们的理论之间根本没有人们习惯于假定的那么大的差别。最终整个差别都在语言中。化学家不无益处地利用的那套语言**更流行**,也更适合于日常观念;克劳福德的语言更具哲学气质。然而即便燃烧理论,最终也必须在这套语言中表达出来,一旦人们不愿满足于流俗化学的那些术语,即亲缘关系之类。而克劳福德那个**经过扩展的**理论——这理论在其自身和为其自身而言已经是一种真正的哲学精神的作品了——迟早会成为一切**具有哲学气质的**自然科学家的理论;原因在于,如果涉及从事实验的自然科学家,那么他们保留他们那套可以在更简洁和更一般的意义上理解的语言是更有利的。

但是,自然科学家们对于主张某种特殊热素颇有兴趣,那么这种兴趣真正的理由是什么呢?——毫无疑问,他们担忧的是,如果人们将热仅仅视为现象,视为一般物质的变种,对想象力的这样一

---

① 最后两句在第一版中为:前者在因压力或寒冷而毁坏时释放了大量的热;问题在于这种热与它是如何结合在一起的。毫无疑问,只不过是被加热的、因热而更具弹性的空气灌入水的各成分之间特定的空隙之中,因而造成了水的膨胀,这种膨胀就能使水保持蒸汽状态。反之,一些只有通过化学分解才能毁坏的气状流体乃是**稳定**而保持均衡弹性的流体;热物质和流体的基础并未分离,两者被还原到**同一**等级的弹性上之后,反而仅仅呈现出**一个**共同的质量。而这样一来,化学家们就有理由将这种情形下的热设想为**受束缚的**了。——原编者注

种预设就会容许太多的自由,这样一来自然研究的进步也就被阻挡了。这种担忧并非毫无根据。因为在我们看来,热原本仅仅通过感觉才为人所知,所以我们完全可以随心所欲地想象它不依赖于我们的感觉时是何种情形;因为某种特定的物质留给想象力的自由并不多,但我们可以设想物质有无穷多的单纯变种,然而这些变种中没有任何一种是**取决于**此的,如果它们没有在直观中被给予我们。

II, 290

只不过除此之外我们还知道一些对象,它们在其自身而言很难说是否通过下面这种做法就避免了任意虚构,即我们使它们的种种现象服从于某些特定的规律,并试图规定这些现象的**原因**;因为这样一来我们的知识就获得了整体关联和必然性,而任意的想象就被套上了缰绳。[1]

前一项任务现在由我们时代最敏锐的自然科学家们承担了。毕竟他们为了便利他们的研究,是可以预设某种特殊热素存在的。一旦热的种种现象遵循的那些规律具有的整个**普遍性**被发现,那就很容易将它们翻译成哲学语言了。

但如果热素不多不少正好表明热的**原因**,那么在有多大必要假定热素这个问题上,通常在思想上大异其趣的所有自然科学家都会达成一致——假设这个原因本身又并不是某种单纯假设性的东西。原因在于,一种哲学倘若假定物质有一些变种而又不指出造成这些变种的某个特定的**原因**,那倒是极其舒适的;而只要我们

---

① 这里说的是,这些对象“在其自身”未必能避免人们的任意想象,但人可以自我约束,通过设定规律与原因,给想象套上缰绳。——译者注

不能指明这原因,我们的整个哲学就全是白忙活。但如果人们指明了某种其本身又很成问题的原因(如热素),那便是毫无目标的虚构。

现在看来,撇开大自然用于减小物体容量的那些手段不算,**光**是属于热的主要原因的;我就是在主张这一点的前提下接受普通知性的判断以及经验的证实的。[①] 现在看来光是那样一种东西,它不仅在感觉中被给予,还在客观的意义上受一些规律规定,而它的运动以及强度也是可以被测定的。一门完备的**光科学**(我首先将光度测量纳入这门科学)也会为对于种种热现象的研究铺平道路,至少部分是如此。

II, 291 但根本没有理由将光自身当成在发热的。我在前文中毋宁证明了,光在多大程度上停止成为**光**,它便恰恰在**那个**程度上发热。如果人们就棱镜透出的不同光线对同一些物体加热的不同效果制定精确的实验,那么彼处被引为证据的经验还会得到充实的。[②]

通过研究光对不同种类的气体和一切种类的不同物质的不同作用,还能取得的成就也是极多的。物体的颜色与它们氧化的等级的整体关联必定能使人注意到这一点。

但如果把光充作热的原因,那么必须永远铭记的是,在大自然中没有任何东西是**片面的**,因而热也可以反过来被视为光的源泉:因为光固然很容易从其弹性状态过渡到热的那种弹性较小的状态,反过来热也可以从后一种状态回到前一种状态。由此就有了

① 参见第一卷第二章。——谢林原注

② **塞纳比耶**完成了此事的一部分,但他的一些顾虑太限制他的研究了。——谢林原注

更多自然科学家将光视为热的**变种**的现象,这种观点之所以看起来不正确,是因为并非**每一种**热都能成为光,正如并非**每一种**光都能成为热。

关于较精细的物质就谈这么多。我转向较粗糙的物质。

普通化学尽可能地将材料归结为元素的倾向透露出,它(至少在理念上)想到了**统一性**的某种本原,他们坚定不移且尽可能地寻求接近那本原。但如果存在着这样一个本原,那么在寻求我们认识的统一性的那种倾向下,就根本没有理由在哪里止步不前,至少我们反而得尽可能地预设一点,即进一步的研究和对大自然内部的某种更深的把握,会让我们发现那些如今还显得完全异质的材料其实是某个共同本原的变种。 II, 292

但如果人们适时追问,一切质都是其变种的那种东西到底是什么,那么留给我们的选项除了**一般物质**,就没有别的了。因而一门以科学方式进展的化学中的调节性因素将总是那样一种理念,即把**一切**质都仅仅视为基本力量的种种不同的变种和比例关系。原因在于,这些基本力量是经验性自然学说唯一可以**假设**的东西,它们是所有可能的说明可用的材料,而当自然研究给其自身设定了这个边界时,它同时也便自告奋勇要将这边界内部的一切都视为它说明的对象了。通过这样一种本原,化学所赢得的东西必定多得超乎寻常。

原因在于,**首先**,这本原至少可以充当那样一个假设,人们完全可以理直气壮地用它反击一种在哲学上半吊子气的怀疑论发出的进攻,那类进攻是单纯经验性的化学极容易遭遇的。那样的一个怀疑论者可能会说,物体的种种质可能仅仅对于你们的感觉而言才叫作质，那么你们有什么理由将仅对你们的感觉有效的某种东西转嫁到对象本身上呢？

只要人们局限在普通的、实践的化学上，他们就可以彻底忽略这样一个反驳。只不过化学新近采用的那种理论的、科学的腔调，与对最初本原的那种彻底无所谓的态度还是不协调；只要人们做实验的时间够长，也希望在知识的整体关联中规定他们的科学的位置，那么他们最终必定还是要回到那些本原上去。

一门一个接一个地假定各种元素的化学从来不知道它有什么理由这么做，以及这种假定在多大程度上是有效的，这样的化学配不上一门理论化学的大名。

II, 293 原因在于，全都通过特殊的质相互区别的一堆元素，对进一步的探究形成了同样多的限制，至少在人们还没有研究过**一切**质最终的唯一基础是什么的情况下是如此。然而一旦人们发现，一般的**质**是某种对于知性也同样可以有效地——普遍可理解地——表达出来的东西，那么就像人们为了经验性自然研究的需要而不得不做的那样，他们也可以大大方方地将物质这么多不同的质，因而也将这么多元素假定下来。

原因在于，在化学中，**元素**表示的很可能是那样一种材料，我们凭着我们的实验是跳不出它之外的。但唯一可以完全正当地避开一切经验性自然研究的，就是物质的各种基本力量之间的比例关系。原因在于，既然这比例关系本身才使得某种**特定的**物质成为**可能**（另一种物质是没有的），那么我们就不能再从某种物理的根据出发（即从**预设**了物质的某种根据出发）来说明这比例关系本身了。因而凭着这样的预设（即物质的一切质都基于它的**各种基**

本力量的比例关系)我们就有权利为经验性自然研究设立它不可跨越的某些特定的界限了。而这样一来,人们就有理由通过各种元素来表达物质的每一种特殊的**质**了,只要它仅仅是某个特定而恒久的质;人们可以将这些元素视为一些边界,这些边界将一种合乎经验又基于**事实**的自然学说的领地,与纯**哲学性**自然科学的领地或单纯想象和虚构的那个不牢靠又宽广的领域区隔开来。

因而化学中一种**元素**的概念所指如下:**物质的某种特定的质的未知原因**。因而人们不可将**元素**理解成物质本身,而只可理解成它的质的原因。此外,当这个原因被指定和被阐明之日,人们就根本没有理由到元素那里寻求庇护了。

这便需要对光和热进行一些回顾!——一种几乎难以忍受的概念混淆是,人们听到有人谈论**光素**,大部分人却不过将它理解为**光**本身而已。但人们称为光的这种物质具有这些特定的质,这一点人们毕竟可以,即同样有理由,从一种元素中推导出来,正如其他物质的那些质有理由这样推导出来一般;只不过人们在这里恰恰什么也没赢得,因为光总归处在我们所知的一切物质的边界上,甚至就此而言纯粹的质才显得存在了。[①] II, 294

但人们谈论某种**热素**的理由则远不够充足,如果人们用它指的是那样一种未知的原因,该原因可能使物质发生变化,使后者表现出热现象来。原因在于,这样一种原因根本就不是什么未知的东西;因为**光**不能叫作**热素**,既然它是其规律已为我们所知的一种

① 后一句是第二版附加的。——原编者注

物质；[①] 光也同样带着那样一些原因，通过那些原因物体的容量被减小，因而热也被产生了。

此外：元素只能叫作某种**质**的原因，但却是那样一种质的原因，那质不会纯**偶然地**为**一般**物质或某种**特定的**物质所具有。就此而言，关于元素的假定当然有着极为宽广的边界。近世的化学就是这样谈论气味素、糖素的——以致我们或许很快又会找到某种普遍味道素[②]了。这样一来，就有某种东西得到了辩护。但热素是不存在的；因为热是那样一种质，它可为**一切**物质所具有，偶然而相对地存在，仅仅与物体的状态相关，而且随着它的存在或不存在，物体也不会赢得或失去**某种**绝对的质。如果人们最终甚至听见或听过有人谈论一种**硬素**或**软素**，或者谈论**轻素**或**重素**，那么他们并不知道那人要说什么。

现在若论近世化学的那些主要的材料，它们中没有任何一种是可以自顾自地加以阐明的，而且仅仅就此而言它们也才能叫作元素。

II, 295 但如果人们想到了必定作为调节性东西而成为关于物质不同的质的所有研究之基础的那个理念，那他们就不得不预设，这些元素的全部区别都仅仅基于等级性差别之上。因而如果这些元素中没有任何一种比别的具有更多材料，但它们全部合起来才吸引了

① 谢林的意思是，"元素"以及"某某素"（如下文中列举的气味素、糖素等）的说法仅仅表示物质的某种特性的未知原因，使用这类称呼实属权宜之计，已知的东西如果再使用这类称呼，便名不副实，滑稽可笑。——译者注

② 中文中"味"有气味与味道两义，分别对应嗅觉与味觉，我们将 Riechstoff 与 Geschmackstoff 分别译成"气味素"与"味道素"，以示区别。这种比较笨拙的中译名在语气上恰巧符合谢林原文中的讽刺之意。——译者注

第三方元素[1],那么人们就可以假定,这第三方元素是其余元素的中项。但所有其他元素仅仅通过较多或较少偏离那个共同的中介才相互区别开来,据说它们就此而言全都由于与这个中介的共同关系而是**相互同质的**,但对于它们全都在吸引的那个共同元素而言,它们又是**异质的**(因为只有在异质物质之间才有质上的吸引)。

这个理念本身对于经验性探索的进步不无益处。因为它唤起了那样的盼望,即各种元素的一切差别最终是可以仅仅归结为**唯一一个原理**的。大自然由此变得更简单了。它运行于其中的那个循环更容易被我们理解。

我举几个例子。——人们称**碳**(Carbon)为植物性物体的元素;现在人们回溯到植物的生长上,那么它们饮食的唯一来源就是土壤和空气。但它们从两者那里吸收来的主要是水。水的一种成分是氧,而氧正好是那样一种元素,它与所有元素异质,正因此又被其他所有元素吸引。另一个成分是近世化学感到彻底疑惑难解的氢。问题在于,这些元素能造成哪些改变。因为所有元素的区别合而言之只是一种**等级上的**区别,所以人们可以这样回答:能造成**一切**可能的改变;因为大自然可能利用了大量根本不被我们掌控的化学手段,而一切有机产物生长的机理都毋庸置疑地表明,这些产物的器官是大自然手中的一些工具,大自然通过这些工具造就了物质的各个变种,而我们却在徒劳地寻求用我们所有的化学工艺造出这些变种。因此我们也不必假定,大自然已经充分预备了 II, 296

① 这里“第三方”是相对于前文中的两方对比(“没有任何一种比别的具有更多材料”)而言的一种方便说法,实际上前一类元素可能就远不止三种。所以“第三方”是指居于所有元素之外,处在被吸引地位的那种元素。——译者注

种种乳糜,供给各种植物(同化的机理在它们那里还不如在动物那里显眼)。植物并非通过它的成分而成其所是的(我们了解大部分植物的成分,却不能生产任何植物),它的整个存在反而取决于一个不断进展的同化反应过程。

预设了这一点之后就不难明白,植物是将水的**一种**成分作为生气呼出了。因而所有植物性物体的主要材料,即碳,仿佛不是别的,只是水中的可燃元素(近世化学所见的氢)的一个变种,而且人们仿佛由此已经在通常分离存在的两种元素之间发现了本原的某个统一体。

更重要的是下面这个问题:大自然通过何种手段才能弥补大气在纯净生气方面不断发生的损失。对于生命而言如此重要的一种要素的存在,不可仅仅取决于植物中这种气体的散发(这种散发取决于时间和环境)。现在当然还可以设想其他许多可能性,比如水可能使它的可燃元素沉淀在其他物体上,并转变为生气;通过不断恢复(脱氧化),纯净气体的那个元素会脱离地球表面上先前被燃烧过的那些物体,如此等等。只不过比起人们能忍受的程度来,所有这些可能性都太过仰赖偶然情况了。因而大自然必定有法子不断更新生气的这个元素,造就我们完全没有能力生产的那些变种。而化学家和自然科学家们如今奋力追求的伟大目标仿佛应当是**这样**,即在整体上探究大自然的作用方式(此前他们**在细部上**试图模仿这作用方式,有幸取得了极大的成果),研究大自然是通过哪些手段和依照哪些不变的规律使它(并非在局部,而是在整体上,并非在个体上,而是在系统上)不断运行于其中的那种永恒循环得以持存与延续的。

II, 297

此外在这方面还值得注意的是两种完全异质的气体在大气中的紧密混合，以及这两种气体的那种几乎总保持相同的、从不被违反的、针对动物生命和植物生命的延续精密设计好的比例关系。除此之外，这两种气体中的一种（氮气）的起源我们迄今为止还完全不知晓。——原因在于，这种气体的基础是氮元素，这一点只能作为一种指引，即指引人们预设两种气体有某种共同的产生方式。由于这方面的不确定性，我在讨论气体种类的那一章[①]中甚至认为一种迄今为止还完全成问题的实验（涉及这两种气体的产生）可以作为某种手段，帮助我们更接近事情，也有利于将问题交付给化学家们更精确的研究。

因为两种气体在大气中的结合必定是一种化合，所以非常容易引起那样的猜想，即两种气体很可能在它们当初散发出来时就已经结合在一起了。因而它们的源泉似乎也是共同的，并且具有那样的特质，即只有通过大自然用来使它们散发的那个手段，两种气体才能同时从它那里散发出来。然而人们越来越少被推向这样一种预设了，因为就我们目前所见的而言，而且在并无另一种手段的新发现教导我们什么的情况下，在大自然中氮气的消耗远远小于生气的消耗。

但在这个问题上，自然科学家们必须想一想，大自然在它那些大规模的化学反应过程中可能使用了一些我们必定才刚刚发现的手段，因而我们陷入其中的那种不可能性，即不可能以特定的方式修改某种被给定的物体或元素，根本不能证明，大自然也陷入这种

① 见本书前文第116页。——谢林原注

不可能性之中了。因此，比如说，水就是那样一种物体，它的各种成分，正如事情显现的那样（也正如各种实验甚至也表明的那样），能具备量上各个不同的比例，而且被称为氧和氢的那两种东西本身也只是那些成分中的两种而已。[①] 由于这种流体是弹性流体与固体之间的中项，所以人们预先就可以猜测，它在大自然那些主要的反应过程发生时，在各种元素和固体形成时，或许在各种气体形成时，大概并非完全多余的。

II, 298

正如我认为的那样，这些例子足以表明，那个理念，即物体的各种元素最终仅仅通过等级性比例才相互区别开来，一旦人们将它作为调节性东西，当成经验性探究的基础，对于扩展我们的知识可能有多大的益处。

这整个研究的目的曾是，用一种普遍可理解的、客观上可运用的概念代替单纯主观性的质概念（这概念如果被用在客观方面，就会失去意义）。

目的似乎不可能是说明我们的**感觉**的特性。如果人们，比如说，这样讲："光是最高等级的弹性，热是一种已被降级的弹性"，那么人们由此并没有讲清楚对光与热的感觉，但（如果他们知道他们在做什么的话）也不**希望**讲清楚。或许对某些读者而言，这个评论并不完全多余。

化学本身是那样一门科学，它在已开辟好的经验之路上稳妥地前行，即便当它并未回溯到最初那些本原上，也是如此。但一门在其自身如此丰富，又在短时间内向着**体系**如此大步迈进的科学，

---

① 这几句是第二版附加的。——原编者注

是很值得被还原到这样一些本原上的。

但只要化学(如其从今往后一直会做的那样)仅仅坚守经验,甚至(为了驳回种种空虚的假设)向着那些本原的这样一种回溯所具备的否定性优势,也不像它在相反的情形下必定成为的那般有说服力。倘若化学(一切经验性科学中唯一一门在实验基础上构筑**一切**的科学)根本不需要哲学学科,那倒是很幸运的。 II, 299

化学本身在其经验性边界内一直保留它此前说过的语言。原因在于,一种更富哲学内涵的语言虽然更合乎知性,但是一门经验性科学要求的是,它所基于的那些概念和规律是**可直观的**。至于化学的那些已阐明的本原是否以及能否如此,这个问题我会在接下来的一章中予以回答。倘若答案,比如说,是否定的,那么人们预先就能看出,对于普通化学,不是将一些无法被构造的哲学概念以及一套抽象的语言强加给它,反而留下它的那些形象化概念和感性化语言,这种做法倒是很有益的;虽然这套语言没有满足知性,至少远远更多地满足了想象力(想象力在各门经验性科学中从未放弃它的权利)。

附　录

对于实验性科学而言极为有利的做法是准确地认出它的**边界**,这样它就不会,比如说,与那些研究搅和在一起,那些研究属于另一个法庭管辖,且本身与种种矛盾和争议纠缠在一起,那些矛盾和争议无休无止,因为单纯的经验根本没有能力对它们做出决断。但如果人们反过来为了通过限制实验性学说的非分要求而将它从它不必要地加于自己身上的那些困难和怀疑中解脱出来,便设立一些本原,那时极易发生的事情是,经验论者们事后甚至会否认那类困难,并很可能假装那些本原是为了便利新理论而被虚构出来的。

II, 300 由于有关化学的**各种本原**的那些问题照我看来并不属于纯**实验性**化学的法庭管辖,那么我很高兴在这一部分收尾之前还遇见一位学识渊博且在经验化学本身方面名副其实的作者,他在忙于研究工作时同样怀着那样的意图,即禁绝他的科学所不需要的、处在那门科学的边界之外的那些研究。①

这位作者的下面两篇论文尤其吸引了我的注意力:(1)《论光与热的同一性》②,(2)《论二者的化学比例》③,以及(3)《论热素与光素的非物质性》④。

如果作者谈论的是光物质与热物质的同一性,那么他指的不可能是两者的**绝对**同一性。因而看起来曾经很有利的做法是,为了将两种物质视为同一种,预先就规定好所需要的东西。如果物质的一切差别仅仅基于它的各种基本力量的不同比例关系,那么我们了解多少质,我们就会有多少种不同的物质。但**质**在一般意义上仅仅是相对于感觉而言的。既然有各种不同的感觉,那么假定各种不同的质,并因此假定各种不同的物质,也就顺理成章了。

① 我说的是**舍雷尔**博士先生为他的《近世化学理论的基本特征》(*Grundzüge der neueren chemischen Theorie*)所加的"补遗",耶拿,1796年。——谢林原注

舍雷尔(Alexander Nicolaus Scherer,1771—1824),德国—俄国化学家。——译者注

② 舍雷尔:《近世化学理论的基本特征》,第18—120页。——谢林原注

③ 同上书,第121—156页。——谢林原注

④ 同上书,第157—185页。——谢林原注

只不过要是将物质的这种普遍同一性撇开不论(因为一切物质与其他物质都仅仅通过等级性比例关系才区别开来),还是有一些理由在不同的物质A和B之间假定某种直接同一性的,即在如下情况下:一种物质B只能被视为另一种物质的某种**特殊状态**。现在看来这就是具有热和光的情形。热是物体的某种可由光造成的变种,或者说热是光一旦停止成为光(或者换言之——因为我们除了通过我们的感觉之外还能通过别的什么方式了解光呢?——一旦光停止对眼睛起作用)便会进入的下一种状态。

II, 301

只不过这里还出现了一种困难,阻止我们立即宣称光物质与热物质有某种**同一性**。原因在于,倘若它们是同一的,那么反过来说,光也必定可以仅仅被视为热的变种;但正如我们以为的,这完全不可能。

原因在于,首先我们由此便将某种绝对的实存赋予热了,而热根本不(比如像光那样)具备这种实存。因为依据**克劳福德**的发现,根本就不存在绝对的热,热反而只是某种相对的东西;热不仅在一般意义上是另一种物质的**单纯**变种,也是那样一个变种,对于它而言根本不存在绝对的尺度(由此便有了物体容量的概念)。我清楚地看到了,倘若没有这种热概念,那么将光与热看成互为变种的思想就非常自然了,我本人也在上文中(第89页,那里我还没有预设那种概念)说明了,人们是将光视为自由的热,还是将热视为受缚的光,那是无所谓的。

只不过人们也没有**一个**明确的证据表明,热——我不想说在一般意义上且依照某种规则——也仅仅在个别情况下变成**光**,正如光**总是**且合乎规则地每次在作用于物体时就变成**热**。

这个主张的唯一可能的证据是从生气中散发出来的光。原因在于,人们可以说,一切种类的气体普遍具有的成分就是热素,因而在**这种**情形下至少生气的热素通过分解具备了光的种种特性。只不过在这里人们忽略了下面这一点,即依据我们时代最卓越的化学家们的陈述,**光**对于形成生气绝对是必不可少的。现在我非常乐意承认,光一旦开始与其他材料化合,就变成了**热**或**热素**,因而形成生气的光也就具备了热素的那些特性和作用方式:由此也就可以理解,为什么恰恰是生气又**反过来**显示出光的种种现象。[①] 只不过前述情形是一种**特殊的**情形,从这种情形中无法立即得出以下普遍结论:那么热**在一般意义上**具有光的种种特性。

II, 302

因而当舍雷尔先生否认**唯有**生气是光的源泉时,这种做法至少是前后一贯的。但据我所见,人们凭着这个命题只不过宣示出:我们**迄今为止**都将生气认作唯一产生发亮现象的物质了。因而直到我们发现这个种类的另一个物质为止,比如那样一种气体,光的散发与它的分解结合在一起,人们都根本没有理由宣称**一般**热素(而这样的热素乃是**一切**弹性流体的共同成分)与气体物质是同一的。

现在看来,人们除此之外还不得不追问,那么光与热作为一种共同物质的变种是通过什么区别开来的?是什么原因导致这同一种物质此时作为光,彼时又作为热,时而对眼睛起作用,时而又对感觉起作用?

现在看来,**光**在它与物体发生的种种化合中变成或造成**热**,有

---

① 一旦人们将光视为某种**材料**,而不是像我们一样视为那样一种**物质**,该物质能产生最为不同的各个变种,它的种种特性也仅仅取决于这些变种,那么"为什么,比如说,生气被氮气分解时根本见不到光?"这个问题就无解了。——谢林原注

一些经验支持这一点[①]，而当经验把问题确定下来时，人们就再也不需要在种种可能性中盲目摸索了。

但反过来看，热是如何被根本改变，以致表现出光的现象来，这一点还没有得到任何经验的支持，而且真正说来**由此**才有了人们甚至在敏锐的自然科学家们那里也发现了的那些含糊说明，比如**林克**[②]教授的一部著作的第106页就是这么说的："一个物体是否发亮或发热，抑或同时兼具两者（不管是否在某种正比例关系下），这仅仅取决于热素的各部分被散发出来的不同速度。如果所有部分都处于某种**较慢的**运动中，物体就只会**发热**，如果所有部分都处于**最快的**运动中，物体就只会发亮，而且正如很容易由此得出的那样，各部分运动得越快，物体就越发亮，反之则越发热。此外，是这一种还是那一种情形发生，这仅仅取决于热素被分离出来的方式。"（舍雷尔先生以这一说明**轻而易举**而自傲。但恰恰是这种轻而易举使得它可疑；因为人们可能忍不住要问：那么热素的运动必须有**多**快才能发亮？物理学**多多少少**是害怕所有毫无尺度感与分量感的人的）或者第114页："可以假定，依照热素**运动**的不同方式来看，我们的感官也可能受到极为不同的刺激，而这样一来**光**就 II, 303

① 见前文第86—88页。舍雷尔先生认为，大气在较高区域较冷的现象可以视为空气发生**机械膨胀**的一个后果，"这种膨胀出现在持久的运动中，"——（但在上层区域大气总是静止的）——"在这般运动时弹性流体吸引或吸收了热，而在这些流体出现机械压缩时热素又从它们内部被挤压出来了；后面这种情形当空气在下层区域与该区域的气柱被挤压到一起时，就出现了。"——我认为另一种说明是可能的，参见前文第87、89页。——作者在第110页也将前文第87页中引证过的**皮克泰**实验作为极为**重要的**一种经验加以引证了。因而我在我由此进行推理时毋宁更相信，他的规定是可以信赖的。——谢林原注

② 林克（Heinrich Friedrich Link，1767—1851），德国自然科学家，其自然知识极为广博，尤以植物解剖学知识见长。——译者注

被看到了，如果热素**以最快速度**沿着直线——（这与事情根本无关）[①]——往前运动，反之热则仅当热素在物体内部运动**较慢**且沿着所有方向——（难道光做的不就是这件事吗？）[②]——运动时，才被感觉到。”[③]

II, 304 关于光与热的**内部**格局，就说这么多。现在讨论它们与其他物质的关系。

作者直接否认热素与任何一个物体进行**化**合。在前文中我基于根本没有特殊的热素实存这一预设，驳斥了这个假定。舍雷尔先生的那些理由反证了热素的化合，即便在预设了这种虚构的东西时也是如此。他说：“热素还不仅仅是加热了它与其有**亲和力**的一些物体，而且在所有物体中产生了变种，这个变种在我们内部激发了热的感觉。热素不仅使**一些**实体膨胀，也在**所有**物体上表现出这种作用。——但这难道不是完全与**化学**作用矛盾的吗？那么氧在所有场合下发生的化合作用的结果难道不是某种酸吗，而且是**同一种**酸？它与氢[④]一道产生的难道不仅仅是水，与金属一道

---

① 谢林所加评语。——译者注

② 谢林所加评语。——译者注

③ 同一位作者的另一处表述远远更为确定，且基于经验之上，引自第116页：“光只在那样一些物体中才产生热，它们在光穿行时不发生任何阻抗；光加热最多的是不透明的、暗色的物体，加热较少的是透明物体，要是碰上完全透明的物体，或许就完全不加热了。对这个现象的说明是最容易也最简单的，如果人们在最初留意到这类现象的物理学家们立马想到的结论那里止步不前。这就是说，光失去了它的快速运动，采取了某种较慢的运动，并表现为可感的热，也有可能完全失去了它的运动，并变成隐蔽的热。我想说的是，**这些现象更适于充当光与热的一致性的证据，而不是充当反对这种一致性的证据**，不管这些现象是在有关光素成分还是在有关热素成分的大部分假设的基础上被实施的。”——谢林原注

④ 读者可留意氧（Sauerstoff）、氢（Wasserstoff）与酸（Säure）、水（Wasser）的词源关联。——译者注

产生的难道不仅仅是金属石灰，与各种不同的酸基产生的难道不也是**各种不同的**酸吗？有哪些在多方面相互偏离的产物不是通过各种不同的酸与同样不同的各种能含盐的实体（碱、土壤和金属）化合而产生的？而热素与**所有**物体一道难道就只会产生加热和膨胀的现象吗？——的确，如果除此之外甚至还假定特殊、受缚、潜在的热素，那么由此产生的是什么？什么都没有！但热素作为在化学意义上起作用的一个物体，如何能与另一个物体进行某种化合，倘若后者的本性没有被改变或根本没有产生某种新产物的话？——那产物是与其他所有材料都完全不同的某种东西吗？难道金属在与热素结合时不是发生了极其显著的改变吗？但当金属吸收热素时发生了什么，当金属立即变为流体时，难道它不还是金属吗？那么当人们并未感受到任何热时，他们怎么能如此草率地假定某种潜在的热素呢？”[①] II, 305

我忍不住要用另一位具有哲学气质的自然科学家的表述来补充这些评论。事情已经发展到这样的程度，以致对于从这些事物中得出的那些哲学上的根据，人们借口说它们**不过**如此**而已**，便将其当作谬见驳回了。但哲学适合于决定我们的认识中什么是**客观的**，什么又是单纯的感觉。因而证明下面这一点是很有益的：即便经验性的自然科学家（因为人们如今认为，研究经验的哲学可能毫无用途）也必须回溯到哲学的种种本原上去，如果他不愿意盲目追随单纯经验性自然学说的种种虚构的话。

① 舍雷尔：《近世化学理论的基本特征》，第127—128页。——谢林原注

林克先生说过[1]："物体对热素表现出的吸引力根本与化学上的亲缘关系毫不相似。在后者这里一个物体完全夺走了另一个物体的成分，或夺走了它的大部分；而在前者那里一个物体一直抽走另一个物体的热素，直到热素的绝对弹性在两个物体中相互均等为止。也不能宣称这种引力与万有引力是一回事。后者远程起作用，而且与距离的平方成反比，并对在两方面表现出引力的那一堆物质起作用。这里我们没有发现上述现象的任何蛛丝马迹；我们并未看到，较密实的物体比不太密实的物体更强地吸引热素，也没有看到，热素的分配依照物体的密度进行，正如人们必然还在期待的那样，如果这里只有万有引力起作用的话。"

II, 306

"如果人们想宣称，在任何一个物体中造就了更多特殊的热的热素，在那里是被化合起来了，那将是对精确规定了的术语的一种误用。这热素从较热物体进入较冷物体中，一旦较热物体又变得较冷，热素还会回到它那里。在化合现象那里我们根本没有看到任何这类迹象。因此还没有任何成分与其他成分分离开，因为这成分这里处在较大的集合中，而且当先前的物体遭受损失时，它从不返回那物体中。化学上的种种分离和结合表现得更确定；它们都是某种亲和力的后果，而且依照亲缘关系表(Verwandtschaftstafeln)排列，但热素并不服从所有这些规则，至少在目前情形下并不服从。但如果假定存在着那样的热素，它与物体极为牢固地结合在一起，以致它并不由于某个较冷的物体而分离或减少，那么'化合'这个术语可能还是有缺陷的，因为在物体的

① 我是从前引舍雷尔先生著作第138—140页上转引来这些文句的。——谢林原注

结合中可能有更多的层级序列，这些层级序列在其内部区别极大，但与化学上的亲缘关系可能又没有太大区别。”

我在前文中已经充分澄清了“光真是一种物质吗？”这个新近已多次被提出的问题。因为现在我对舍雷尔先生的研究《论热素与光素的非物质性》[①]已了然于胸，所以我在此补充一些根据，这些根据在我看来总还是能被提出来支持光的非物质性的。[②]

II, 307

作者为支持他的看法所提出的那些根据，真正说来只适合于反对某种**光素**的主张，而不适合于反对某种**光物质**的主张。正如我相信的，我在前文中已经清晰地做出了这一区分（这一区分在当前的研究中并非没有意义）。我已指出，**一般元素**，而非这种或那种特定的材料，完全是某种**想象的东西**。一旦人们稍稍了解各种化学元素，这个主张便不言自明；因为迄今为止没有任何一般元素在直观中被呈现过。人们也不必盼着呈现它们了。而被直观到的东西也不再叫作**元素**，而叫作物质。因而事先就不言而喻的是，即便光素（不是**光物质**，而是这物质的**种种特性**的虚构**原因**），也像化学上的所有其他元素一样（但也并不更多些）属于化学上的虚构（在特定范围内我甚至认为这些虚构是不可避免的）。

此外我还希望，如果说哲学上的种种本原将来比过去更适用于经验科学，那么对那些应当通过内在的（就此而言隐藏着的）质相互区别的物质的预设，最好从我们的理论中彻底消失。依据这些本原，现在看来**每一种**物质当然都只是一般物质的变种，而物质

---

① 原文中“非物质性”加了重点号，译文为保持体例的统一，在书名中未加重点号，因而体现不出来了。——译者注

② 第一版中为：这些根据总还是迫使我坚持光的**非物质性**。——原编者注

的一切质虽然也可能极为不同，却不是别的，只不过是物质的各种基本力量的不同比例关系。因而这一点又对**所有**物质，而不仅仅对光有效；而如果人们，比如说，希望从“光只是物质的一个**变种**”这个命题出发证明光的非物质性，那他们就有同样的理由证明一切物质的非物质性了——原因在于，我们何曾见过一般物质，而不仅仅是物质的变种呢？

因而，前文引用过的讨论光是否具有物质性的那部著作所进行的那些研究，要与哲学上的种种结论彻底达成一致，或许只需在哲学上做一拓展即可。这一点我是从下面的现象推论出来的，即作者自己为了证明他的热理论，诉诸哲学动力学的那些原理了。他说：“倘若证明了，物质作为空间中运动的东西，其可能性基于吸引力和排斥力这两种基本力量，倘若最终通过这些原初力量在化合方面的单纯差别，物质无穷多的各种可能的特殊差别就可以讲清了，那又是什么还进一步迫使我们从热素与实体在形体上的某种比例关系出发，推导出物体的各种不同形式呢？——那么聚集物的形式难道可能不仅仅取决于基本力量的交互作用以及它们各自的强度吗？”[①]

II, 308

“无可否认，针对这个命题能提出的最重要的反驳是，我们通过加热固体产生的不同形式看起来仿佛是在形式上已被改变的物体与热的原因发生某种结合的后果。我承认，当这里最大的证据无可否认时，初看之下上述状况固然像是使得一切进一步的推理都成为多余了。然而我还是斗胆主张，这个证据是刚放进去的；它

① 舍雷尔：《近世化学理论的基本特征》，第164—166页。——谢林原注

仅仅基于原子论哲学的片面推理，依据那种推理，每一种现象的根据应当仅仅在于具有不同形态的基本成分(原子)的聚合或结合，仿佛没有了这个预设，任何较简单的、适合于大自然的说明就都不可设想了。”

“在我看来极有可能的是，通过一个物体的加热，在它那里并没有任何东西产生，被改变的只有各种基本力量的相互比例，以致排斥力对吸引力取得了某种优势。这一点是何以产生的呢？我认为是**通过气体的可称量部分的撞击**产生的，这些部分通过加热(即通过能发挥效用的那些**基本力量**)就能实施撞击了。在对空气中的物体加热时，我仅仅在空气的那些可称量的部分中设定了这种能力，因为这种作用只可能对物质——因而对某种可称量的东西、在空间中运动的东西——有效。因此热只不过是总与力量的这种表现相伴相生的现象而已。依照我的看法，撞击在如下意义上起作用，即由此引起了**各种力量之间的平衡的消除**，这正如我们发现自己不得不将必定与运动等同样普遍的一些现象也归结于撞击。正如人们很容易发现的，我在这里接近于**雷萨吉**(？)[①]的那些观念，这是我很乐于承认的，只不过我认为，在这里机械事物的王国要与化学事物的领地准确地分离开，而且人们必定不可彻底遗忘动力学的那些规律。原因在于，我们目前还不可消除化学力量与机械力量之间的区别，正如人们已经反复尝试要做的那样。”

II, 309

我引用这些文句是为了证明，如今在化学中争论如此激烈的那些研究，最终还是**不得不**归结到有关物质的本质及物质的各种

① 原文所有。——译者注

质的根据本身的那些哲学本原上，而不意味着我仿佛完全赞同作者的那些意见（作者似乎想以极为特殊的方式将动力学物理学与机械物理学结合起来）。因为如果他，比如说，从空气的可称量部分的某种撞击中推导出固体的加热，那么问题就在于：那么这种撞击本身又是什么造成的？（毫无疑问，又是加热；只不过这种加热恰恰是应该得到说明的）此外，通过（**机械的**）撞击，如何导致“**各种基本力量的比例关系**（这比例关系是单纯**动力学上的**）可能被改变，以致排斥力对吸引力取得了优势”？原因在于，一次**撞击**本身可能还是仅仅**在机械的意义上**起作用，如此等等。

阻碍了迄今为止就这些对象开展的种种研究的东西，就是对于光和热完全相同的处理方式，尽管后者久已得到透彻证明的一点是，它在其自身而言根本什么都不是（没有绝对者的任何痕迹），而只是物体的某个变种，此外它还是某种完全相对的东西。现在看来，光当然也是单纯的变种，但那并不是**任何**物质都能具备的一个变种，而是一个**特有的**变种，是那样一种东西，它本身就**具有**种种质，而不像热那样本身只**是**个质。

II, 310

但正因此，在应当说明光的起源时，人们也无法对下面这种一般性的哲学说明感到满意：“那是具有被发动起来的种种基本力量的物质的某个变种”，如此等等。有幸的是，在这里经验本身迁就了我们，经验使得我们对于光的真正源泉不再一无所知。

更多著名的自然科学家（**培根**的名字在此尤其值得一提）否认了火的实体性，并将整个火现象仅仅看成物体置身其中的一种特有的运动。但很明显，这种运动不能被设想为仅仅**在机械的意义上**被引起的。它似乎必须**在化学的意义上**，即通过对物体中**各种**

基本力量的比例关系的某种作用来说明。只不过经验似乎还没有提供足够多的资料，以使人们理解这样一种化学上的运动。如今经验性化学突飞猛进，这样一项计划就不必被视为畏途，被当作不可实现的了。

舍雷尔先生在此尝试过的东西，我是从前面引述的著作出发分享给读者的，我也克制自己就此再做任何进一步的评论，因为作者本人乐见的是，人们将他的说明仅仅看成最初的和就此而言也最不完善的尝试。

第286页说道："物体的特性要被视为物体被发动起来的那些基本力量造成的后果。"

"通过被发动起来的那些基本力量，就产生了物体的某种运动，通过这种运动，这些物体就有了相互作用的机会。"

"每一次化学上的渗透都以单纯的机械接触为先导；由此就明白了，形式的改变对于产生亲和性表现是必要的。" II, 311

"物体聚集的各种不同形式都取决于各种基本力量相互之间的比例关系。依照**排斥**力抑或**吸引**力在扰乱它们相互之间的平衡状态时取得的优势地位，也就有了一种**偏流体的**抑或**偏固体的**形式的产生。"

"通过亲和性表现，各种形式被彻底改变了，而且大部分是偏流体的形式变为某种偏固体的形式，在这种情况下人们通常留意到有热、光或火。——单纯的分解或机械的结合（掺混）通常伴随以偏流体形式与偏固体形式混同的现象；由此这里就产生了冷。"

"当火产生时，这里氧与可氧化材料就都活跃起来了——因而火的根据就显得只在**运动**之中了，而发生结合的各种实体是通过消除**它们基本力量的平衡**陷入这种运动之中的。在这里**吸引**力就取得了优势，于是产生了热一类的东西；反之如果排斥力预先取得了优势，那么这些现象或者根本不被留意，或者只在极小的程度上被留意。”

我还注意到，舍雷尔先生就热和光（就这两者通过**摩擦**产生而言）做了一些极有趣味的评论。读过第274页就此所说的话之后，就很难相信它们的源泉应该到物体本身中去寻找了。我之所以注意到这一点，是因为在我看来它对于前文中阐述的电理论似乎很重要。

在这方面更重要的是**拉瓦锡**的一个观点，见第492页转引的他的物理—化学著作第3部分第270页说过的话：拉瓦锡说，“我一度想说明促使我相信下面这一点的那些根据，即我们知觉到的种种电现象只不过是空气发生某种分解的后果”。——（在我看来，主要的原因很可能是**两种电物质**在被摩擦物体上的**分布**；因为它是依照与氧或近或远的亲缘关系发生的）[①]——“**电只不过是某种燃烧，空气在发生这种燃烧时同样释放电材料，正如在我看来空气在发生寻常的燃烧时释放火和光的材料一样**。人们看到这个新学说多么适于说明最多的现象时，会惊讶莫名。”

II, 312

舍雷尔先生赞同这种猜想。他说：“那猜想早已吸引了我，即火现象与电现象是极为类同的。电机上的玻璃摩擦汞使后者钙化的现象，曾使我更加留意这种一致现象。最后我发现最有可能的情形是，电是某种火，这种火的产生可能正是基于寻常火的产生的

---

① 谢林插语。——译者注

那些根据。这种猜想在我看来获得了最高等级的似真性，这部分是基于**拉瓦锡**在前文引自他著作的那些文句中就此规定的那个观点，部分是由于**马伦**的经验，这种经验还在某种较明亮的光中设定了电现象与热现象的协调一致。”[①]

“通过我们用来唤醒所谓电物质的所有那些操作，最有可能发生的结果是，我们正好造成了大气的某种分解。当然这种分解明显不同于通过燃烧与钙化造成的那种分解，它极有可能发生得慢许多，但它对此造成的后果却显著得多。”[②]——我认为已经阐明了，**空气**的这种分解是**在机械的意义上**发生的，但（摩擦的）这种机理很可能造成热现象或火现象，但不可能造成电现象，如果被用来摩擦的物体的**异质性**没有协同起作用的话。 II, 313

最后**舍雷尔**先生在第199页提及出自化学家**蒙斯**[③]的一封信的猜想：电流可能来自**空气**的某种**压缩**。他说，毫无疑问，构成大气的**两种气体**[④]在此被分离后又被结合了。但他同样以氧的出现来说明金属被电钙化的现象。

我曾有意将迄今为止众所周知有利于前文所阐明的假设的所有东西加以组织编排，因为我希望——据说通过这些手段，事情也是会发生的——通过所进行的种种实验，能促进对该假设的某种检验。

---

① 舍雷尔：《近世化学理论的基本特征》，第493—494页。——谢林原注

② 同上书，第496页。——谢林原注

③ 蒙斯（Jean-Baptiste van Mons，1765—1842），比利时物理学家、化学家、植物学家。——译者注

④ 指氧气和氮气。——译者注

*　*　*

我兴味正浓，这里还要再提一部卓越的学院派著作，它配得上比这类著作通常具有的更大的名声；在这部著作中，作者（据我所知他是首开先河者）以真正哲学的精神，打算将康德提出的动力学的各种本原运用到经验性自然学说，尤其运用到化学上去。①

II, 314

附释　论化学的材料

绝对同一的物质在何种意义上产生多种多样的形式，这一点

①《自然形而上学本原——作为特定自然学科尤其是化学的基础》(*Principia quaedam disciplinae naturali, in primis Chemiae, ex Metaphysica naturae substernenda*)，**埃申迈耶尔**著，图宾根，1796年。

这里作者的一些基本原理可以证明上述判断。

"物质的**性质**来自各种吸引力和排斥力的相互支配。在对这些力量的这种考虑中，物质的全部差异按照特定的不同比例被分解，并由此还原为某种程度的区分。由于物质不是孤立的存在，而是凭借各种力量布满空间，但这些力量间特定的差别比例仅仅带来程度上的区分，物质的全部差别最终还原为程度的差别，因此物质的性质即是程度关系。化学作用取决于物质在程度关系上的种种变化。某种吸引力或排斥力获胜，压制了化学运动，此即力量的和谐与化学的平静。极大和极小应该在程度关系上被看待，以便在它们之间插入其余的中间程度。自然形而上学将无穷小概念应用于吸引力，将无穷大概念应用于排斥力。吸引力被标记为字母A，排斥力被标记为字母B，并且$A=1/\infty$，$B=\infty$，由此$1/\infty\cdot\infty=1$，那么$A\cdot B$就产生了某种限定。我们用字母M指代物质，如果物质基于排斥力与吸引力的真正结合，那么$A\cdot B=M$。排斥力为我们的经验直观造就了一种肯定的性质，因为它布满空间，而吸引力造就一种否定的性质，它导致对于完满的某种限定。关于肯定性元素或否定性元素的优越性，其层级可以被描述为物质的两个序列，它们的中间环节，完全由任何一种元素的那种均衡化了的力量在维持着，且必须如此传达出来，直至被穷尽：力量$=0$。两种物质的化学分解，产生于这两种程度的力量分配；由此，同质性与中立性特征就必然出现了。肯定性序列的显著程度取决于燃素的本性，相反，否定性序列的清晰程度则取决于空气的支持，燃烧现象可以简单地从这些本原中得到解释，但与此同时各种燃素与对抗燃素的路径需从将要获取的理论中加以揭示。"——谢林原注

在前文中已经得到了充分的探讨。这物质在局部的意义上如何仅仅在磁的形式下将它的统一性构形到差别中去，这一点也在整体上得到了探讨。内在的和本质上的同一性并未因此而被消除，而是在它变形时接受的所有形式或潜能阶次下保持不变。物体的全部差别与它通过层级性转变从中脱胎而来的那**唯一**实体的关系，有如植物的叶片、花朵和全部器官与植物的同一性的关系。如果我们在一般的意义上将形式的种种因素称为潜能阶次，那么结果 II, 315 必然是，一个潜能阶次对于另一个潜能阶次的最大优势落入那条磁线的极点中；而由于我们（依据第六章附释）不得不假定两个无差别之点，那么物质必定也是朝着作为四个世界地带的四个方向，向**极点**中铺展开的，以致物质的同一性存在于每一个方向，但形式的无差别状态则越来越被消除了。

绝对凝聚性的极点在一个方向上是由膨胀的某个最大值呈现，在另一个方向上是由收缩的某个最大值呈现的。由于在其无差别之点中，凝聚性本身显得瓦解了，那么相对凝聚性的极点便仅仅在膨胀状态下呈现，以致在这种状态下，一极又显现为收缩极，另一极则显现为膨胀极。

现在看来，化学的经验论是从物质的这些极点（在那里各种形式规定显现出最大的分离性）中获取其材料的。当人们探究是哪个概念在这里引导它，便会发现那是一般物质的聚合状态概念以及某种特殊物质的不可呈现性概念本身。在化学的经验论看来，它自身所谓的材料全都是与别的某种材料（比如热素）聚合在一起的，而且是在如下意义上，即如果这些材料是从任何一种化合物中离析出来的，它们立即就会过渡为另一种化合物。就这些材料并未显得自顾自存在而言，它们明显是一些虚构的东西，因为经验并没有权利越出现象之外：人们驳斥说，这些材料还是可以通过重量来呈现的，而且那种不可呈现性仅仅就我们可运用的手段而言才会产生，因而更属于偶然，而非必然。但现在如果人们设定了现实中发生和成功了的那种呈现，那么先前的材料现在就会步入物质的行列，而人们在这种物质中寻求过的质的真正本原，就会进一步回撤。[①] II, 316 因而不可呈现性这一特征同时也是对于材料概念而言极为**本质的**、在个别情况下却彻底偶然的特征。说它是一个本质性特征，那是因为材料一旦在纯粹分离的状态能自顾自地呈现，就成了那样一种物质，现在人们可以设想那种物质进一步再被聚合；说它是一个偶然的特征，那是由于为了不在关于它的实存的假定中超出经验之外，人们就必须假定材料的不可呈现性是偶然的。

在这样肇始的过程中最高的权威当然是**重量**，而唯一实在的东西则是具有重量的东西；但在这个问题上，在重量概念中甚至都没有**一个**化学反应过程的本质被理解。在这里真正**起作用**的东西并没有得到考量。各个事物和一切物体都只是那真正起作用的东西的器官与肢体而已。因而虽然有那么一种化学自命为属灵的化学，它却并不因此而成为精神性的和富于教养的，而是流俗的，且对于事情的本质茫然无知。

① “回撤”指躲避人们的探求。——译者注

第九章　试论化学的最初原理

在我们使化学的最初本原服从我们的批判之后，我们还要做的研究就是探讨是否也能在科学上对这些本原进行某种**阐述**。

但这样一种阐述的严格条件，就是对这些概念进行数学构造的可能性。康德说过："只要不能为物质在化学上的相互作用找到任何可被构造的概念，那么化学就不过是一门系统的手艺或实验学说，但永远不能成为真正的科学，因为它的种种本原都不过是经验性的，而且根本不允许先天地(a priori)在直观中呈现出来，结果化学现象的那些原理的可能性就丝毫无法理解了，因为它们不能 II, 317 运用数学。"[①] 倘若，比如说，这一尝试[②] 的结果是否定性的，那么此前的种种研究至少有个**否定性的**功劳，那就是将化学驳回到它特定的边界(单纯经验)之中去。

*　　*　　*

本　原

物体的一切质都基于它的各种基本力量在量上的(等级性)

---

① 前引著作，序言，第 X 页。——谢林原注
指《自然科学的形而上学基础》一书。——译者注

② 指谢林在下文中进行阐述的尝试。——译者注

比例。

因为质仅仅相对于感觉而言才存在。但只有具备某个等级的东西才能被感觉到:现在看来,除了力量的等级之外,在物质中是不能设想任何等级的,而且即便力量的这种等级,也只有在这些力量的相互关联中才可以设想。因而就各种力量具有某个特定的量(等级)而言,一切质都基于这些力量,而由于物质将各种**对立的**力量预设为它的可能性了,一切质便都基于这些力量在其等级方面的**比例关系**。

说　明

1. **那样一些材料称为同质的,它们内部的各种基本力量在量上的比例关系相同**。

因为**同质性**指的是一些相同的质。现在看来一切质都基于各种基本力量在量上的比例关系,因而便有此说。

人们自然就看到,一种**绝对的**同质性似乎就是质的**同一性**。只不过人们还在广义上使用"**同质的**"这个术语,那样这个术语指的只不过是向着同一性的某种接近。

2. **两种材料在那时称为异质的,即其中一种内部各种基本力量在量上的比例与另一种内部各种基本力量的比例相反**。

因而,如果这两种材料的元素在量上的比例虽**有所不同**,只要不是**相反的**,它们的元素也可以称为同质的。由此自然就明白了,同质的元素必定远多于异质的元素。此外也明白了,存在着向**绝对**异质性的逐步接近,而绝对异质性在大自然中也许永远见不到。

II, 318

原 理

I. 一个化学反应过程的一般条件

1. **没有任何化学反应过程不是两个物体的基本力量的某种相互作用。**

因为如果没有发生两个物体之间质上的吸引，就根本不会产生化学反应过程。因而化学反应过程就是各种质的交互作用。现在看来，质不过如此。

2. **在同质的元素之间根本不会发生化学反应过程。**

因为各种基本力量在量上的比例关系在双方内部或多或少是同一个，因而这类比例关系根本不可能发生更替，因而在双方之间也根本不可能发生化学反应过程。

3. **在异质的元素之间只发生一种化学反应过程。**

因为只有在这样的元素之间才可能有各种基本力量的某种交互作用。但由于存在着向绝对异质性的逐步接近，所以在各种化学反应过程之间也存在着它们被产生的**难易程度**上的某种区别。

4. **只有当一个物体内部各种基本力量在量上的比例与另一个物体内部的那个比例相反，在这两个物体之间才可能有某种化学反应过程。**

（排斥力的尺度是**弹性**，吸引力的尺度是**质量**。因而这个命题也可以被表述如下：只有当一个物体内部质量和弹性的比例与另一个物体内部质量和弹性的比例相反，才发生某种化学反应过程。）

原因在于，只有在这种情况下，才可能发生各种基本力量的某种更替——各种弹性和质量的某种**平衡**。

II, 319 造就某种化学反应过程的技艺便基于这些原理。原因在于，既然大自然中根本不存在绝对的异质性，既然也存在着化学反应过程的**难易程度**方面的区别，那么化学技艺的一个对象就是**造就**在通常情况下原本不**可能**的那些反应过程，并使得通常情况下极**难**出现的另一些反应过程**容易一些**。属于此类的有，比如说，温度的提高，它的作用不是别的，只是有助于在发生反应的双方中产生为化学反应过程所必需的各种基本力量的那个比例关系。

化学上的一切运动都是在**努力追求平衡**：因而为了产生这样一种运动，两个物体内部各种力量的**平衡**必定被打破。

由此才有了化学的那个古老原则：不溶解则无化学（Chemica non agunt nisi soluta）[①]，这就是说，在两个**固**体之间根本不可能发生化合作用。即便没有发生任何狭义上的**化**合作用，同类物体相互结合之前也必须转入流动状态。——但在不同类物体之间要造成结合，其中一方必须原本就是流体，或者其中一方（如果说不是双方的话）必须通过火的作用被改造为流体状态。人们似乎也可以这样来表述那个命题：只有在两个极点之间才可能发生某种化学反应过程。至少大自然为了造就大部分化学反应过程而建立起流体和固体这些极点来了。

由于一种化学反应过程不是别的，只是各种力量被打破了的平衡的恢复，因此人们就可以提出如下一般性原理：

5. 如果在两个物体之间会产生某种化学反应过程，那么它们

① 谢林引用有误，化学界这句古谚通常写作“不溶解则物质不起作用”(Corpora non agunt nisi soluta)。——译者注

由以在内部发生整体关联的那种力量在双方内部就都小于它们本身由以追求在相互之间达成平衡的那种力量。

由此就得出一个基本原理，我们在后文中会回到这个基本原理上来。化学反应过程除了以连续性的方式发生，别无他途。在达至化学反应过程本身产生的那个点之前，各种物体还必须经过更多的层级。所以金属要在酸中溶解，就必须先被**钙化**（被氧化）。只有发生钙化之后，溶解才开始。如果人们，比如说，没有使用适当剂量的酸，那么反应过程就止步于钙化而不前进了。 II, 320

现在看来，有造成某种化学反应过程的极多不同方式，就像有改变某物体内部平衡的极多手段，或者换句话说，有减弱物体凝聚力的极多手段。但主要的手段是那样一些流体，它们依照其与固体的亲缘关系大小而与这些固体化合，并由此改变它内部各成分的整体关联。现在看来，气状流体也属于此列，这些流体一会儿作为**热**的工具，一会儿作为所有其他元素都对其表现出亲缘关系的那种元素的工具而存在。通过火，固体被转变为流体。这种转变本身通常已被视为某种化学反应过程了，就此而言也叫作**分解，而且是干燥路径上的分解**。——改变物体整体关联的另一个手段是钙化，钙化也是通过火而在干燥路径上发生的，它本身是一种化学反应过程，同时也是彻底分解的传导工具。

属于此列的还有那样一些**可滴的**流体，它们作为氧的工具，有助于将固体（如金属）先**钙化**，再**分解**。如果后一种情形发生，这种分解就叫作**湿润路径上的分解**。

6. **自身内部各种基本力量的平衡不可被消除的那些物体，根本不可进行化学操作**。

不言而喻，这样的不可能性**只不过是相对的**，亦即相对于目前的化学手段而言的。

II. 一种化学反应过程的后果

1. **化学反应过程的结果是那样一些基本力量的某种交互作用**

II, 321 **的产物，它们被人为的手段驱动，回到平衡状态。**

2. **化学产物依照其质来看，是那样一些基本力量的动力学比例中项，它们在化学反应过程中被驱动。**

原因在于，基本力量相互限制，直到出现**该等级的**某种**同一性**为止。对于从某种弹性流体和某种固体而来的产物，比如说，人们是可以通过固体质量和流体弹性之间的比例中项来表达的，反之亦可。

3. **化学产物就其质上的种种特性而言完全不同于它由以发生整体关联的那些成分。**

人们可以将这产物视为它由以产生的那两个极点之间的居中之质(die mittlere Qualität)。

4. **在化学产物内部，必定产生等级上的或质上的同一性。**

不言而喻，既然某种**彻底的**化学反应过程乃是一个**理念**，这个命题在经验中便受到种种限制。

5. **只有物体的那样一种相互作用才称为化学作用，通过那种作用，各种质产生或被消除，但一个物体仅仅改变状态，却不能称为化学作用。**

通过另一种质在化学上消除某种质，称为**化合**。这样看来，氢和氧在水中化合起来，酸和碱在中性盐中化合起来，如此等等，这便是**中和**概念。

6. **一切化学反应过程都可以回溯到化合作用上。**

原因在于，即便化学上的分离也只有借助某个第三方物体对化学产物成分的亲和力，才会发生。

7. **在固体之间根本不可能发生化合，如果它们先前被分解了。**

这一点或者是通过**液态流体**[1]（各种酸）发生的，那时就说固体被**溶解**（狭义[2]）了，或者是通过火的力量，那时就说固体**熔化**了。因而在这里，至少在第一种情况下，化学反应过程是双重的。原因在于，谈到物体的熔化，那么这只是它的各种基本力量的比例关系的某种**单方面**改变。——此外，问题还在于，两个物体共同的分解或它们的熔合是否可以称为一种**化学**反应过程。严格说来，只有那样一种反应过程可称为化学反应过程，它的产物在质的方面与它的成分是不同的。但如果完全同质的物体被化合，这就不会发生。因而属于此列的只有异质物体的熔合，这种熔合通常只有通过某个第三方的中介才是可能的。 II, 322

8. **在流体和固体之间根本不发生彻底的化学反应过程，如果双方不被引至某个共同的弹性等级上；这种做法使得固体在弹性方面有所增加，流体在这方面则有所降低。**

因而我们在此就有了狭义的分解概念。依据原子论者的那些概念，分解从来都只是**局部的**，这就是说，它只扩展到固体的最小成分上，而那些成分在溶剂中按照无穷小的相互距离分布。只不

① “液态流体”原文(tropfbare Flüssigkeiten)的字面意思为“可滴流体”，依通常名称改为今译。——译者注

② 德文中 auflösen 在狭义上指溶解，在广义上指分解。——译者注

过这个预设只有借助下面这个假设才可为人理解，即所有物体都是由一些在物理上不可能再进一步分割的小部分聚集而成的。因为否则的话，人们就看不出何以溶剂的力量（假设同一个待分解物体在量上的比例关系被洞察了）会有个边界，而且分解在某个地方就停止了。

也是由于下面这一点，那个理论已暴露出其非自然性，即它为了将分解讲清楚，就必须到种种不可理解的说辞中寻求庇护，如说什么某种溶剂即便在最密实的物体中也能渗透进最内部的微孔 II, 323 （由此从来就没有讲清楚，这种渗透何以具有扯破固体所必需的那么大的力量），甚至说什么溶剂的微小部分像劈开物体的坚固成分的一些小楔子那样在起作用，如此等等。

然而人们同样看不出，近世的一些作者如何能在不同时假定化学反应过程是**动力学意义上的种种力量本身的**某种**更替**的情况下，依照**康德的**[①]典范假定（流体对固体的）某种**渗透**。原因在于，动力学意义上的种种力量在其中达成**平衡**的一个物体，只能借助于**在动力学意义上**进行排斥的（撞击的）那些力量而大规模地起作用。因而倘若分解不是**各种力量**的某种**交互作用**，那么溶剂似乎必定要**在动力学的意义上**渗透固体，这就是说，它似乎必定使其排斥力归零，而这是荒谬的。

因而为了说明某种分解的可能性，人们就不得不假定，在化学反应过程（狭义）中，动力学意义上的种种力量本身脱离了平衡状态，因此也就不得不假定这些力量有与静止状态或平衡状态下完

① 参见前引著作（指《自然科学的形而上学基础》。——译者注）第96页。——谢林原注

全不同的另一种作用方式。[①]

而且由于我们只有通过动力学意义上的各种力量的相撞，才能设想物质本身的产生，所以我们必须将这类的每一个反应过程都设想为某种物质的**生成**，而且因此化学就成了一门**基础科学**，原因在于，通过它，在动力学中仅仅作为**知性**对象存在的东西成了**直观**对象。因为它不是别的，只是感性的（使事物可直观的）动力学，这样也就回过头来证实了它所依赖的那些原理本身。 II, 324

关于固体对流体的某种渗透的那种**错误的**表象方式，也预设了关于某种溶剂的错误概念，许多自然科学家已经有理有据地指责过这种概念；[②] 在这种概念看来，仿佛在分解的反应过程中只有溶剂是主动的，固体却完全是受动的。

此外，关于某种彻底分解的理念已经意味着，这种分解根本不能被经验证明。原因在于，在一种溶液中，假使放大到最大都不可能发现固体的任何部分，即便这一点也还远未证明溶解（在已指明的意义上）是**彻底的**；人们毋宁从溶解必须被设想为无穷的这一点出发证明，它**在一般意义上**是**可能的**，因为它在机械的意义上既然说不清，那么就要在动力学的意义上，通过动力学意义上力量的某种**运动**来说明。

---

① **康德**（在前引著作中）从未明确解释过他的化学概念；但（对于假定某种化学渗透的必要性的）这个表态明显假定了那样的概念，即各种化学操作只有通过**动力学意义上的**各种力量（**就这些力量被设想为活动的而言**）才是可能的。——原因在于，两种物质的某种相互渗透简直是不可设想的，如果通过各种基本力量的交互作用（交互限制），从这两种物质中生成**一种**物质。——谢林原注

② 比如**格伦**教授先生在他的《全部化学系统手册》（*Systematisches Handbuch der gesammten Chemie*，哈勒，1794年）第1部分中就这样做过，见第55页。——谢林原注

但这样的话，就不必再谈论物质的**各部分**了；因为这里不是物质由它的各部分产生（就像机械聚合的情形那样），而是反过来，各部分由物质产生，而且分解因此就叫作**无限的**了。因为如果我从物质的各部分走向整体，那么**综合**就是**有限的**。反之如果我从整体走向部分，那么**分析**就是**无限的**。因而我认为在每一次分解时，都只有一个化学上的**整体**存在，这个整体完全是**同质的**，正因此它就像其他的每一个整体一样可以无穷分割，从来不会使我在分割时不得不停下来，因为我进至无穷所碰到的也是同质的一些粒子，因而碰到的总是还可以同样分割的一些粒子。

因而物质的各种相互化解的基本力量如今成了一些共有的力量。因为质量和弹性是这些物质共有的，所以正如康德说过的，这些物质就填充了同一个空间，而且找不到任何部分不是由溶剂和待分解物体聚合而成的。

II, 325　正因为这样一种分解根本不能被经验直接证明，那就根本不能主张，个别的分解现象是完全符合某种彻底分解的**理念**的：但这并不涉及分解的**概念**，而涉及我们使用过的或在一般意义上能使用的手段。

如果人们考虑到，流体对金属施加了多大的力量，几滴酸液如何瞬间就将金属变为粉末或粉末状石灰，那么他们就会看到自己彻底脱离了通常的物质概念，也不得不承认，物质对于知性而言完全不同于它对于感官而言的情形。使用常见的那些物质概念时捉襟见肘的情形，在别处也表现出来。当此之时，康德提醒道，人们可以设想某些物质（比如磁物质）在这个意义上**貌似**自由地穿透另一种物质（**作为渗透**），而不必在所有物质中，甚至不必在最密实的物质中为此预备一些空着的通道和空隙。实际上，当人们思索笛卡尔、欧拉等人有关磁物质的那些假设时就会一目了然的是，使大自然中的一切都服从于机械规律的那种准则必定会引向哪些贫乏的观念。

远远更富成果，也更有助于我们的思想进行必不可少的扩展的，是大自然中的**平衡**规律；从最巨大到最微末的东西都受这规律支配，而且一般说来这规律才使得一个大自然成为可能。只有当较高的力量止息时，撞击、挤压和通常被算作机械原因的东西才起作用。当那些力量活跃起来时，物质的内部运动、更替和第一层级的构形就出现了；因为这样一来产生和更替着的不仅仅是形式（这些形式也可以从外部被压入物质中），还有质和特性，后两者根本不是单纯的外在力量所能毁坏的。——然而使我们称为磁体的那种矿石固定不变地朝向极地的东西，如果不是对平衡的追求，又是什么呢？我们的两个半球的主导性差别对如此不起眼的一种金属起作用，这一点令我们觉得不可思议，但也只有在下面这种情况下才是不可理解的，即关于大自然的种种贫乏的概念使我们遗忘了，该差别本身不是别的，只是其本身在相互争执的种种力量的更替中获得持存的这种永恒平衡。 II, 326

然而我又回到我的出发点了。——存在着各种不同的分解方式。这里已经预设了干燥路径上与湿润路径上的分解之间的区分。**机械的**（所谓非本己的）分解与**化学的**分解之间的区分更重要。不可否认，即便那些真正包含了空隙且松散地结合在一起的材料，也可能发生纯机械的分解；因此当某种流体袭入它们内部时，它们就瓦解了。这类分解可以正当地叫作**表面上的**

(*superficiales*);原因在于,它们虽然可能包含那样一种物质,该物质分为一些同类的小部分,而且在具有充实的质的某种流体中朝所有方向扩散,只不过这类分解在此施加的作用仅仅涉及物质的表面,而且极为常见的情形是,这种分离可能是由纯机械手段造成的。

只有当溶剂与待分解物体的弹性、可膨胀性、容量的**等级**发生某种改变时,才产生一种货真价实的分解,然而这就导致双方被带回到某个**共同的**等级上了。因此大部分化学分解都与**沸腾**现象,与**热**和**各种气体**的散发相伴相生。

然而在各种化学分解之间又可以做出某种区分。它们**或者**单纯就人们为此而使用的**手段**而言是化学的,在那里并未发生狭义上的**化**合或各**异质**成分的某种分离。这种化学分解的一个例子是通过火的力量(一种化学手段)熔合而成的同质金属。属于此列的还有各种盐的分解,比如水中硝石的分解,硝石在冷水中极难分解,反之在**较热的**水中则极易分解。但通过这种在化学上起作用的手段,根本没有造成水和盐的化合;盐在因热而分解后,在水中反而显得均匀分布着。由此就产生了那样的现象,即较多的盐在没有被抽走水分的情况下,仅仅通过抽走极少量的热素就结晶了。

II, 327

属于彻底的化学渗透的情形还有,发生分解的任何部分,在分解后的涵容量都达到它所能涵容的极限,这就是说,两个物体相互因对方[1]而**饱和**。只不过当人们承认某种机械分解的**可能性**时,不

① 因此在发生分解时,一旦人们不能仅仅将溶剂假定为主动的,人们就必须这样来表述。——谢林原注

言自明的便是，即便这种分解也有它的边界，这样的话那个标志就绝不是化学分解所**特有的**了。

现在看来，一切分解（在本己意义上）的主要原理如下：

9. **固体与流体相互之间的每一种分解都在一方的弹性与另一方的质量之间产生等级上的比例中项。**

10. **同类流体之间的结合称为混合。**[①]

11. **混合起来的各种流体的密度等于双方在混合之前的密度的比例中项。** II, 328

12. **某种化学混合体占据的空间通常等于两种流体在分解之前占据的空间的比例中项。**

并非每一种混合（包括异质流体的每一种混合）都是**化学的**。只有那样的混合才能叫作化学的，在那里混合的两种成分失去了原先的特性，或者具有了新的特性。

那种混合的最可靠标志是容量的某种减少或增加，这样一来那里的热就被吸收或释放了。这样看来，酒精和水的混合就是化学的，而可燃流体与酸的混合，比如油与硝酸的混合等，就更加是化学的了。

---

① 在第一版中这个原理排序第 11，它之前的原理如下：

10. **物体在分解时占据的空间，通常成为它们在分解之前占据的两个空间之间的中项。**

一旦分解是**彻底的**，这一点就成为必然。倘若该规律不适用，分解就不是彻底的。但下面这种情形属于彻底的化学分解，即两个物体相互之间发生了某种彻底的渗透（在前文规定的意义上），以致发生分解的任何部分，在分解后的涵容量都不可能大于它实际的涵容量（这就是说，两个物体相互因对方而饱和）。

因而分解占据的空间**通常大**于每一方**单独**占据的**空间**，但**小**于**双方**在分解之前占据的空间**总和**。——原编者注反之，那些在其自身完全异质的气体，比如生气与氮气[①]，是可以相互混合的，同时它们中的一方或另一方不必改变其特性。只不过混合体的特殊重量等于双方在混合前的特殊重量之和。

更多流体完全不能在未经某个第三方的中介的情况下相互混合；因此水和油通过盐或肥皂的中介才混合（肥皂起作用是由于它本就源于油与钾碱）。中介性物体叫作**吸收剂**（正如在两个固体之间也发生的那样）。

各种流体仅仅通过它们流动性的等级而相互区别，而不是也通过它们各部分的结构，通过表面上的以及它们所包含空隙等方面的差别而相互区别的；因此它们对于**热**的传播方面的实验是最有用的。

一种流体在不改变其状态（狭义）的情况下能吸收的热的等级，规定了它的**储热能力**、容量。具有相同质量的不同物体能吸收的热在等级上的差别，等于它们的特殊容量的差别。

II, 329 本属同类但被加热程度不同的各种流体混合的规则就是著名的里奇曼[②]规则，即混合体的热是两种流体的热的算术均值。

但不同类流体混合的一般规律是：要使两种不同类的流体具有相同等级的热，就必须**或者是各种流体在量上的比例**，或者是被带给它们的**热量**的比例等于这些流体在容量上的差别。——但后面这种差别必须通过实验被发现。——此外该规律在这里也找到了用武之地，这是前文注意到了的：即任何混合体那里如果既没有

① Stickstoff（氮气）字面意思为“浊气”。——译者注

② 里奇曼（Georg Wilhelm Richmann，1711—1753），德国物理学家，后移居俄国。——译者注

质丢失,也没有质被产生,就不能叫作**化学的**。但**热**绝非持久的质,而只是物体的某种偶然特性。

13. **液态流体与气状流体之间的结合通常称为分解**。

众所周知,这个命题新近常常遭到极为尖锐的驳斥。如果说即便气象学对这个命题也毫无指望(这一点迄今为止还没有得到证明),那么下面这一事实却是不可否认的,即至少空气对液态流体的那种**表面上的**分解是发生了。

但我承认,撇开关于这个课题的许多讨论不看,我迄今为止在任何地方都没能为这种分解找到一个确定的概念。

在通常的词义上来看,气体是不能分解水的,如果后者本身没有获得一种成比例地更高等级的弹性。但水由何处得来这种等级的弹性?水是不会像那些散发强烈气味的材料,也不会在一般意义上像一切精神性材料[①]一样,凭着它的各部分原初便具有的逃逸力**自动**散发开的。——大概是通过热吧?——因此将水分解的不再是气体,而是热。只不过那样的话问题就在于,水变成了什么呢,水汽还是气体?我认为,主张前者并没有任何荒谬之处。因为至少有更多的经验支持这一点。这样看来,碳酸气(它的散发无疑总是也与水分的散发相伴生)就包含分解了的水(荷兰自然科学家们就借电火花分解过水)。水在气态或雾态下膨胀而成的巨大体积就表明,它自由散发开了,也渗透了密度较大的空气。现在人们还可以进一步假定,水汽较大的弹性(如果这水汽要升腾到空气中,人们就必须预设它有这么大的弹性)是逐渐被空气较小的弹性

II, 330

① 指具有极强主动性,看似有精神在其中的材料,如"酒精"(Weingeist)。——译者注

消除了，而如果空气和水在量上成比例地填充了大气的空间，两者就能逐渐回落到同一个弹性等级上。那么空气弹性不成比例的提高就能导致相反的反应过程，而水又沉淀为滴状了。原因在于，依照最普通的经验来看，有一种情形是不太可能的，即水通过空气的快速冷却而从空气中沉淀出来；原因在于，尽管人们能从空气中热的释放出发来解释降雨前天很热的现象，然而由此根本就没能说清热的这种释放本身。最自然的做法总不过是假定**空气**弹性的某种快速提高，这种现象就像这一类的许多反应过程一样，可能早就流行开来了，但现在却一下子突然发生了，那么这样一来，水汽不再与空气具有同等的弹性，因而也不再被空气承载，而是沉淀为云的形态，最终以滴状降下来。

14. **由于气状流体与液态流体相结合，那么与前一个反应过程相反的反应过程就称为吸收**（**吸附**）。

这里是否发生了**化**合，这是极为可疑的。——大气是不能像通常那样直接被引为这个命题的例证的。原因在于，只有大气和水先发生某种剧烈的运动，大气才会被水吸收（普里斯特利很早就留意到，空气和水被放到一个封闭容器内一同摇动后，前者就被损坏了。由此他已得出结论，认为水必定含有燃素）。——更可靠的一个例子是碳酸气被水吸收的现象。

II, 331

15. **光与各种不同流体的结合是一种真正的化合**。

因为这里发生了所有化合那里发生的一切。作为一种真正的物质，光**失去**的弹性正如另一个物体**获得**的弹性那么多。当它从各种植物中，从被氧化的物体等等中挥发出生气，它就停止**发亮**，就失去了它先前表现出来的某种质，反过来说，在植物中也必须先发生水的某种分解,这样水才能与光结合。因而这里发生了所有化学反应过程那里发生的一切。

因此这里并不涉及将光仅仅视为**一般**物质的某个变种,因为它实际上非常明显地表现为特定的变种,就此而言也表现为**特定的**物质了。

反之,不可能存在着**热**与任何另一种物质的化合;因为热只是**一般**物质的变种。因而虽然一种物质可以将热**传播**给另一种物质,亦即依照如下著名规律,在另一种物质中造成这个变种:一个物体一直将热传播给另一个物体,直到热在双方内部达到平衡。只不过由此产生的只是**状态**的某种偶然改变,而不是以一些新的质为标志的某个**产物**。这样一来,水因为热的作用就变成了**雾气**,这就是说,它改变了它的状态,但并未改变它的种种质。但如果我让水在炽热的铁上流过,那么它不仅改变它的状态,也改变它的种种质。散发出来的那种气体就是某种化学吸引的结果;在这个反应过程中的**化学现象**仅仅发生于水与金属之间,而非发生于水与热之间。

* * *

关于**原初**便具有弹性的各种物质(我指的是光一类的东西)之间的化合,我们还没有任何确切的认知;因为更多的人所假定的物体内部燃素与生气所含热素在燃烧时的结合还是很可疑的。这一类的唯一例子就是电现象,这类现象由两种电物质的分离造成,而一旦这些电物质相互消除其弹性,这类现象也就停止了。但这个例子并不属于此处,因为据我们所知,这些物质并非**原初**便是**异质** II, 332

的，而仅仅是通过人为的方式被分化了。

* * *

与化合相反的反应过程（**仿佛**化学上的算术测试）**是化学分离**。

17.[1] **一种彻底的化合必定使得一切分离都不可能**（因而那种化合只是一个理念，现实或多或少接近于这个理念了）。

原因在于，如果两个物体的某种化合是彻底的，那么在两者之间必定产生**等级上**与**质上的**某种**同一性**。倘若如此，那么由此在化学上形成的产物就与第三方物体具有完全**相同的**化学比例，这就是说，那个物体根本不可能是在化学意义上被分离了。

我们在这里提出了化合、化学分解等**理念**，这在记得下面这一点的人看来再正常不过了，即在各门经验科学中一般而言只可能向着一般原理一次次渐进，此外无他。

对于将已结合的各种元素分离开来而言必需的手段，就是由以使这些元素结合起来的那些手段（参见前文）。

结合起来的各种材料由以发生整体关联的那种力量必定被减弱，双方材料达成的平衡必定被消除。后面这种情形如果没有使该平衡被打破的某个第三方，就不可能发生。这个第三方或者是对被结合的各元素中的某**一种**元素表现出引力的第三个物体，或者是起分解作用的普遍手段，即火。

II, 333

18. **具有等级上和质上的绝对同一性的物体称为不可分解的**

① 原文如此，缺序号"16"。——译者注

物体。

通常认为那是很单纯的一些物体,如光等等。对于任何物体都不能确确实实地宣称,它是不可分解的,尽管对于许多物体而言似乎极有可能如此,比如对于光。依照物体分解的或大或小的可能性,先前它们称为未分解的或单纯的物体——更好的说法是未分解的或不可分解的物体。——“元素”(Element)这个词(即便仅仅在后一类意义上被使用)是与它原初的含义相悖的。从这个词最古老的含义来看,不存在任何**元素**;因为依照我们的哲学,根本不存在任何原初的物质。

19. **通过火与亲和力,固体与固体被分离**。

何谓亲和力,这被预设为众所周知的了。同样被预设为众所周知的,还有**一般**化学引力是什么,以及它基于什么之上(因为前文中提出的规律这里也适用)。在两个物体之间,只有当各种力量的平衡尤其(较之某一个或更多其他物体更多地)被消除了,才会产生亲和力。恢复这种平衡的倾向称为引力,而在目前情况下则称为亲和力。

什么是单一的和双重的亲和力,这同样是众所周知的,而且前文提出的那些规律在后一种情形下得到了双重的证实。

就人们如今所见的而言,单一亲和力的一个例子也包括物体的**燃烧**。

20. **固体与流体分离的结果就是流体的结晶、凝固、升腾或沉淀**。

最后两种情形中哪一种会发生,这取决于被分解物体的特殊重量与溶剂的比例关系。

倘若分解是彻底的,就根本不可能发生沉淀了。只有当分解 II, 334 并不**彻底饱和**时,才会发生沉淀(因为通常所谓的饱和只有多与少的区别)。导致分离的,或者是**溶剂**分解被掺入物体的倾向,或者是**被分解**物体对被掺入物体表现出的引力。但如果相互渗透(饱和)是彻底的,那么这两种情形中无论哪一种都不会发生。

21. **即便流体也能通过火或亲和力的作用而被分离,如果这些流体能与热或任何第三方物体具有不同的比例关系。**

流体给出了彻底混合的例子,因为一般它们照其本性而言比其他物体更有可能具备等级上的某种同一性。

比如说,水(在降雨时)从空气中分离的现象是否能称为某种沉淀,这涉及我在前文中已经说明过的一些概念。

对于原初便具有弹性的那些流体,比如光,我们迄今为止都只能通过单纯的亲和力将它们从其化合物中分离出来。

III. 化学运动的构造

不言而喻,一般惯性规律也适用于化学运动。

22. **没有任何化学运动是在不受外部推动的情况下发生的,而**

23. **在每一种化学运动中作用和反作用都是相等的。**

对这些规律的讨论,就其属于机械力学而言,在这里被预设了。[①]

II, 335 但谈到它们在化学上的应用,那么前文中已提出的那些规律就不是别的,只是化学交互作用的这个一般规律的应用。

---

① 重要的是,人们得明白这些规律通过**康德**获得了什么含义。参见前引著作第三个主要部分,机械力学。——谢林原注

24. **化学运动本身不能在纯运动学的意义上被构造;因为这类运动本身根本不是广延上的大小,而仅仅是强度上的大小**。

这是必须被证明的基本原理,而涉及化学运动的构造的其余所有命题都可以轻易从中推导出来。

每一种化学运动都只是等级性比例关系的某种更替。它只存在于**等级的改变**中,因为一个物体在等级方面失去了另一个物体所获得的东西,反之亦然。

因此化学运动本身只能作为强度上的大小,依照连续性规律被构造。

但作为强度上的大小,它只能被设想为在等级上从两个方面向共同产物的不断接近。因而两个物体向共同产物的接近,就其一般是连续的而言,虽然可以被构造,但就其在每一个时刻都**按等级方式**进展而言则不可被构造;**因为等级**一般而言根本不能先天地(a priori)加以阐述。

但问题在于,是否能为这种不断的接近找到一个规律。这样一个规律是加速的规律:**化学运动的加速正如表面积的总和一样,进至无穷**。至少实践类化学在分解固体时,当它尝试尽可能地增大待分解物体的表面积时,是遵循这个规律的。人们自然看到,由于他们不得不将一个待分解物体的表面积总和设想为无穷增大的,那么加速也是无穷增大的,这一点(由于分解能在无穷的时间中发生)正好就是依照连续性规律(因为没有任何可能的瞬间是最小的可能瞬间)能被设想的情形。

但正因此,由于这个规律针对的不是别的,只是物质的某种无穷分割,它根本就不具备**构造性的**使用;它仅仅有助于进行人们用 II, 336

以反驳原子论的非分要求的某种可能的想象,原子论将固体在流体中的溶解视为物质由一些终极成分构成的根据。因而这个规律可能仅仅有助于保障研究的自由。因为如果物质由一些终极成分构成,那么这些成分就成了自然研究并不承认的界限。因而如果人们希望**构造性地**使用那个本原,他们本身就会落入原子论的那些预设中去。因而下面这一点就是一个单纯理论性的准则,即在一个物体分解时不承认任何终极成分,但也不要主张,由于分解是彻底的,**实际上发生了**某种无穷分割。情况毋宁相反,如果分解是彻底的,我们就不能通过整体的各部分得出整体(因为否则的话分解就是**无穷的**了),反而必须通过**整体**得出各部分。

谈到**化学**运动**本身**的**量**,那么它不像机械运动的量那样是按照物质的量与其速度的组合比例来计量的;因为**化学**运动**本身**必定被吸引到作为这种运动**产物**的某种特定的**质**上。因此化学运动是一种虽说不断增长,却也仅仅在强度意义上而言的大小。

物体就其成**规模**地发生运动而言,被视为处在机械运动中。当它相对于其他一些物体运动时,它**相对于其自身处在静止中**(运动相对于物体各部分而言是**绝对**运动)。因而这物体现在是处在特定边界内部的物质,而且(在相同的速度下)可以在运动的量方面与别的任何一个对象相比较。化学运动**本身**的情形则完全不同。原因在于,既然物质不在特定的边界内部,物体就在**变动**之中,而化学运动本身的**结果**才是某个特定的、**被充实的**空间。

II, 337

此外:每一种运动都只能在相对的意义上设想,就此而言它也是可以(依照运动学的原理)构造的。如果人们问,化学运动**本身**是否能被构造,那么这就意味着:来回往复地**相互**吸引(而不是被吸引到，比如说，一个并未落入化学反应过程之中的物体上）的那些化学运动是否能被构造？如果问题这样来表述，那么人们马上就看出，它必须被否认——因为化学运动本身根本不规定我能将这些运动关联于其上的物质空间。这个物质空间本身才是化学运动的结果，这就是说，它并非**在运动学的意义上被描述**，而是**在动力学的意义上**（通过**力量**的交互作用）**被产生**。

但现在看来，那些与一般的**各等级**相关的**概念**，如质、力量等，根本不能在直观中先天地(a priori)表象。

只不过就处于交互作用中的各种力量具有某个**等级**而言，某种**综合**的对象（虽说如此，但仅仅）是相对于**内感官**而言的。但与**感觉**相符的一切，都仅仅被理解为**统一体**；整体不是通过**部分的聚合**而产生的，而是反过来，**部分**，或者换种更好的说法，整体内部的**多样性**只有通过向零接近才能被表象。但每一种构造都预设了通过各部分产生出某种大小，因而**根本不可能构造任何化学运动**，构造在一般意义上只能依照**连续性**规律，被理解为某种**强度上的**（而不是广延上的）大小的造就。[①]

---

① 第一版中此处接下来的是“结论与向下一部分的过渡”：“我们是从物质源于我们直观的本性这一点出发的。从一些**先天的**(*a priori*)本原出发我们证明，物质是各种对立力量的一个产物，而这些力量只有通过它们的交互作用才能充实空间。从这些原理发展出**动力学**。依据一些**后天的**(*a posteriori*)本原，我们从那样一些经验出发证明了同样的命题，那些经验只有从各种基本力量的交互作用出发才能讲清楚。**化学**或**应用**动力学关注的就是这些经验。现在我们才能将物质视为一个**整体**，这个整体就它的各种基本力量处于静止状态而言，遵从的是量上的引力（**重力**）或**机械的**作用的规律。这些规律是**静力学**和**机械力学**的对象，我们现在要进展到这两门科学了。”——原编者注

II, 338

附释　化学反应过程的构造

化学反应过程到处都只能与动力学反应过程的其他一些形式关联起来理解。因为如果说在我们看来磁的反应过程规定了线或第一个维度,电的反应过程带来了第二个维度,那么化学反应过程就把这个三角形画全了,因为它通过某个第三方使电的反应过程中被设定的差别合而为一了,而那个第三方同时在其自身也是一体的。

依据这些理由,被认为纯净的化学反应过程的最初图式,在最简单的构造下乃是由两个不同的僵硬物体和第三方流体聚合而成的一个整体。原因在于,既然前两者被设定为相互且相对地在其内部改变凝聚性(以那种方式,即它们中一个的凝聚性得到提高,另一个的凝聚性被降低,而双方又共同构成一个总体,表现得就像磁体,这磁体的任何一极都只能将对立的一极设定于自身之外),那么在这种交互关系中第三方(它在其自身而言对前两方是漠无差别的)就同时在两个方面潜能阶次化(potenzirt)或极化(polarisirt)了;然而这是由于第三方在如下意义上,仅仅作为流体才成为相对凝聚性的无差别之点,即在差别产生的时刻,两极的同一性也就被消除了,而双方则由不同的物质呈现出来,那时这一点在普通的观点看来显现为流体的某种分解。

现在看来,由于可称为分解和化学反应过程的一切处处都归II, 339结为流体与固体的某种交互作用(在这种作用下双方改变其状态),那么很明显,我们所假定的那种比例关系,即一般而言化学反应过程能于其中发生的那种比例关系，就是最简单的了。

众所周知且如今被假定的一点是，从那种一般的情形中产生了特殊的情形（在那里第三项是一个动物器官），因为这里真正说来同时发生了两个反应过程，其中一个完全是一般性的、貌似无机的反应过程，在这个反应过程中动物性的项只在流体的一般特质下出现，另一个是特殊的反应过程，这个反应过程在该流体中表现为收缩，而且它虽然由于条件所限，看起来与第一个反应过程分不开，但依照作用的类别来看，却是由第一个反应过程特殊的有机本性决定的。

所以正如动力学反应过程的一切形式现在都只被下面这一点规定，即普遍东西、特殊东西以及二者在其中合一的东西被设定为不同的和相互外在的，那么此事或者是在磁的形式下发生，在那里三个要素作为三个点列于同一条线上，或者是在电的形式下发生，在那里两个物体表示两个对立的要素，它们接触的那个点表示无差别状态，或者最终在化学反应过程的形式下发生，在那里三个要素中的每一个都由一个特殊的产物表现出来。

因而既然普遍东西、特殊东西和二者的无差别状态这个三元结构表现在同一中是磁，表现在差别中是电，表现在总体中是化学反应过程，那么这三种形式只不过是**一种**形式，而化学反应过程本身只不过是将磁的三个点推展为化学反应过程的三角形。①

因此不必惊讶于在化学反应过程这种更完备形式中见到动力

① 化学的三角形在谢林这里并不代表几何学意义上的三角形，而应联系他一贯（比如上一个自然段，以及前文更多地方）谈到的磁、电、化学反应过程与三个维度的关系来理解。他对磁线的理解类此。——译者注

学反应过程的所有形式的总体，这就使得下面这种做法成为可能，那就是将伏特电池中的所谓流电分别完全理解为磁、电和化学反应过程。而究竟理解为什么，这完全取决于人们希望将哪一个环节固定下来。发生于这个整体中的反应过程要依照我们已就磁线给出的那些规定来理解（《思辨物理学杂志》第2卷第2分册，§46附释）。通过整体设定下来的是**同一个东西**，即作为同一个东西朝两个方向被极化的那种无差别状态。对于整体有效的东西，对于每一个部分也有效，这就使得每一个项都自顾自地成为肯定性的、否定性的和漠无差别的。整体可以无穷分割，而整体内部的一切都只可在相对意义上规定，这就使得同一个项在某一种关联下可以被设想为漠无差别的，在另一种关联下则可以被设想为肯定性的或否定性的，或者换种说法也一样，同一个项在特定的关联下可以被设想为否定性的，在另一种关联下则可以被设想为肯定性的，反之亦然。

II, 340

但在伏特的整组电池中磁的图式越是在重复，磁的反应过程便越是能被理解为电，正如伏特所做的那样；而且这样一来，这种电就不受化学反应过程支配，也不被它中介，因为电毋宁是化学反应过程的中介者，也是化学反应过程必定经历的形式。

如果人们在后来的某个环节中把握反应过程，同时又希望说出这整个反应过程，那么他们必须将它刻画为化学反应过程，因为依照我们的看法，这样一来电的反应过程绝没有被排除，它毋宁明显被设定了。这里我注意到，我关于所谓的流电就是化学反应过程本身的主张，被一些人彻底误解了，因为按照他们的解释，仿佛我认为流电过程中的电是由化学反应过程本身产生的，而这与我的构造类型是完全相悖的（我的构造在化学反应过程之前就设定了电），也明显遭到了经验的驳斥。因为氧化根本就不是电的限定条件，以致电的种种现象与电构成了某种反比例关系，正如在电的反应过程先于并消失于化学反应过程中时必然发生的情形那样。

II, 341 但就像某些人看到的那样，如果人们想追问：既然依照我的看法，电必定通过一些不同的僵硬物体的接触而已经在其自身且为其自身得到了充分的传导，也必定通过这种关系的反复叠加而被增强直至复原，那么在伏特的整组电池中水何以对于电现象的出现是必不可少的？那么我会回答：两个不同的僵硬物体自顾自便直接通过接触达到平衡，而这种平衡仅仅通过解除接触便可能再次被打破；这个现象会发生于一系列不同的、单纯僵硬的物体之间；而为了维持这个反应过程的活跃性和持久活动，一个总是在变化的中项（如水一类东西）是必不可少的，而为了使这个中项保持不断变化的状态，甚至氧气的自由渗入都是必不可少的。

在这些说明之后我们回到对化学反应过程本身进程的考察上。

我们就化学三角形还原为磁线的可能性说过的东西，已经足以令我们确信，在化学反应过程中被转变的并非物质在其自身而言的实体，而只是形式的或凝聚性的潜能阶次，因而在经验论所以为的那个意义上，既不存在真正的化学聚合，也不存在真正的分解。一切聚合都在于对立潜能阶次的相互抵消，这样一来最彻底的聚合就是完全的去潜能阶次化。反之一切分解作为同一个实体在不同形式下的呈现，乃是在不同方向上的潜能阶次化。

因此一切物质在其自身而言都是单纯的，因为它内部的每一种可能的分化从来都只有通过另一种物质的加入才会发生。比如酸作为由具有相对凝聚性的否定性因素的潜能阶次规定的一种物体，就此而言是单纯的，而且只有添加物，即金属，才在它内部产生固体和流体的分化；这样一来，固体在试图从它的膨胀状态复原时，就减少了添加物的凝聚性，而且一定会脱离绝对凝聚状态，进入相对凝聚状态。一般而言，凭着较小等级的氧化，绝对凝聚状态就发生了某种瓦解，凭着接下来的进一步氧化，它就彻底分解了，如同凭着最高等级的氧化（但这个等级只能通过燃烧达到），就产生了最高等级的**相对**凝聚状态。

II, 342

关于燃烧反应过程，上文中（第一卷第一章附释）已经谈过了。

结论与向下一部分的过渡[①]

有关大自然的一切观察与科学的终极目的只可能是对绝对统一性的认识，这个认识涵括了整体，而在大自然内部则只对它的一个方面进行认识了。这种认识仿佛就是大自然的工具，通过它大自然在永恒的意义上使得在绝对知性中预先被构形的东西得以实施，成为现实。因此在大自然中，整个绝对者都是可认识的，尽管

① 此外还可参见接下来的《论世界灵魂》的第一版序言后的附言，见第 351 页。——原编者注 这里所谓的"接下来"并不意味着《论世界灵魂》就是谢林所说的"下一部分"。在《谢林全集》第二卷中，《论世界灵魂》紧邻《一种自然哲学的理念》之后，故原编者有此说。这个注释中说到的"附言"可参见谢林：《论世界灵魂》，庄振华译，北京：北京大学出版社，2018 年，第 13—14 页。实际上谢林在那里明确说道："这部著作（指《论世界灵魂》——引者按）不可视作我的《一种自然哲学的理念》的续篇。"——译者注

显现着的大自然仅仅连续不断地和在(对于我们而言)无穷的发展中产生,而在真正的大自然中这事是同时和在永恒的意义上完成的。

大自然的根源和本质是同一个东西,这个东西将一切事物的无穷可能性与特殊事物的现实性相结合,因而也成了一切生产的永恒本能和原初基础。照此说来,如果说我们迄今为止仅仅考察了一切有机物中最完满的这种有机物(它同时是万物的可能性和现实性)的一些各自分离的方面(在那些方面,这种有机物在光和物质方面便迷失于现象中了),那么现在看来,在揭示有机大自然的过程中抵达真正内核的通道就向我们打开了;通过这样的揭示,我们最终推进到对神圣大自然最完备的认识;我们是在**理性**中做到这一点的,理性是那样一种无差别状态,在那种状态下万物都在同等程度上并以同样的分量合而为一,而永恒生产行动所披覆的这层面纱本身似乎也就化入绝对观念性的本质之中了。 II, 343

灵魂最高的乐趣就是被科学推进到对于这种最完备的、使一切满足又将一切都囊括于自身之中的和谐的直观;整体在多大程度上卓异于部分,本质在多大程度上优越于个别东西,认识的根据在多大程度上庄严于认识本身,对于这种和谐的认识也就在多大程度上殊胜于一切其他的认识。

人名索引

（译者按：条目后面的页码是指德文版《谢林全集》的页码，

即本书正文中的边码。）

D

E

F

G

H

I

J

K

L

V

W

主要译名对照

A

Abbild 摹本

abbilden 摹写

Abendröthen 夕照

ableiten 推导

absetzen / Absetzung 沉淀,沉积

Absicht 意图

absolute Idealismus, der 绝对唯心论,绝对唯心主义

absolute Wissen, das 绝对知识

absolute Wissenschaft, die 绝对科学

Absolutheit 绝对性

absolut-Ideale, das 绝对观念性东西

absolut-Reale, das 绝对实在性东西

Absorption 吸附

Abstoßung 排斥,排斥力

Abstraktion 抽象物

Abstraktum 抽象概念

Accidenz 偶性

Adhäsion 附着性

Aequator 赤道

Aether 以太

Affektion 偏向,感受

afficiren 刺激,影响

affimiliren / Affimilation 吸收

Aggregat 聚集物,聚集

Akt 行动

Allgemeine, das 普遍东西

allgemeine Anziehung / Gravitation, die 万有引力

allgemeine Gesetz der Entzweiung, das 普遍分裂规律

allgemeine Mechanismus, der 一般机械论

Allheit 全体

Amalgama 混合物

Analysis 分析

Aneignungsmittel 吸收剂

anorgisch 无机的

Anschauung 直观

anschießen 结晶

an sich 在其自身

An sich / An-sich 自在体

Anziehung 吸引,引力

Anziehungskraft / Ziehkraft 引力

Approximation 渐进

a priori 先天

aromatisch 芳香族的

Art 种类

Artikulation 分节表达

Atmosphäre / atmosphärische Luft, die 大气

Attraktion 吸引

Attraktivkraft 吸引力

Aufeinanderfolge 相继序列

aufgeschlossen 开显的

auflösen / Auflösung 溶解,分解

Auflösungsmittel 溶剂

Auktorität 权威

ausathmen 呼出

Ausdehnung 广延,膨胀,延展

Ausdehnungskraft 膨胀力

Ausführung 执行

Ausgleichung 平衡

aushauchen 散发出

äußere Sinn, der 外感官

Azot 氮

azotische Luft, die 氮气

B

Band 纽带

Bau 构造

Bedeutung 含义,意义

beharren 持存,坚守

belebte Körper, der 活体

Bernstein 琥珀

Beschaffenheit 特质

Beschränktheit 受限制状态

Beseelung 赋灵

Besondere, das 特殊东西

Besonderheit 特殊性，特殊形态

Bestandtheil 成分

bestätigen 证实

Beste, das 至善

Bestimmtheit 规定性，特定性

Bestimmung 规定

Beweglichkeit 活动性

Bewegung 运动

Bewegungslehre 运动学说

Beziehung 关联

Bild 形象，比喻

Bildersprache 形象化语言

bilden / Bildung 构形

Bildungstrieb 构形本能

binden / Bindung 化合

Breite 宽度，纬度

brennbar 可燃的

Brennpunkt 焦点

Brennspiegel 凹面镜

Brennstoff 燃素

C

Calorique 热素

Capacität 容量

cartesisch 笛卡尔式的

Centrifugalkraft 离心力

Centripetalkraft 向心力

Centripetenz 向心运动

Centrum 核心

Charakter 性格

Chemie 化学

chemische Anziehung, die 化学引力，化学吸引

chemische Bindung, die 化合，化合作用

combinirte / zusammengesetzte Verhltniß, das 组合比例

Compression 压缩

Condensator 电容器

Construktion 构造

Contraktion 收缩

Cylinder 圆柱体

D

E

Einbildung 构形
Einbildungskraft 想象力
Eindruck 印象
Eines 一
Einfachheit 单纯性
Einheit 统一,统一性,统一体
Eins und Alles 一与全
einwirken / Einwirkung 作用
Einzelheit 个别形态
Eis 冰
Eisen 铁
Elasticität 弹性
elastisch 灵活的,有弹性的
Elektricität 电
elektrisch 带电的
elektrische Licht, das 电光
Elektrisirmaschine 电机
elektrisirt 通电的
Elektrometer 静电计
Elektrophor 起电盘
Element 要素,元素
Elementarwissenschaft 基础科学
empirische Idealismus, der 经验唯心论
empirische Realismus, der 经验实在论
Empirismus 经验主义,经验论
Empyreum 光天
Endliche, das 有限者
entfalten 展现,展开
Entsäurung 去酸化
entwerfen 拟定
Entwurf 构思
entzweien / Entzweiung 分化,两分
Erdball 地球
Erdbeben 地震
Erde 大地,地球
Erdmagnetismus 地磁
Erdreich 土层
Erfahrung 经验,体验
Erkennen / Erkenntniß 认识
Erkenntnißakt 认识行动
Erkenntnißvermögen 认识机能
Erklärungsgrund 说明根据
Erregbarkeit 应激性
Etwas 某物
Evidenz 明见性
Ewigkeit 永恒,永恒性

existiren 存在,实存

Existenz 实存

Expansibilität 可膨胀性

Expansion 膨胀,膨胀力,扩张

Expansivkraft 膨胀力

Experiment 实验

Extension 延展

Extrem 极点,端项,端点

F

Fackel(太阳)耀斑

Faktor 要素,因素

Faktum 事实

Familie 家族

Farbe 颜色

farbenlos 无色的

feste Körper, der 固体

Festigkeit 坚固性

Feuer 火

Figur 形象,形状

Fiktion 虚构

Fläche 表面,表面积

Fleck(太阳)黑斑

Fliehkraft 逃逸力

Fluidum 流体

flüssige Körper, der 流体

Flüssigkeit 流体,流动性

Folge 结果,序列

Form 形式

Formale, das 形式之物

Formbestimmung 形式规定

fortpflanzen / Fortpflanzung 传播

Freiheit 自由

Funke 火花

für sich 自顾自,为其自身

G

galvanisch 电的

Galvanismus 流电

Ganze, das 整体

Gas / Gasart 气体

Gasgestalt 气态

Gattung 类

Gebiet 领地

Gedanke 思想

Gedankenwerk 思想作品

Gefäß 容器

Gefühl 感觉

Gegenbild 映像
Gegendruck 反压力
Gegenstand 对象，课题
gegenwärtig 在场
Gegenwirkung 反作用
Geist 精神，气息，头脑
Geisterwelt 精神世界
Geisteskrankheit 精神疾病
Geistigkeit 教养
Gemeinbild 共同形象
Gemüth 心绪
genetisch 生成性的
Gerinnung 凝固
Geschmackstoff 味道素
Gesichtspunkt 视角
Gestalt 形态
Gestirn 星体
Gesundheit 健康
Gewächs 植物
Gewicht 重量
Gewohnheit 习惯
Glanz 光泽
Glas 玻璃
Glaselektricität 玻璃电
Glaube 信念
gleichförmig 均衡的
Gleichgewicht 平衡
Gleichzeitigkeit 同时性
Glied 肢体，项
Gold 金
Gott 神，上帝
Gottheit 神性
göttlich 神圣的，神性的
Göttliche, das 神性东西
Grade 等级，程度
Gravitation 万有引力
Größe 大小
Grund 根据，理由
Grundkraft 基本力量
Grundmasse 基本团块
Grundstoff 元素
Grundtheil 基本成分

H

Haarröhrchen 毛细管
halbleitende Platte, die 半导片
Halbleiter 半导体
handeln / Handlung 行动，施展

Harmonie 和谐

Härte 硬度

Hartstoff 硬素

Harz 树脂

Harzelektricität 树脂电

Hauptpunkt 要点

Hauptsatz 主要原理

Helle 亮

herleiten 推导

hermaphroditisch 双性的

Heterogeneität 异质性

Himmel 天空,天界

Himmelsbewegung 天体运动

Himmelsstrich 天带

Hirngespinnst 幻影

Hitze 热

Hydrodynamik 流体动力学

Hydrogene 氢

Hydrostatik 流体静力学

Hypothese 假说

I

Ich 自我

Ideale, das 观念东西

ideale / ideelle Welt, die 观念世界

idealisch 理想性的

Idealismus 唯心论,唯心主义

Idealist 唯心主义者

Idealität 观念性

Idee 理念

identisch 同一性的

Identität 同一性,同一

Identitätspunkt 同一性之点

Inbegriff 总括

Indifferenz 无差别状态

Indifferenziirung 无差别化

Indifferenzpunkt 无差别之点

Individualität 个体性

Individuum 个体

Ineinsbildung 合一构形

inflammabel 可燃的

Innere, das 内在

Intelligenz 理智

Intelligibele, das 理智东西

Intensität 强度

Irritabilität 应激性

Isolator 绝缘体

J

Jahreszeit 季节

K

Kalk 石灰

Kalkwasser 石灰水

Kapacität 容量

Klang 声响

Kohäsion 凝聚性,凝聚状态

Kohäsionproceß 凝聚力反应过程

Kohle 炭

kohlengesäuert 碳酸的

Kohlenstoff 碳

Komet 彗星

konsequent 前后一贯

Konstruktion 构造

Kontiguität 邻接

Kontinuität 连续性

Kontraktion 收缩

Kontraktionsvermögen 收缩能力

Kopfe 头脑

Körper 物体,身体,形体,天体

Körperlichkeit 物体性

Körperreihe 物体序列

Körperwelt 有形世界

Kraft 力,力量

krystallisiren 结晶

L

Laboratorium 实验室

Lakmustinktur 石蕊染料

Länge 长度,经度

Leben 生命,生活

Lebenskraft 生命力

Lebensluft 生气

Lebensprocess 生命反应过程

Leere, das 空无

leere Raum, das 空的空间

Lehrbuch 教科书

Lehrgebäude 系统知识

Leib 身体,形体

Leiblichkeit 形体,形体性

Leichtigkeit 难易程度

Leiden 受动

Leidende, das 受动者

Leidener Flasche, die 莱顿瓶

leiten / Leitung 导流

Leitungsfähigkeit / Leitungsvermögen

导流能力

Leitungskraft 导流力

Leiter 导体

Licht 光

Lichtmaterie 光物质

Lichtstoff 光素

Linie 线

Luft 气体,空气

Luftgestalt 气态

Luftkreis 大气层

Luftmasse 气团

Luftregion 空域

M

Magnet 磁体

magnetisch 磁性的

magnetisiren 磁化

Magnetismus 磁

Magnetnadel 磁针

Magnetometer 磁力计

Manipulation 操作

Maß / Maßstab 衡量尺度

Masse 团块,质量

Materialität 物质性

Materie 物质,质料

Maximum 最大值

Mechanik 机械力学

Mechanismus 机械论,机理,装置

Medium 介质

Menstruum 溶剂

mephitisch 发霉的

Metall 金属

Metamorphose 变形

Meteorologie 气象学

mineralische Säure, die 矿物酸

Mischung 混合,混合体

Mittel 手段,均值

Mittelglied 中项

Modifikation 变种,修改

Moment 环节

Morgenröthen 朝霞

N

Natur 大自然,自然,天性

Naturding 自然事物

Naturforscher / Naturlehrer 自然科学家

Naturkraft 自然力

Naturlauf 自然进程
Naturlehre 自然学说
Naturphilosophie 自然哲学
Naturstande 自然状态
Natursystem 自然系统
Naturwissenschaft 自然科学
Negative, das 否定的东西,否定性东西
Nerv 神经
Netzhaut 视网膜
Neutralisation 中和
Neutralsalz 中性盐
Newtonianismus 牛顿学说
nichtelektrisirt 未通电的
Nichtidentität 非同一状态
Nichtleiter 非导体
Nichts 虚无
Nichtverschiedenheit 非差异性
niederschlagen / Niederschlag 沉淀,凝结
Nordlicht 北极光
Nordpol 北极
nothwendiges Uebel 必要的恶

O

Oberfläche 表面
Objekt 客体
Objektive, das 客观东西
Objektivitätslehre 客观性学说
Oekonomie 活动结构
offenbaren 启示
Operation 操作
Ordnung 次序,秩序
Organ 喉舌,器官,工具
Organisation 有机体
Organismus 有机论,有机组织
Oxydabilität 可氧化性
Oxydation 氧化
oxydirt 氧化的
Oxygene 氧

P

palpabel 易于觉察的,明显的
Partikel 粒子
Perception 知觉
Pflanze 植物
Philosophie des Menschen 人类哲学
phlogistisch 燃素的

Phlogiston 燃素
phoronomisch 运动学的
Phosphor 磷
Phosphorluft 磷气
Phosphorsäure 磷酸
Photometrie 光度测量
Physik 物理学
physikalisch 物理学的
Physiologie 生理学
physisch 物理的
Planet 行星
Platina 铂
pneumatisch 属灵的
Pol 极,极点
polarisiren 极化
Polarität 极性
ponderabel 可称量的
Pore / Porus 微孔
Positive, das 肯定的东西,肯定性东西
Postulat 公设
Potenz 潜能阶次
potenziren / Potenzirung 潜能阶次化
prästabilirte / vorherbestimmte Harmonie, die 先定和谐
Princip 本原,原则
Priorität 优越性
Prisma 棱镜
Proceß 反应过程,过程
produciren / Produciren 生产
Produkt 产物
Produktivität 生产力
Proportion 比例
Prototyp 原型
Psychologie 心理学

Q

Qualität 质
qualitative Anziehung, die 质的吸引
Quecksilber 汞
Quecksilberamalgama 汞合金
Quelle 源泉

R

Reaktion 反应
Reale, das 实在东西
reale Welt, die 实在世界
Realität 实在性,实在

Recht 法权
reduciren 还原
reell 实在的
Reflexion 反思
Reflexionsphilosophie 反思哲学
Refraktion 折射
Regel 规则
Regulativ 范导
Reichthum 财富
Reihe 序列
Reiz 诱惑,刺激
Reizbarkeit 应激性
relative Idealismus, der 相对唯心论,相对唯心主义
relativ-Ideale, das 相对观念性东西
repelliren 排拒
Reproduktion 再生
Repulsivkraft 排斥力
Respiration 呼吸
Richtungspunkt 定向点
Riechstoff 气味素
Rückerinnerung 回想
Ruhe 静止

S

Sache 事情
Salpeter 硝石
Salpeterluft 氮,氮气
Salpetersäure 硝酸
Salpeterstoff 氮
Salpeterstoffgas 氮气
Salz 盐
Satz 定理,命题
Sauerstoff 氧气,氧
Sauerstoffgas 氧气
Säure 酸,酸物质
schaffende Natur, die 创生的自然
Schein 假象,光景
Schema 图式
Schematismus 图式,图式论
Schluss 推论,推理
Schöpfer 创造者
schöpferisch 创造性的
Schöpferkraft 创造力
Schöpfung 造物,创造
Schule 学派
Schwefel 硫,硫磺
schwefeln 硫化

Schwere / Schwerkraft 重力

Seele 灵魂

Sehnerv 视神经

Selbstdaseyn 自我定在

Selbstgrund 自身根据

Selbstseyn 自我存在

selbstthätig 主动的

Selbstthätigkeit 自我行动

Sensation 感觉

Sensibilität 敏感性

Sensorium 感知,感觉中枢

Seyn 存在

Silber 银

Sinn 含义,意义,感官

Solution 溶解,溶液

Sonne 太阳,日光

Sonnenhitze 阳光的灼热

Sonnenlicht / Sonnenschein / Sonnenstrahl 日光

Sophismus 诡辩

specifische Gewicht, das 特殊重量

specifische Schwere, die 特殊重力

Spekulation 思辨

spekulative Physik, die 思辨物理学

Sphäre 层面,球体,球形

Stamme 族系

Starrheit 僵硬性

Statik 静力学

Stern 恒星

Stickstoff 氮气,氮

Stimulus 刺激

Stoff 材料,质料

Stoß 撞击

Strahl 光线

Strahlenpinsel 光锥

Streit 争执

Stufe 层级

Stufenfolge 层级序列

Subjekt 主体

Subjektive, das 主观东西

Subjektivität 主观性

Subjekt-Objekt 主体 – 客体

Subjekt-Objektiviren 主观 – 客观化

Subjekt-Objektivität 主观 – 客观性

Substanz 实体

Substrat 基质

Subtilität 细腻,细腻性

Succession 连续系列

Südpol 南极
Symbol 象征
Synthese 综合体
Synthesis 综合
System 体系，系统

T

Tageslicht 日光
Täuschung 错觉，幻觉
Temperatur 温度
That 行动，事态
thätig 能动的
Thätige, das 能动者
Thätigkeit 行动，活动
theilen 分割
Thermometer 温度计
Tiefe 深度，秘奥
Totalitaet 总体性，总体
Tourmalin 电气石
träg 惰性的
Trägheit 惰性，惯性
Transfusion 输液
Trieb 本能
Triebwerk 驱动机制
Triplicität 三元结构
tropfbar 液态的
Typus 原型

U

Uebel 恶
Uebergang 过渡，转变
Uebergewicht 超重，过量
Unbeschränktheit 不受限状态
Undulation 波动
Undurchdringlichkeit 不可入性
unelektrisch 不带电的
Unendliche，das 无限者
Unendlichkeit 无限性，无穷性
ungleichförmig 不均衡的
Universa 大全
Universum 宇宙
unmagnetisch 非磁性的
Unterordnung 从属关系
Unterscheidbarkeit 可区别性，可区别状态
Urbild 原型
Urgrund 原初基础
Urquell 源头

Ursache 原因

Ursprung 起源,本源

Ursprüngliche, das 原初性东西

Urstoff 原始物质,元素

urteilen 判断,评判

Urtheil 判断

V

Varietät 变体形式

Vegetation(植物的)生长

Vehikel 工具

Veränderung 变化

verbinden 结合,化合

Verbindung 结合,化合,化合物

verbrennbar 可燃的

Verbrennbarkeit 可燃性

verbrennen 燃烧

verdichten / Verdichtung 压缩

Verdünnung 稀释

vereinigen / Vereinigung 结合,合一,联合

verflüchtigen 蒸发

Verhältniß 关系,比例,比例关系

verkalken / Verkalkung 钙化

Verknüpfung 联结

Vermögen 机能

Vermuthung 猜想

Vernunft 理性

Verschiedenheit 差异性,差别

Verstand 知性

Versuch 实验,尝试

verwandeln 转变

Verwandtschaft 亲缘关系,亲缘性,亲缘形态

Vieles 多

Vielheit 多样性

Volumen 体积,容积

Voraussetzung 预设

Vorbild 典范

Vorstellen 表象,表象活动

Vorstellung 表象,想象,观念

W

Wahlanziehung / Wahlverwandtschaft 亲和力

wahr 真的

Wahre, das 真东西

Wahrscheinlichkeit 似真性

Wärme 热,热度
Wärmefähigkeit 储热能力
Wärmefluidum 热流
Wärmestoff 热素
Wasserdampf 水蒸气
Wasserluft 水气
Wasserstoff 氢
Wasserstoffgas 氢气
Wechsel 更替
Wechselverhältniß 交互关系
Wechselwirkung 交互作用
Weichstoff 软素
Welt 世界,行星
Weltbau 世界构造
Weltgegend 世界地带
Weltkörper 天体
Weltkraft 世界力量
Weltpol 极地
Weltraum 太空
Weltseele 世界灵魂
Weltsystem 世界系统
werden / Werden 生成,形成
Werk 作品
Wesen 本质,东西
Widerspruch 矛盾,对抗
Widerstand 阻抗
Wirkliche, das 现实东西
Wirklichkeit 现实性,现实
Wirksamkeit 效应
Wirkung 结果,作用
Wissen 知识
Wissenschaft 科学
Wissenschaftlichkeit 科学性
Wurzel 根源

Z

Zeitatom 时间原子
zerlegen / Zerlegung 分解
zersetzen / Zersetzung 分解
Zeugung 生产
Ziehkraft 牵引力
Ziel 目标
Zinkpols 锌极
Zodiakallicht 黄道光
Zuckerstoff 糖素
Zurückbildung 反向构形
Zurückstoßung 排斥
zurückstrahlen 反射